博物大发现
我的 1000 位昆虫朋友
半翅家族

唐志远　张辰亮　编著

北京联合出版公司
Beijing United Publishing Co.,Ltd.

图书在版编目（CIP）数据

博物大发现：我的 1000 位昆虫朋友 / 唐志远等编著
. — 北京：北京联合出版公司, 2022. 4（2022. 7 重印）

ISBN 978-7-5596-5982-8

Ⅰ.①博… Ⅱ.①唐… Ⅲ.①昆虫—儿童读物 Ⅳ.
①Q96-49

中国版本图书馆 CIP 数据核字（2022）第 029016 号

博物大发现：我的 1000 位昆虫朋友

作　　者：唐志远　张辰亮　蒋　澈　陈　尽　汪　阆
责任编辑：徐　樟
封面设计：彭小朵

北京联合出版公司出版
（北京市西城区德外大街 83 号楼 9 层 100088）
雅迪云印（天津）科技有限公司印刷　　新华书店经销
字数 572 千字（全 5 册）　700 毫米 × 980 毫米　1/32　36.5 印张（全 5 册）
2022 年 4 月第 1 版　2022 年 7 月第 3 次印刷
ISBN 978-7-5596-5982-8
定价：240. 00 元（全 5 册）

序 言

　　这套书半翅家族分册的文字部分是我 2014 年写的。从文字角度来说，它是我的第一本书。当然，书中的主要亮点是唐志远老师的精彩图片，我只是给他的图片配文。

　　唐老师是我博物学的启蒙者之一，把我这个只会玩虫子的小孩儿带上了昆虫观察者的路。初中时，我不知多少次点进他创立的北京昆虫网和绿镜头论坛，认识昆虫的种类，学习拍摄昆虫的技巧。我还喜欢阅读他幽默的拍摄笔记。后来我读了昆虫学的硕士，乃至现在做昆虫学科普，很大程度要归功于唐老师的影响。再后来与唐老师成了同事，一路合作到今天，令我感慨人生的神奇。

　　此书缘自我刚工作没多久，唐老师跟我说想出一套书，收录他拍摄的各种昆虫，其中半翅家族分册想让我来配文。因为我硕士研究的就是蝽类，所以我很荣幸地接受了这个任务，并且把我当时所知都写进了书里。但是这套书当时发行量不大，很快就卖断货了，所以我之后也极少提起这套书。现在它再版上市，自然是一件大好事。

　　这套书很适合用来培养对昆虫的兴趣，学习昆虫的习性，也是一套简单的常见昆虫种类图鉴。错过第一版的读者们，这次要把握住机会！

目录

第一章

虫界豪门：
半翅目

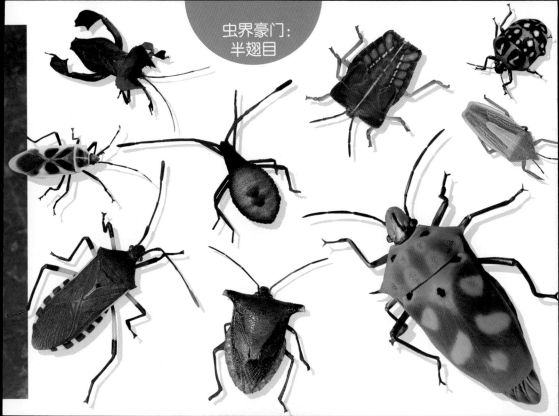

虫界豪门：
半翅目

什么是半翅目?

半翅目的得名,是因为在昆虫纲里,它的前翅与众不同:前半部分为革质,后半部分为膜质,革质的部分比较坚韧,可以保护它的身体。中文一般称之为蝽(chūn)、椿象,简称蝽;英文为 bugs 或 true bugs。半翅目的一些种类取食植物,是农林害虫;有些类群捕食其他昆虫,为益虫;少数种类吸食动物和人类血液,传播疾病,是卫生害虫。

在以前,半翅目仅指蝽类昆虫,而蝽的亲戚蝉、蜡蝉、蚜虫等,属于同翅目。但现在,它们全部被并入半翅目。蝽类在半翅目中属于异翅亚目,蜡蝉、蝉、叶蝉、沫蝉属于头喙(huì)亚目,而蚜虫、木虱(shī)、粉虱、介壳虫属于胸喙亚目。我们这本书里,因篇幅所限,只介绍狭义的半翅目,也就是蝽类昆虫。

革质

膜质

前翅前半部分为革质,后半部分为膜质。

蝽的前翅构造很独特。

我们都是蟑的亲戚。

蝉

蜡蝉

蚜虫

一只很小的猎蝽若虫
正在吸食奄奄一息的马蜂。

1

形态特征挨个数

蝽的口器基部从头的前端发出，触角一般为4—5节，在大部分类群中，前翅靠基部的那一半骨化成为半鞘（qiào）翅，后翅脉相强烈变形，具有臭腺。半鞘翅是蝽类的重要特征，但在一些较低等的类群中，这一特征并不明显，甚至前翅完全就是膜质的。

头部各部分较明显地愈合成为一体，其间的界限（或沟缝）消失。头顶与额愈合，后唇基愈合。多数类群具有1对单眼，也有一些种类没有单眼，如红蝽科、盲蝽科。

触角中规中矩，没有明显的特化，一般为4—5节，有时第1、2节或第3、4节，甚至全部4节愈合为1节。水生蝽类由于游泳时触角会碍事，所以触角多数发生强烈的变形，又粗又短，常隐藏在头部下方。

虫界豪门：
半翅目

1

两个"黄尖"是蝽的前胸背板侧角，它们的各种奇怪形状一般是为了防身、展示或伪装。

前胸背板发达，常为四角形或六角形，侧角常突出，或伸长成棘刺状。中胸最发达，但由于有前翅的保护，所以这里的骨化很弱。蝽类的小盾片算是昆虫当中比较发达的，基本是个三角形，在整个背部的正中间，相当明显。

陆生类群中，成虫的臭腺一般开口在后胸或腹部腹面的最前端，若虫的均位于腹部背面中部，向背方常有一个沟痕，称为"臭腺沟"。有时在臭腺孔或臭腺沟外有个表面结构异常的区域，这里有很多凸起或凹陷，臭液流到这里时，会增大和空气接触的面积，可以更快地挥发到空气中，所以这片区域称为"挥发域"。

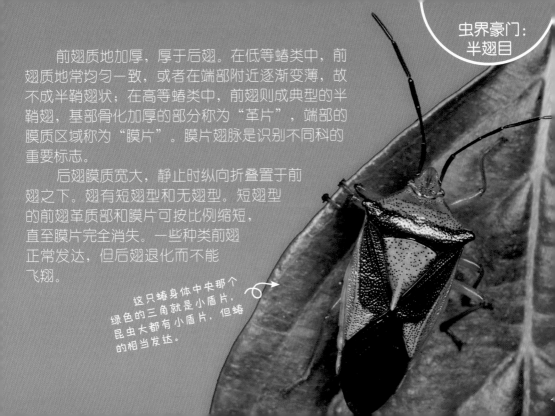

前翅质地加厚，厚于后翅。在低等蝽类中，前翅质地常均匀一致，或者在端部附近逐渐变薄，故不成半鞘翅状；在高等蝽类中，前翅则成典型的半鞘翅，基部骨化加厚的部分称为"革片"，端部的膜质区域称为"膜片"。膜片翅脉是识别不同科的重要标志。

后翅膜质宽大，静止时纵向折叠置于前翅之下。翅有短翅型和无翅型。短翅型的前翅革质部和膜片可按比例缩短，直至膜片完全消失。一些种类前翅正常发达，但后翅退化而不能飞翔。

这只蝽身体中央那个绿色的三角就是小盾片，昆虫大都有小盾片，但蝽的相当发达。

身体两侧那两条黄黑相间的部分就是侧接缘，色彩常常很鲜艳，有的种类还会延伸成裙边状。

如果看看蝽的背面，你就会发现，它的腹部会比翅宽一些，露出一个边，这个边常常色彩很鲜艳，像给整个虫体镶（xiāng）了一个花边，这个部位叫作"侧接缘"，是由侧背片与侧腹片组成的腹部侧缘区域。

　　部分类群的腹部左右不对称或向一侧扭转，这种变化常与它们的交配习性有关。这些蝽在交配时既不是一上一下，也不是一前一后，而是呈"V"字形，所以，它们的腹部进化成了扭曲的形状，这样在交配的时候就比较方便了。

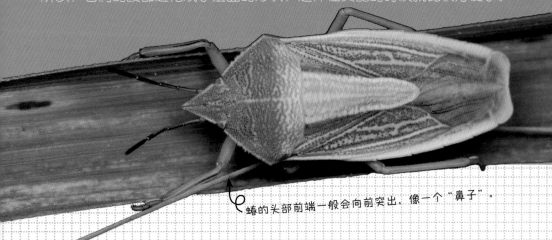

蝽的头部前端一般会向前突出，像一个"鼻子"。

第二章

蠢类
成长记

很多蝽类小时候都
有着艳丽的体色。

精致小罐——卵

　　蝽类的卵一般都产在一起，产于物体表面或插入植物内部，散产或排列成行。暴露于物体表面的卵有时聚集成卵块。大部分的种类，卵块是横向铺开的，但有些猎蝽的卵会垂直排列，看起来就像盖了一座小楼一样。每个卵就像一个小罐子，顶端带有一个盖子，种类不同，盖子的形状也不同。

　　例如，蝽科昆虫的卵盖是扁圆形，和卵壳的颜色一样，但盖子边缘有一圈刻点或小刚毛。在猎蝽科中，有些卵的卵盖明显和卵壳颜色不同，有点像酒瓶的软木塞，顶端还带着一个小尾巴。水生的蝎（xiē）蝽，卵的顶端有好几个长长的须状物，它们可以伸出水面，为卵提供氧气。

蜻的卵常常聚在一起，像一个带盖的小罐子。

蜻的卵块一般都是没有任何保护的，但异蜻科的昆虫会为自己的宝宝加上一层保险：它们会在产卵的同时从腺体中分泌出包裹物，形成卵鞘覆盖在卵上。为什么要这样做？因为蜻的卵很容易被寄生蜂寄生。走在野外，你常能看到一只微型的小蜂落在蜻的卵上，把产卵管插进去产下自己的卵。小蜂的幼虫孵化后，就会把蜻卵吃掉。有了异蜻妈妈分泌的卵鞘，就可以有效地防止小蜂在自己的卵里产卵。

若虫在卵内成熟时，卵上就会显露出两个小眼睛，再过一段时间，若虫就会顶开盖子，来到这个世界了。

盾蝽卵中的红色点点是若虫的眼睛。若虫孵化时，卵壳往往会沿着圆形虚线打开。

最常见的蜻卵就是这
样挤在一起的小椭圆形球。

这种措蜡的卵垂直排列，盖子的形状就像一个奶嘴。

素猎蜻的卵块
就像一座大楼。

不能飞的"缩小版"——若虫

刚刚孵化的若虫会在一起生活一段时间，甚至可以集体捕猎。

群聚等待蜕皮的
蝽类若虫

刚孵化出来的若虫很快就会舒展开来，很难想象这些"大块头"是从那么小的卵里面钻出来的。

绿蝽的体型瘦长，但它的若虫却又圆又扁，常为绿色，这是为了拟态树叶，用以自保。

蝽类的发育属于"渐变态"，意思是幼期的外形和成虫基本相同，只是缺少翅、生殖器等，而蝴蝶之类的昆虫，幼虫和成虫可以说一点也不像，学术上把蝴蝶这类的昆虫幼期称为"幼虫"，而蝽这类的幼期称为"若虫"。

蝽的若虫期一般为5龄，这不是5年的意思，而是要蜕5次皮。但有的种类也有3龄、4龄或6龄的记录。若虫跗（fū）节（足末端，也就是"脚尖"处的几个节）的节数比成虫少1节，这个特征是区别若虫和成虫最可靠的依据。而有翅的种类，若虫期是无翅的，所以它们只能望天兴叹。若虫也有臭腺，不过长在腹部，成虫的胸部臭腺在若虫期时不发育，开口于胸部的臭腺孔也不存在。

刚刚孵化出来的绿蝽若虫

华丽蜕变，传宗接代——成虫

　　在蜕过几次皮后，蜡就会进入"老熟若虫"时期，这也是它最后的一段童年时光。此时，它的翅芽会越来越鼓，因为里面的翅已经发育完好。在湿润的清晨或傍晚，蜡会找一处牢固的地方抓住，然后一弯腰一使劲，后背就裂开了一条缝，露出里面浅色的新身体。随着虫体一点点钻出，新的翅也露出来了。刚开始虽然皱巴巴的，但血液会飞速流进翅脉，像吹气球一样把翅变大。

　　"新鲜出炉"的成虫体色鲜嫩，体壁柔软，不过在空气中暴露几个小时后，体色就会变深，身体也会变坚硬，它也终于变成了一只成虫。除了拥有了翅，可以飞上蓝天外，成虫的另一个特点就是拥有了成熟的生殖器官，可以完成它一生中最大的使命——繁衍后代了。

一只赤条蝽正在经历最后一次蜕变，此时它的体色较浅，但不久就会变深。

蝽类蜕皮之后，体色才会慢慢显现出来。

刚刚羽化的金绿宽盾蝽，体色从嫩黄逐渐变为绿色。

第三章

上天入海，占领世界

不要小看"臭屁虫"，它的家族人才辈出，遍布世界的各个角落。

脚踏实地——陆生

　　绝大部分螨都在陆地上生活，有的在草叶上静伏，有的在地面疾走，有的在石块下安身……更特殊一些的会叮咬植物，让植物受刺激后长出空心的瘤子，也就是"虫瘿（ying）"，自己住在里面，吸食虫瘿里的汁液，有吃有住，高枕无忧。有些吸血爱好者还会潜入鸟巢、动物的草窝、人类的房屋中，吸食动物和人的血液，传播疾病。

　　一些网螨科的甲网螨类和奇螨科、花螨科、长螨科的某些种类，属于"蚁客"。它们专门生活在蚂蚁窝里，要么同蚂蚁和平共处，要么偷吃蚂蚁的卵和幼虫。如果把它们移出蚂蚁窝，它们反而会很难生存。

绝大多数蝽都生活在
陆地上，其中栖息在植物
枝叶上的最多。

斑驳的树
皮也是蝽类喜爱
的场所。

3

绿蜻科若虫的足往往呈叶状扩张，体色多为绿色或褐色，在植物上趴着时，就像一团碎裂的叶子。

最奇特的是，还有的蜻会待在蛛网或足丝蚁（一类长得像蚂蚁的昆虫，会用前足分泌丝线，织出巢穴）织出的网上，捕食被网粘住的昆虫，甚至捕食结网的蜘蛛或足丝蚁，可以算是蜻中的"资深网民"了。

遇到危险时，蝽类就会爬到叶片边缘，随时准备起飞。

登萍渡水——水面

　　黾（měng）蝽、宽黾蝽、尺蝽过的是"水上漂"的生活，它们能在水面上轻盈地站立和行走，是昆虫纲中征服这一生境的最大类群。拥有这样的绝技，首先要感谢水的表面张力，其次要靠它们轻巧的个头、修长的足和足尖上拒水的结构。

　　黾蝽中还有一类"海黾"，是在水面生活的蝽类中的顶尖高手。它能在远离海岸的大洋中心生活，可以一生都不登陆，有着高超的功力，几米高的巨浪、肆虐的狂风暴雨，都无法将它冲进海底。累的时候，它会登上海面上的树桩等漂浮物，稍作喘息，之后再跃到海面弄潮搏浪。要知道，昆虫虽然繁盛，但真正能在海洋中生活的凤毛麟（lín）角。海黾算得上是海洋昆虫中最令人惊叹的类群了。

许多黾蝽喜欢
在流水区域活动，那
里的食物更丰富。

潜水达人——水下

水生蝽类是昆虫纲中除鞘翅目以外,在成虫期营水生生活的另一个大类群。它们的一生都在水中度过,不过并没有进化出鳃,还是需要直接呼吸空气的。

它们进化出了三种呼吸方式:1. 在腹部末端长出两个呼吸管,把管的顶端伸出水面,如蝎蝽科、负蝽科。2. 体表覆盖着很多茸毛,先浮到水面,让毛之间充满空气,再潜入水下,此时空气就会被困在毛之间,变成"气泡膜"盖在身上,如仰蝽科、划蝽科等。3. 在翅和身体之间有空腔,可以容纳空气,就像背着氧气瓶一样。"氧气瓶"中的氧气减少时,水中的溶氧会自动渗透进来,这样就可以减少到水面换气的次数,可较长时间在水下生活,如盖蝽科及部分潜蝽科。

上天入海，
占领世界

螳蝎蝽形态酷似螳螂，
在水下生活，擅长捕食鱼虾。

4

第四章

蝽的
幸福生活

吃素还是吃荤？

　　蝽类大体可分为捕食性（或取食动物性食料）和植食性两类。奇蝽亚目、鞭蝽亚目、黾蝽亚目、蝎蝽亚目和细蝽亚目五类全都是"纯肉食爱好者"，它们要么捕捉活的动物，要么取食动物的尸体。在臭虫亚目和蝽亚目两个大类中，情况就比较复杂了。臭虫亚目中，捕食性的类群比较多，而蝽亚目的捕食性种类比较少，剩下的部分就是吃素的队伍了。植食性的科数少于捕食性的科数，但在属、种的数量上则远占优势。所以可以说，半翅目昆虫大部分都是植食性的。

　　植食性半翅目的取食范围包括真菌的菌丝（扁蝽科）、藻类、蕨类植物、裸子植物和被子植物。取食部位包括植物的营养器官（根、茎、叶）和繁殖器官（花、果实、种子）。植食性蝽类一般不会对农作物产生严重危害，不过像荔蝽这样的大型种类，由于食量大，加上会排出有害的液体，可以使植物的茎叶萎蔫，造成落花、落果。

　　除了单纯吃素和吃荤的种类，还有一些蝽是杂食的，荤素来者不拒。

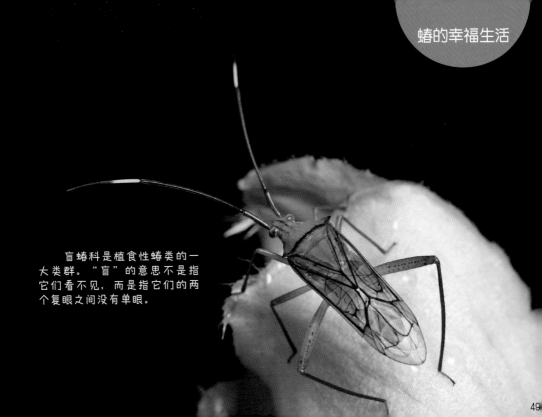

盲蝽科是植食性蝽类的一
大类群。"盲"的意思不是指
它们看不见，而是指它们的两
个复眼之间没有单眼。

红蝽若虫正在吸食植物种子的黏液。

泛光红蝽正在吸食一只叶甲。

吃饱了，唱唱歌吧！

　　半翅目昆虫中的不少种类都能够发声。有的是为了求偶，有的则是为了示威。发声的方法有摩擦发声和鼓膜器发声两种。由于鼓膜发声在蝽的近亲蝉中也广泛存在，因此这种方式有可能属于广义半翅目昆虫发声机制中较为原始的类型。

　　摩擦发声的种类多样，比较常见的是猎蝽。如果你抓住一只大型的猎蝽，它就可能发出"吱吱"的声音。仔细观察，原来它是用坚硬的喙来摩擦自己的胸部，那里有些搓板一样的发音齿，二者摩擦后就会发出声音，恐吓天敌。

抓到猎蝽后，它可能会通过摩擦发声来恐吓你，也可能会用嘴叮咬你。

家和万事兴

　　半翅目的一些种类具有亚社会性行为。"亚"的意思就是，它们只初步地聚集，还没有复杂到拥有蚂蚁和蜜蜂那样成熟的社会制度。虽然简单，但没有复杂社会的等级划分和战争——平平淡淡才温馨嘛。

角盾蝽的妈妈不但会护卵，还会在卵孵化后继续保护若虫一段时间。这群若虫已经在妈妈身下完成了第一次蜕皮，即将离开妈妈独自闯荡。

护卵的菲缘蝽妈妈

这些亚社会性行为包括：

1. 护卵。同蝽科和盾蝽科的一些种类，雌性会趴在自己的卵块上保护自己的宝宝。雄性的负子蝽还会把卵背在背上。

2. 保护若虫。在卵孵化后，一些蝽会继续保护自己的若虫，它们就像老母鸡一样，把若虫护在身下。若虫也不会乱跑，而是乖乖地挤在一起。扁蝽科的一些种类还会将1龄或2龄若虫背在自己身上。

3. 移动卵块。土蝽科中，许多种类在搬家时，能把喙插入卵块的卵粒间，然后抬起卵块搬走。

4. 给若虫喂食。土蝽科的环带光土蝽和日本朱土蝽这两个种类，母亲会在地面寻找种子，然后将喙刺入种子搬到巢穴旁，为若虫提供食物。此外，土蝽的母亲更加贴心，会和宝宝一起居住很久，直到宝宝长到 4 龄。这期间，若虫会取食母亲的直肠分泌物。虽然听起来很恶心，但这样做是为了获得母亲体内的共生细菌，这对于以后消化食物是非常有用的。

扁蝽的若虫会和成虫住在一起，成为一个大家庭。

第五章

蜂中高手,
各显神通

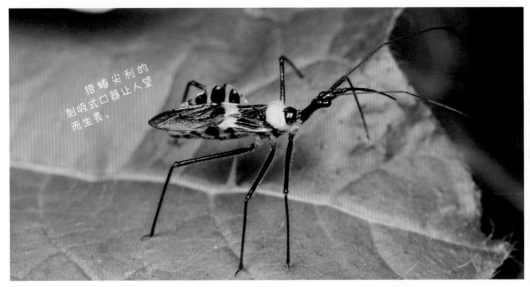

猎蝽尖利的刺吸式口器让人望而生畏。

在昆虫世界里，半翅目是一个大家族，它们分化出了各种各样的形态，家族成员就像葫芦兄弟一样，上天、入地、下水，个个神通广大，每位都有自己的独门绝技。甚至你很难相信，这些差异极大的昆虫同属于一个类群，虽然它们正式的名称叫作蝽或者椿象。

智者乐水

镰刀杀虫狂——蝎蝽

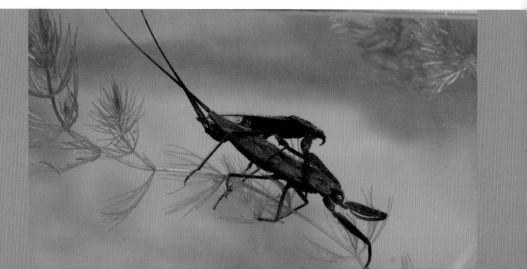

　　当你来到水边，捞起一把水草，常常会有一只长尾巴"蝎子"从草里爬出来。水里怎么会有蝎子？原来它是和蝎子长得很像的蝎蝽，那条长尾巴其实是它的呼吸管。由于它是用呼吸管直接呼吸空气的，所以在那些缺氧的死水洼里，用鳃呼吸的动物会死掉，但蝎蝽照样能活得很好。

　　平时蝎蝽藏在水草丛里，把呼吸管伸出水面来呼吸空气。它长得就像水中的一片落叶，对鱼虾有很大的迷惑性。它展开螳螂一样的捕捉足，静静等待猎物游近。但蝎蝽等待猎物的时候和螳螂有一点不同：螳螂是缩紧前足，一副祈祷的样子；蝎蝽则是张开前足，一副抒情赞美的样子。不管什么样子，抓得住猎物就是好样的！

潜伏在水下的
螳蝎蝽准备捕鱼。

等猎物游进它的"臂弯"，蝎蝽就立刻用折刀一样的前足将其夹住，送到嘴边，吸干它的体液。虽然是水生昆虫，但它也可以飞。飞行时，蝎蝽会将翅展开，露出鲜红的后背，所以它有个俗名叫"红娘华"。养过蝎蝽的人都知道，想让别的水生动物和蝎蝽和平相处是不可能的，它简直是看到活物就来气，必"杀"之而后快。

如果你一直想养一只蝎子玩，又害怕它的毒性，那不如用个小缸养蝎蝽。比起蝎子一个月都不吃一顿饭，蝎蝽这个大肚汉准保让你大呼过瘾。不过，被蝎蝽的嘴扎一下还是有点疼的，但它的嘴很短，只要稍微注意就很安全。

螳蝎蝽体型纤瘦，看起来和螳螂极为相像。

仰泳天才——仰蝽

俗话说，"舒服不如倒着，好吃不如饺子"，没人比仰蝽更舒服了。它最大的特点就是喜欢仰泳。看看它的身体结构：腹部扁平，背部隆起呈船底状——都把自己的后背设计成船底了，看来根本没打算翻身啊！

它的后足特别长，长有刚毛，专门用来划水。整个体型活像一艘单人皮划艇。它的身体比水轻，在水下受到攻击时，一放开水底植物就可以浮上来，到了水面，能跳起来飞走。而浮在水面时，后足伸展，便于受到攻击时立即划水逃入水下。它的前足和中足短小精干，用来搂抓猎物。由于平时常贴在水面下方，所以它对于同样活跃在水面的孑孓（jié jué）、鲹（jiāng）鱼或落水昆虫有特别的偏好。

你经常能在花鸟市场的饲料鱼群中发现仰蝽的身影，但要注意千万别让它的刺吸式口器扎到手，那感觉不亚于被马蜂蜇（zhē）了一下，特别疼。

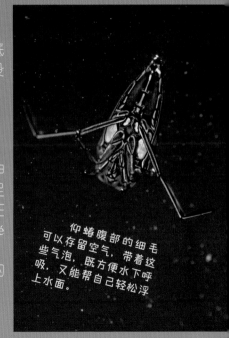

仰蝽腹部的细毛可以存留空气，带着这些气泡，既方便水下呼吸，又能帮自己轻松浮上水面。

65

虎皮小划艇——划蝽

盛夏的湖边，常会漂着一大团的绿色丝状物，这是一种藻类，叫作"水绵"。把它捞起来，你会发现从里面跑出来许多小虫，它们身上有虎皮一样的花纹，后足很长，可以像船桨一样划动。这就是划蝽。它们长得和仰蝽很像，但后背是扁平的，也不会仰泳。虽说水生动物很喜欢躲在水草丛中，但水绵团太细密，不好钻进去也不好钻出来，所以里面的生物很少，只有微小的划蝽喜欢这里。

　　绝大多数的划蜡是吃素的，它们喜欢吸食水绵以及其他藻类，于是前足特化成了匙状，可以把藻类刮下来再吃。此外，它们也喜欢吃一些小型无脊椎动物、鱼虾的尸体等。小划蜡属的一些种类还会捕捉蚊子的幼虫。虽然它们比蚊子幼虫小很多，但会群起而攻之，蚊子幼虫早晚会因寡不敌众而死掉。人们正在研究它们是否能成为灭蚊的新帮手。

　　有一种舒氏小划蜡，雄性会摩擦生殖器发出声音吸引雌性，这种声音竟然高达 99.2 分贝，相当于一辆大卡车在耳边呼啸而过！按身体比例来算，它们是世界上叫声最大的动物。虽然声音从水下传播到空气中已损失了 90% 以上，但站在河边还是能清晰地听到。

划蜡正在捕食蝌蚪。

水边丑八怪——蟾蝽

　　走进山中，我们会看到一些或明或暗的水流从路边的石壁上流下来。在这样的石壁上，就有可能生活着一种丑陋的虫子——蟾蝽。它的身体疙疙瘩瘩，身材短粗，两只眼还离得特别远，活像一只蟾蜍（chán chú）。它是吃肉的，因此看到小虫时，就会像蟾蜍那样一下子跳过去，用前足抓住猎物。

　　蟾蝽长成这个样子，是为了和周围的环境融为一体。它平时不是待在湿润的石壁上，就是趴在泥泞的河滩上。

稻田帝王——大田鳖

在我国的稻田、水塘中，可以见到一种巨大的昆虫。人们下田时常被它咬到脚，所以叫它"咬趾虫"。被它咬到可是挺痛苦的，它的唾液会将你伤口周围的肌肉轻微融化，听着就疼吧？它叫鳖（biē）负蝽，俗称田鳖，动辄就长到11厘米长，是蝽类家族中真正的巨人。它生活在水中，会捕食鱼塘里的鱼。你看它那粗壮的前足，哪条鱼在它发达的肌肉面前会不颤抖呢？

所以，农民都恨不得吃它的肉，扒它的皮——事实上他们确实是这样做的。在我国广东、云南乃至东南亚，它都是深受欢迎的美食。在餐桌上，人们送给它一个好听的名字：桂花蝉。并不是说它本身有桂花香，鲁迅在《两地书》中曾揣摩过"桂花蝉"的来历，原来是因为它的成虫是在桂花开的时节才出现。不过，田鳖确实有一股独特的辛香，像药草的香味，尤其是雄虫的味更突出。

轻功水上漂——尺蝽和黾蝽

尺蝽

尺蝽 的 眼
前区延长，就像
长了个长鼻子。

　　尺蝽比黾蝽要少见很多，它生活在安静的湖岸，也能在水面上行走。不过，和黾蝽相比，它的身体明显不太适应水上生活。它的足不够长，但身体却很长，这种身体结构，如果站在波浪起伏的水面上，多半是要沉底的。所以，尺蝽只选择在平静的水面上活动。它的脑袋特别长，活脱脱一副"驴脸"，这是它的明显特征，也让它看起来特别滑稽。

在水面上交配的涧龟

　　龟蝽可能是人人都见过的一种昆虫，俗名为"水马""卖油卖酱的"，据说就是因为它放的臭液有一种酱油或者香油的味道。我闻过龟蝽，确实有酱香味。它常常展开四条大长腿，站在水面上——不，其实是六条腿，但两条前足很短，看上去不太明显。龟蝽之所以能站在水面上，是因为它的"脚尖"长着很多茸毛，茸毛之间保存着很多空气，可以阻隔水的侵入，这样它就能像踩在气垫上一样了。

　　龟蝽喜欢捕捉落在水上的小昆虫，只要小虫一挣扎，它就能灵敏地感觉到水波，大长腿两三下就划到了小虫的面前，开始吃大餐了。它的后足可以用来控制滑动的方向，中足则是驱动足，所以最长。前面的一对腿比较短，只用来捕猎。

　　一般的龟蝽喜欢在静水水域活动，而涧龟却会选择流速很快的溪流，一边集体"争上游"，一边寻找落水昆虫。遇到天敌时，它们会"快速闪避"，让人眼花缭乱的动作和溪水的反光结合在一起，使天敌无从下手。

蝽中高手，
各显神通

一边交配
一边享用美食的
黾蝽夫妇。

75

我有一个好爸爸——负子蝽

负子蝽生活在水下，如果你把一大把水草突然捞到岸上，就可以看到它急匆匆地往外逃。它身体扁圆，看上去并没什么特别的，不过到了产卵的时候，你就会瞪大眼睛了：交配后，雌虫会把卵产在雄虫后背上，然后雄虫就独自背着满满一后背的卵开始了"奶爸"的生活。它不再我行我素，而是对卵小心呵护，还时常会把后背伸出水面，让卵晒晒太阳。

终于，小蝽们一个个从卵中孵化了，它们看了一眼辛苦的爸爸，便纷纷游走，开始了自己的"虫生"。爸爸只负责在卵期保护它们，之后的生活就需要它们自己去闯荡了。

负子蝽爸爸会精心呵护每一粒卵。

死亡之吻

以猎为名——猎蝽

蝽中的肉食者不少，但唯独猎蝽被冠上了"猎"的名称，可见它的捕猎水平之高。

猎蝽的一个明显特征，就是头部在眼后缢缩，形成类似"颈部"的形状，这能让它的头部更加灵活，以适应激烈的捕猎活动。猎蝽的前足一般进化成捕捉足，但并不像螳螂的"大刀"那样明显特化，只是比别的足更粗一点，并且长有"海绵垫"，用来吸住光滑猎物的身体。猎蝽的视力发达，当猎物靠近时，它会立刻扭身正对猎物，并悄悄抬起前足，抓准机会猛扑过去，一把抱住猎物，然后就把钢针一样的口器插入对方体内。

结股角猎蝽在
捕食猎物。

二色赤猎蝽常在
石头下捕食马陆。

人如果被猎蝽刺一下，就会跟被蜂蜇了那般难受，小虫就更别提了，它们挣扎两下就一动不动了。这时，猎蝽就可以安逸地吸食大餐了。它甚至可以放开抱住猎物的足，仅凭细细的口器就能举起比自己还重的猎物，力量真不是盖的。

多氏田猎蝽的腹部侧接缘扩展成为裙状。

蝽中高手，各显神通

Q 版螳螂——螳瘤螈

和雌性相比，
雄性螳瘤蝽就瘦
小多了。

螳螂是昆虫界的帅哥，它修长的身体和酷炫的"大刀"都让人心生敬意。相比起来，螳瘤蝽简直就是Q版的螳螂。它的身材可以用一个字来形容——"短"。腿短，胸短，头短，肚子短，就连那两把"螳斧"也短得要命。

不过，不用担心它抓不到猎物。虽然它体型很小，但比它小的昆虫多的是，它的食物源因此很充足。螳瘤蝽喜欢待在花朵附近或植物的嫩芽上，这里是小昆虫最常光顾的地方，也是它天然的餐厅。

罕见的钳子——蟹瘤蝽

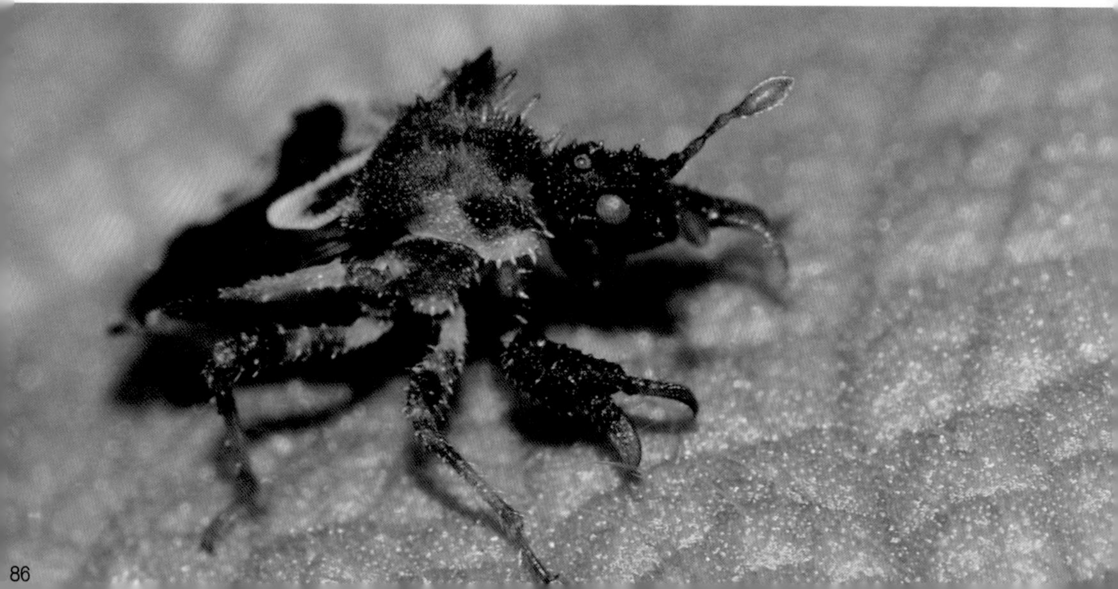

很多昆虫都有捕捉足，但绝大多数都是像螳螂那样的折刀式。昆虫与虾、蟹同属节肢动物，为什么昆虫的捕捉足就没有它们那样的钳状呢？那是因为你没有看到这位给力的昆虫——蟹瘤蝽。身为一只昆虫，却长出了蟹螯（áo），它真的做到了！

其实，就连它的近亲螳瘤蝽的捕捉足也是螳螂式的，可为什么蟹瘤蝽非主流地长了一副"剪刀手"呢？人们纷纷猜想：剪刀手夹到猎物时，相对于"螳螂手"来说，可以让猎物离身体较远，防止猎物因反抗而伤到自己；雄性之间见了面可以互相挥舞一下，显摆显摆，打斗时也不会造成太大伤害，防止对手近身；交配时还能夹住雌性……

但蟹瘤蝽辜负了人们的幻想，在交配时蟹钳并不会起到什么作用；捕食时也只是张开两只蟹钳，傻乎乎地在原地等待。另外，由于前足失去了"爪"的结构，行动时它笨拙得很。这双剪刀手到底给蟹瘤蝽带来了什么好处？只有它自己心里清楚。

蟹瘤蝽正在享用大餐。

拟态高手
枯叶垫肩——奇缘螽

　　走在深山中，你可能会在树枝间看到几片奇怪的"枯叶"，它们身上长出了几个奇怪的枝杈，还经常无风自动。你试着碰一下，哇，手上竟染上了臭味！

　　原来，这是奇缘螽。它们体型不小，经常三三两两地在树枝上聚餐。为了保护自己，它们的体色和树枝一样，是褐色的，而前胸背板则特化成又扁又长的样子，边缘还有一些刺，就像残缺不全的枯叶。如果它们一动不动，天敌还真不好发现它们。要是走背字，真的被发现了，它们就会动用"草遁"和"催泪弹"——脚爪一松，掉进草丛隐身，并喷出臭液熏得对方头昏脑涨。

奇缘蝽（雌）

90

雄性奇缘蝽的长相比雌性（左图）要夸张得多。

骨感树枝——蛲猎蝽

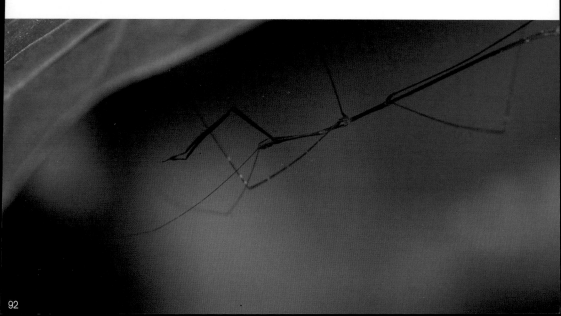

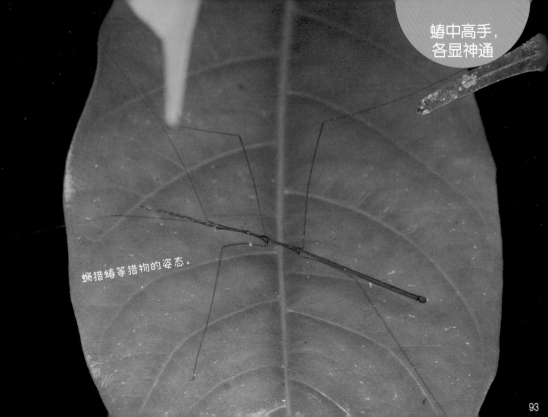

蝽中高手,
各显神通

蝽猎蝽等猎物的姿态。

真正的竹节虫

每个人都知道竹节虫，竹节虫在学术上叫蟾（xiū），而长得像蟾的猎蟾应该叫什么呢？答案就是蟾猎蟾。它的身体除了头部以外，都可以用细长来形容。蟾长成这个样子是为了拟态树枝以躲避天敌，而蟾猎蟾长成这个样子，一来可以躲避天敌，二来可以更好地捕捉猎物——仔细看它的前足，是精致的捕捉足。小虫子们怎么也不会想到自己被几根树枝吃掉吧！

另外，蟾猎蟾还有一种本事：行走时不用两只前足，仅用四条腿行走。听起来似乎没什么，但昆虫六足行走的机制是经过亿万年进化而成的一种精密程序，贸然更改是需要勇气、技术和时间的。不信你下次看看螳螂，这么牛的昆虫在行走时也必须使用前足，否则寸步难行。所以，不要小看蟾猎蟾，它的腿虽然细，却以优雅的"太空步"独行天地间。

蚂蚁还是蜂?

点蜂缘蝽

这种缘蝽在北方的秋天特别多,经常"嗡嗡"地飞来飞去。它们小的时候,活脱脱是蚂蚁的样子,只不过它们走路的样子优哉游哉,和急匆匆的蚂蚁有明显区别。

为什么它们要模仿蚂蚁呢?原来,这是生物界的一种"拟蚁现象"。由于蚂蚁"虫多势众",遇到敌害常常群起而攻之,加上它们会分泌蚁酸,有的还有螫针,所以很多动物都不爱吃蚂蚁。于是,不少小虫就模拟蚂蚁的样子蒙骗天敌。

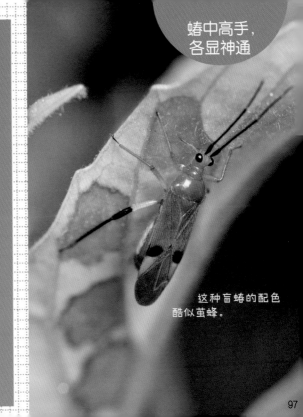

蝽中高手，
各显神通

除了点蜂缘蝽的若虫，一些螽（zhōng）斯、螳螂、蛾子的幼体也会模仿蚂蚁。当点蜂缘蝽变成成虫时，它就改变策略，开始模拟马蜂了。当它飞起来的时候，和马蜂简直毫无差别，就连经验丰富的昆虫学者也经常被它吓一大跳呢！

此外，还有一些蝽看上去很像蜂类，比如一些盲蝽就和姬蜂、茧蜂类似。不过，这是否属于拟态，还不能定论，毕竟这是人类主观的想法。究竟蝽是真的在模拟蜂，还是纯属巧合而已，需要进行复杂的实验。尤其要从该种蝽在当地的天敌那里入手，看看天敌是否会把蝽看作蜂，从而不愿捕食它。

这种盲蝽的配色酷似茧蜂。

披着羊皮的狼——淡带荆猎蝽

淡带荆猎蝽的成虫失去了黏死蚂蚁的习性。

在北方的山路上行走时，我们有时会看到一小团抱在一起的蚂蚁急匆匆地跑动，这是什么奇行种？凑近一看，原来是一小堆蚂蚁尸体正被一只灰头土脸的虫子背在背上。这就是猎蝽里的明星——淡带荆猎蝽的若虫，它酷爱吸食蚂蚁，每吸干一只就把它粘在后背上。不光粘蚂蚁，它还把小沙粒粘在自己的六条腿上。如果它一动不动，那完全就像是一个疙瘩，或者是一小堆死蚂蚁，没有任何人会多看它一眼。这种往后背上背"厨余垃圾"的行为，在草蛉的幼虫身上也存在。学界一般认为，这几种昆虫在幼年时期自卫能力不强，所以用"吃剩的垃圾"把自己伪装起来，躲避天敌的视线。当淡带荆猎蝽变为成虫后，它变得足够强壮，也长出了翅膀，足以对付天敌，所以就不再背负"垃圾"了。

一小丛荆棘——齿缘刺猎蝽

作为一只蟷，长一个刺不难，难的是长一身的刺。齿缘刺猎蟷，光从名字上就能看出它办成了这件难事，又是齿又是刺的。除了眼睛和翅，齿缘刺猎蟷浑身上下长满了大大小小、长长短短的刺，有的又细又直，有的又扁又弯。

人们不禁要问："你这是何苦呢？把自己弄得这么不亲民。"齿缘刺猎蟷心想：这你们就不懂了。第一，如此不规则的轮廓和斑驳的体色，可以让我隐藏于杂乱的背景中；第二，我这是拟态荆棘一类的植物，可以躲过天敌的眼睛；第三，躲得过天敌的眼睛就躲得过猎物的眼睛，保护自己的同时又便于我捕猎，防御和攻击双丰收；第四，万一被天敌发现了，它敢嚼我吗？有这四大优点，我活得多快活啊！

蟷中高手，各显神通

这条大毛虫对于齿缘刺猎蟷来说，算是一顿大餐了。

这是齿缘刺猎蝽最常见的警戒姿势，霸气十足。

102

齿缘刺猎蝽正在吸食蝽类。

齿缘刺猎蝽的若虫身体发绿。

103

后背上的人脸

小丑脸——山字宽盾蝽

　　这种盾蜣得名于它前胸背板上的图案——金绿色的背景上，有一个端端正正的"山"字纹。而它小盾片上的图案，则完全就是一个西方小丑的脸——眯成线的笑眼、上翘的嘴巴，这时再看那个"山"字，瞬间就变成了小丑头上戴的那种伸出几个犄角的小丑帽！由于小盾片花纹的变异较大，所以这只蜣的身上可能是个微笑的小丑，另一只则是个大笑的小丑。

　　山字宽盾蜣生活在中国西南的深山里，是中国珍稀的昆虫，只有艰苦跋涉去探寻，才能看到它的笑脸。

关公再世——菜蝽

近缘的横纹菜蝽像还没睡醒的黑脸关公。

　　菜蝽同学说："虽然我唱功很'菜'（事实上我根本就不会出声），但谁也挡不住我对国粹京剧的热爱。学不了唱念做打，我可以学勾脸嘛。就让我模仿一个关云长关二爷，看看有没有点义薄云天的意思？我可是遍布你家周围的草地荒野啊。有空就来看看我的脸谱，就当弘扬传统文化了。"

绿脸大叔——米字长盾蝽

　　米字长盾蜻的得名，可能是命名者认为它身体上的花纹像"米"字，但说实话，真的不太像，反而更像一位外国大叔的脸：有两个深邃的眼睛，眼角上翘；有两撇浓密的胡子，组成一个"八"字；有两条又短又囧的眉毛，破坏了胡子和眼睛苦心营造的威严感；脸颊上还一边一个黑色的老年斑，看样子岁数不小了。

　　就是这样一个让人忍俊不禁的"大叔"，脸色却是晃瞎人眼的土豪金属绿，各种元素组合到一起，简直让人不知该说它什么好！

铠甲武士

武装自己反被捉——盾蝽

　　盾蜷的小盾片极度发达,别的蜷的小盾片只是两个前翅基部之间的一个小三角片,但盾蜷的小盾片夸张地覆盖住了整个中胸、后胸和腹部。这样的构造活脱脱给自己置办了一套装甲,保护了柔软的腹部和薄薄的翅膀。

　　盾蜷强大的小盾片和小盾片上的艳丽花纹确实骗过了很多人,大部分人都会把它当成漂亮的甲虫,抓来做成人造琥珀(hǔ pò)出售。本来为了保护自己而辛苦进化出来的小盾片,反而成了人类捕捉自己的原因,盾蜷一把鼻涕一把泪地说:"我当初造这装备时,哪会想到以后出现人类这么个奇怪的物种啊!"

在北方，金绿
宽盾蝽是盾蝽中最
惊艳的种类。

自然光下，金绿宽盾蝽若虫是哑光的，但闪光灯一照，它的鳞片就闪出金光。

金绿宽盾蝽的若虫喜欢聚群。

金绿宽盾蝽若虫背后的花纹，看起来像一个厚嘴唇的人脸。

115

奇葩辈出

我来变成标本——角盲蝽

　　昆虫爱好者们看到这只昆虫，一定会扑哧一笑。因为做昆虫标本时，都要在昆虫的胸部插上一根昆虫针，而这种盲蝽天生就长着这样一根"针"，连针帽都惟妙惟肖。难道它是在告诉昆虫爱好者："我不是活虫子，我是个被抛弃的标本，不要抓我……"

　　其实，这根"针"只是角盲蝽胸部的一个角状凸起，至于这个凸起到底是做什么用的，现在还没有定论。可以肯定的是，绝对不是为了蒙骗昆虫爱好者。

加长版蝽——巨红蝽

当你看到巨红蝽时，你的本能会让你说出三个字："这么长！"尤其是雄性，不但触角长得和身子一样长，而且腹部远远超出了翅膀末端，好像是夏天在街上把衣服撩起来露着肚子的"膀爷"，样子着实不雅。您就不怕肚子着凉吗？

不过，巨红蝽表示毫无压力，因为它们都生活在温暖的热带和亚热带地区，那里不但不会让它们着凉，而且食物丰富，加上自己鲜艳的警戒色，一般没人敢惹。没准儿天天衣食无忧的生活，使它们的肚子变得越来越大，不过翅膀就懒得跟肚子一块儿长了……

当然，这只是人们瞎猜的，究竟为什么腹部这么长，只有它们自己最清楚了。

巨红蝽体型硕大，在野外非常容易被发现。

119

两杆胶棒定乾坤——胶猎蝽

胶猎蝽大概是蝽类家族中最善于使用"工具"的了。它喜欢吃蜂类，但如果像其他猎蝽那样用前足抱住猎物来捕食的话，很容易被蜂有力的上颚和有毒的螫针伤到。

于是它想出了个好办法，找一棵流着树胶的树，用自己的前足跗节（相当于人的手）蘸满树胶，一点一点抹在自己的腿节和胫节上（相当于人的胳膊），然后头部向下，静伏于树干上，待蜂类靠近，就突然用足黏捉。全身被黏住的蜂自然无力反抗了，只能眼睁睁看着胶猎蝽的尖嘴慢慢地伸过来。

胶猎蝽用脚尖黏上树胶，抹在自己的前足和中足上

121

高跷艺术家——跷蝽

两只锤胁跷蝽正
在分享一只昆虫尸体。

　　在城市里常见的构树和泡桐上，常有一种身细腿长的小型昆虫，它的六条长腿把身体高高抬起，好像是踩了一副高跷，"跷蝽"的名字也就由此而来。园林工人向来视其为吸食叶片汁液的害虫，但有人发现，跷蝽反而更爱捕食泡桐上的真正害虫——叶蝉。

　　叶蝉非常敏感善跳，人都很难捉到它，难道跷蝽的长腿是为了能蹑手蹑脚地接近叶蝉？不管怎么说，若是能摆脱"害虫"的恶名，被人类招安，对跷蝽来说倒真是一件幸事。

变形金刚——荔蝽

中学课本里的文言文《口技》，想必不少人都学过，可如果有人告诉你，这篇文章的作者林嗣环还写过一篇介绍荔枝的科普小品，里面还提到了这位"变形金刚"，你会不会很惊讶？

这篇文章叫作《荔枝话》，里面提道：荔枝树上常有一种昆虫，它的背部坚硬如石，所以人们管它叫"石背"。它喷射的臭液会使枝条焦枯脱蒂。它产卵也很神奇，每个卵块里都是12个虫卵，如果遇到闰年，就生13个，和每年的月份数完全相同。

这个所谓的"石背"就是荔蝽，它以荔枝树的汁液为食，吸过枝条嫩芽之后，就会造成花落叶落，所以它的危害不仅仅是分泌臭液。荔蝽的体型活像个橄榄球运动员，肩宽腹阔，前胸背板厚实宽大，不愧于"石背"的雅号。但是这位霸气外露的"金刚"小时候却异常地玲珑精致，低龄若虫好像一个小薄片，左右肩膀上各有一个小红点；后几龄虽然身体还是一样薄，但体色一下子变得五彩斑斓，而且花纹看起来非常像电路板，简直就是个小霸天虎。要是不同龄期、不同种类的若虫聚集在一起，就像是一堆五彩的透明玛瑙片。但只要一变成成虫，它们就好像赌气似的褪去了五彩外衣，吹气球一样地把自己变成了肩宽背厚的猛男。

还有一件事需要弄清，《荔枝话》里说荔蝽的每个卵块里的卵为12个或13个，而现在的荔蝽每个卵块里的卵多为14个。虽然产卵数和月份数挂钩这种说法不靠谱，不过并不能说林嗣环的描述就一定是错误的，也许他观察到的荔蝽就是产了12个或13个卵。

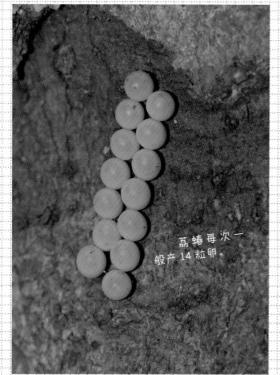

荔蝽每次一般产 14 粒卵。

刚刚孵化的若虫会聚集在一起。

刚脱皮的若虫

127

闻着臭，吃着香——九香虫

"九香虫，黑又圆，闻着臭，吃着香……"九香虫是兜蝽亚科的一种，分布于中国中部和南部。它看上去全身漆黑，圆圆滚滚，毫不起眼，却是许多人心中的美味和童年记忆。

每当秋风瑟瑟，九香虫就成群结队地钻到江边卵石下越冬。这时，人们也成群结队地来到江边，淘金似的翻起卵石，欢笑着抓住一只只九香虫。受惊的九香虫会从臭腺中分泌臭味的液体，人们的手都会被染黄。但人们那股愉悦劲儿，绝不亚于钓到一条大鱼！回到家，先把逮回的九香虫放入温水里。虫子急得乱扑乱爬，把臭液都释放在了水里，同时洗净了身上的泥沙。这样换过三四次水后，虫子就干净了。把铁锅烧热，倒进九香虫，用小火干烧，等到虫子焙干冒出油来，香味溢出之时，再倒油进去炒，一边炒一边加入适量的盐。好了，出锅！一盘香酥脆爽的昆虫美食就制成了。

九香虫不但好吃，还是有名的药材。当地有句俗语："有钱人吃鹿茸，没钱人吃屁巴虫。"说的就是物美价廉的九香虫。李时珍说它咸温无毒，理气止痛，长期食用对身体有好处。但是否真有这么神奇的效果，还未有定论。要想纯粹指着它治病，那就太不靠谱了，不如只把它作为一道美食吧。

隐身薄纱——网蝽

中国的很多城市里，常常种植高大挺拔的悬铃木（法国梧桐、英国梧桐）作为行道树。当你走在浪漫的法桐大道上时，没准会有一种极小的虫落在你的衣服上。仔细看看，真是个精致的艺术品！

它全身密布着精致的网格，大部分身体如同一片玻璃般薄而透明，真像穿了件隐身衣。这就是吸食悬铃木叶片的方翅网蝽——一种传入我国的入侵物种。

当然，网蝽有很多种，我国也有很多本土网蝽，形态都是玲珑剔透的。其实网蝽本身并不透明，但它的身体很小，翅却很宽大，透明的翅构成了身体的主要轮廓，看起来就像整个身体都是透明的。

在日本，人们管网蝽叫"军配虫"，因为它的身体轮廓很象日本人打仗时用来指挥和占卜的一种叫"军配"的团扇。著名的武田信玄就常常举着写有"风林火山"的军配出现在多种绘画作品中。能把这么霸气的玩意儿和这么精致的虫子联系到一起，日本人的思路真是非常奇特啊。

网蝽的身体极为微小，却有着复杂的花纹，是大自然的一件微雕作品。

隐身大师

除去一些体色特别鲜艳的奇葩，大部分蜻类都很低调，它们的体色一般会和所处的环境相吻合。常在树干处活动的，一般是褐色。常在树叶上活动的，则以绿色为主。在休息时，它们会趴着一动不动，这样可以最大限度地减少身体的阴影，使自己和周围环境融为一体。

不过，蜻并不是很老实的昆虫，它们经常会四处游走，走着走着就跑到了另一个环境里，这时它们的体色就起到了相反的作用，变得格外鲜艳。后面这 5 幅图里各藏着一只蜻，你能找到它们吗？

蜻中高手，
各显神通

红足壮异蜻是北京近
郊山区的主流蜻类，它们
的颜色和树叶接近，所以
除非趴到墙上，否则很难
被人发现。

碧蝽背上那一
小片棕色的膜质翅
膀，终于在秋末派上
了用场。

134

趴在树皮表面的
蝽，不仔细看很容易
就被忽略掉了。

碧蝽停落在核桃楸叶片上，你能找到它吗？

点蜂缘蝽若虫从小
就知道自己该待在什么
位置。

137

第六章

常见蝽类

麻皮蝽

这种蝽可能会让你感觉很亲切，因为它在中国特别常见，从北边的辽宁、内蒙古、北京，到沿海各省，再到广西甚至台湾，都有它的身影。它的体色看似平淡无奇，其实很有特点。黑褐的底色上密布着黑色刻点和细碎不规则的黄斑，就像长了一身的麻子，"麻皮蝽"也由此得名。头部前端至小盾片有一条黄色细中纵线、胫节具有黄色环纹也是它的重要特征。

为什么它分布这么广？看看它的食谱你就知道了：山楂、桃、苹果、枣、李子、杏、石榴、海棠、栗子、柿子、龙眼、橘子、杨树、柳树、榆树……走到哪里都有食物！解决了粮草问题，开疆拓土还是问题吗？

麻皮蝽的若虫比成虫要漂亮很多。

蓝蝽

140

这个名字简单粗暴，却也名副其实：蓝蝽全身呈金属蓝色，虽然体型不到 1 厘米长，但那单一而耀眼的体色，总能在一片绿色的草中绚丽地突显出来。

除了西藏、青海分布情况不详之外，蓝蝽在全国都算一种常见的昆虫，但在每地的发生量都不大，所以看到它也需要一点运气。它除了吸食植物汁液外，还有一个本领——捕食叶甲的幼虫。所以，人们试着用它防治危害巨大的马铃薯甲虫，得到了不错的效果。对于被马铃薯甲虫糟蹋的农田来说，蓝蝽会成为拯救它们的蓝衣超人吗？

蓝蝽就像是草丛中的蓝宝石。

油茶宽盾蝽的成虫
有漂亮的金属光泽。

油茶宽盾蝽的若虫有漂亮的金属光泽。

南方的茶园一般都是一片广阔的深绿色，在单调的颜色中，总有一些亮点：树叶上趴着一个"小胖子"，浅黄的底色上，对称地分布着几个□的斑块，这些斑块上又有几个对称的紫色斑，□面还闪着金绿色的光——真是层层递进，直至□！更夸张的是，连它们的卵都是这种风格：初□呈淡黄绿色，数日后呈现两条紫色长斑，孵化□变成橙黄色。这种有序而大胆的用色，实在值得□好好学习。

不过，茶农看到它们却是气不打一处来。它□吸食茶叶，造成减产，更会在油茶的果子上大□这还怎么榨出油来呢？吃完还不够，它们拉的□还会引发油茶炭疽（jū）病。茶农一看，你不□着撞色衣服嘚瑟吗？好，我满足你。于是，油□宽盾蝽就成了人造琥珀饰品中最常出现的昆虫。□过做成琥珀后，它们的金属光泽会褪去。唉，直□死了，它们才肯收敛一点！

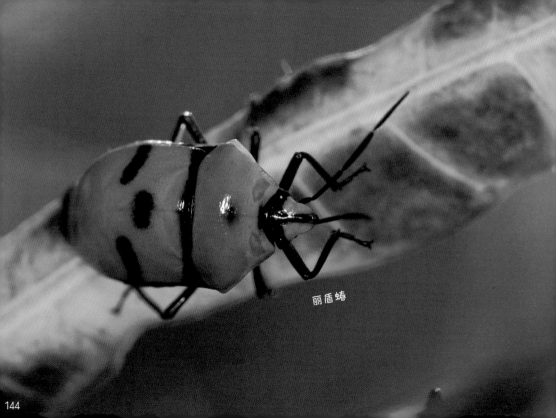

丽盾蝽

144

丽盾蝽不同的个体有不同的底色和花纹。

盾蝽家族充满了华丽美艳的种类，相比起来，丽盾蝽似乎名不副实，还是它的台湾名字"大盾蝽"更符合形象些。又长又厚的它，确实比其他盾蝽要大一些。丽盾蝽身上的斑纹变化很大，有的是 4 个斑，有的是 10 个斑。体色分为白色和橙色两大类。不过最常见的还是白底黑斑，小盾片上有 3 个椭圆斑。如果把它头朝下放，它的整个后背一下就成了一只呆萌的熊猫脸。

丽盾蝽的若虫比成虫要艳丽，每个股节都是黄色的，后背还闪耀着金属绿色的光芒。它们喜食苦楝（liàn），在苦楝树上常能看到大量丽盾蝽聚集在一起。

角盾蝽

正在吸食果实的角盾蝽

和丽盾蝽一样，角盾蝽身体的花色也十分多变，底色就有浅黄、深黄、橘黄和鲜红等。后背的斑也数量不一，形状各异。所以不要通过颜色来鉴它。就连作为它名字的"角"，也就是前胸背板角两个尖锐的刺，也不是每个角盾蝽都有的。

角盾蝽虽然数量不少，但并不是随处可见的。为它们不喜欢到处游逛，而喜欢在寄主植物上群。有时，你会在路边发现一只角盾蝽，再走几步，有两三只，这时如果你抬头，会发现头顶的树叶聚集了成百上千只。密密麻麻的角盾蝽，加上它后背的斑点，立刻能让你密集恐惧症发作。

不过，角盾蝽妈妈是模范母亲，它产下卵块后，趴在上面，防止一些寄生蜂把卵产在卵块里。如寄生蜂想靠近，角盾蝽妈妈就会把它们赶走。孵来的 1 龄若虫会聚在妈妈身下，以免被螳螂、猎、姬蝽等天敌捕食。直到蜕皮变为 2 龄，身体已够强壮后，它们才离开妈妈自己生活。

二星蝽

牵牛花是我们身边常见的美丽野花，现在很多人购买昂贵的爬藤开花植物观赏，其实牵牛花的美丽丝毫不逊于其他花朵，生命力也极顽强。如果你养上一盆牵牛花，让它爬满你的窗户，就有可能在花丛中见到一些爬动的小圆球，上面还有两个黄色的点斑，这就是二星蝽，那两个点就是它的两颗星星了。

二星蝽喜欢吸食旋花科的汁液，不过它也吃水稻、棉花、大豆、茄子，所以也是比较常见的昆虫。二星蝽是一个属，下分好几种，样子都差不多。后背的两颗星星则是它们共同的标志。

二星蝽被蟹蛛捕食。

珀蝽

150

珀蝽成虫相当好认，它身体只有三个颜色：最中间是绿色，两侧是褐色，最下面是黑色，彼此之间界限清楚。它是分布非常广的昆虫，整个东洋区和非洲区都有它的身影，我们常能在各种植物上见到它，看看它的食谱就知道了：水稻、大豆、菜豆、玉米、芝麻、苎（zhù）麻、茶、柑橘、梨、桃、柿、李、泡桐、马尾松、枫杨、盐肤木……

珀蝽一年能繁殖三代，这样好的胃口和这么高的繁殖效率，快赶上麻皮蝽了。不过，由于它们秋天时很少大批地进入人的居所越冬，长得又比较好看，所以并不像麻皮蝽那样惹人厌。

珀蝽若虫的体色会变化。

斑须蝽

152

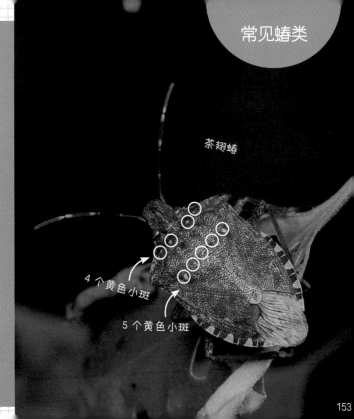

把这两位放在一起介绍，是因它俩长得太像了。如果光看名字，以二者很好区分，一个是茶色的另一个触角上有斑纹，但一看物就傻眼了：它们的翅都是茶色触角上也都有斑纹。

其实，真正的区别极为微小：翅蝽的前胸背板前缘横列着 4 个色小斑，小盾片基部横列着 5 个色小斑，而斑须蝽没有这些小斑。两都喜欢吃泡桐、石榴、桃这些乡常见的树木。到了秋天，它们成群地飞到人类的居所越冬。那窗框上、地上、空中，到处都它们的影子，想赶它们走时，又女获满鼻子的臭味，真是烦死人。过，这时也是集中剿灭它们的好几。

茶翅蝽

4 个黄色小斑

5 个黄色小斑

153

双斑同缘蝽

　　同缘蝽是一个属，在这个属里，双斑同缘蝽是比较苗条和美丽的。绿色的身体覆盖着琥珀色的翅，革质部还有两个亮黄色的斑点，相当醒目。它在华东、华南比较多见，以豆科、芸香科植物为食。常有小规模的群聚现象。

　　在蝽类中，这种特殊体型配上清雅的颜色，不是很多见。所以，也吸引了一些人将其做成标本。但遗憾的是，当它死后，美丽的绿色就会变成枯黄，就像一片绿叶枯萎了一样。这种现象在一些螳螂、螽斯里也有，可能它们的前世都是一片叶子吧。

同缘蝽属的其他成员。

155

瘤缘蝽

瘤缘蝽的大家庭。

　　记得有一次，我在广西的大明山采集蝽类时，前面的伙伴们突然围着一株植物开始忙活。我跑过去一看，是一株蔷薇科植物，上面爬满了同一种蝽——瘤缘蝽。它们浑身坑洼不平，一个个灰头土脸的，后足却十分发达。

　　有人看到这样的后足，以为它受惊后会像蝗虫一样跳走，于是说："都退后，别吓到它们，我来一网打尽。"只见他悄悄举起捕虫网，然后突然向蔷薇横扫过去，谁知，网兜立刻缠在了蔷薇的刺上，动弹不得。但那些蝽也没有跳走，而是噼里啪啦地直接掉在了草丛里。原来它们有假死的习性！

　　趁大家"解救"那个捕虫网的工夫，我在旁边又找到了一株蔷薇，上面照样爬满了瘤缘蝽。这次我换了一招，把网口伸到枝条下面等着，然后轻轻一晃枝条，满枝的瘤缘蝽就脚爪一缩，乖乖地掉进了网里。哈哈，还是这个办法好！

蝽蝽

158

蠋蝽会从猎物比较薄弱的地方下嘴。

  蠋(zhú)蝽还有一个名字,虽不符合分类学的命名规范,却更为霸气——蠋敌。蠋者,毛毛虫也。蠋蝽就是毛毛虫们的天敌。这种蝽没有闲着发愣的时候,只要你见到它,它必然是把口器插到一只猎物的身体里,喝得正香呢。

  蠋蝽偏爱柔软多汁的蝶蛾幼虫,但它也能捕捉其他昆虫,甚至是坚硬的象甲。它粗壮的口器能顺利穿透猎物,并把沉重的猎物高高举起。某种程度上,它是比猎蝽还猛的"杀手",也被视为农田中重要的天敌昆虫。

大眼长蝽

大眼长蝽常活动在花朵、草叶间，寻找猎物。

　　长蝽科中，长成这样的可不多见：身体微小（3毫米），复眼巨大，头部像极了知了。大眼长蝽总是忙个不停，沿着草叶爬来爬去，用敏锐的视力和嗅觉寻找猎物。这么小的虫子能抓到什么猎物？你还别说，真有不少呢：蚜虫、叶螨、蓟（jì）马、刚孵出来的蝶蛾幼虫……

　　蝽类中有不少种类能消灭害虫，但大多抓的是大个的害虫，等抓到时，害虫已经危害了一段时间了。但大眼长蝽却能在害虫刚孵化时就把它扼杀在摇篮里，这样就能减少很多损失。科学家们对它很感兴趣，已经开始试着用它来防治棉铃虫了。

硕蝽

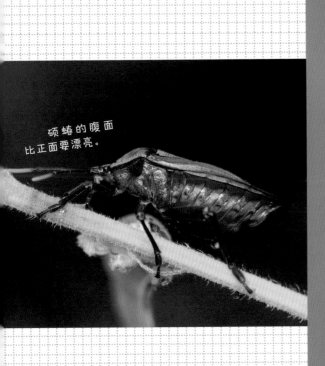

硕蜻的腹面
比正面要漂亮。

硕蜻广布于华北、华东和华南，但在华北，已经算是蜻里的巨无霸级了。如果你是一个北方孩子，第一次看到硕蜻时，很难会相信这是一种"臭大姐"。它那么大（25—34毫米），飞起来嗡嗡作响，后背上以枣红色为主，镶着金绿色的边。

硕蜻看到人一般会飞走，如果你一掌把它从空中打到地上，它仰面朝天地挣扎时，你会发现它真是别有洞天：腹面全是晃瞎眼的金黄和金绿，和背面的低调有着天壤之别。试着抓起它，它竟然还会"吱吱"地乱叫。当然，你很快就会把它放掉，不是因为它会怪叫，也不是因为它粗壮的后足一直在蹬踏，而是因为它会散发出巨无霸级的臭味。

条蜂缘蝽

这是两个长得很像的近缘种，主要
[区别]是：点蜂缘蝽的身体两侧是细碎的
[黄]点或根本没有黄点，但条蜂缘蝽的两
[侧]是两条粗粗的黄带。它们的若虫长
[得]大蚂蚁一般无二，你常会看到它们
[在]蚂蚁的必经之路上，装模作样地和
[蚂蚁]一起摆动触角，可刺吸式的口器却
[悄]悄吸食着植物汁液。

在秋天，它们的若虫会蜕变为成虫，
[此]时它们长出了翅，飞起来的时候酷似
[另]一种昆虫——胡蜂。在阳光好的时候，
[它]会特别兴奋，常常大群聚集在暖和
[的]石头、墙壁上，爬两下，飞起来转一圈，
[落]没几秒，又飞起来了。这种兴奋是
[有]原因的：此时，它们最爱的豆科植物
[籽]已经成熟，饱满的豆荚里，装着它
[们]最爱的饮料。

点蜂缘蝽

龟蝽

166

筛豆龟蝽群集在豆科植物上。

龟蝽的小盾片和盾蝽一样，极度发达，几乎将腹部和翅全部覆盖。但它比盾蝽多了一个本事，那就是能把前翅膜片的端部折叠起来，这样就能完全收到小盾片下面，被妥妥地保护起来了。而盾蝽的膜片不能折叠，经常露出一截。龟蝽的尾端平截，形成了"小头大屁股"的身材，和乌龟很相像。

我们身边最常见的是筛豆龟蝽，它喜欢豆科植物，常能见到豆子的茎秆上一个挨一个地挂满了筛豆龟蝽，很容易引发密集恐惧症。

宽铗同蝽

昆虫里有一类叫作"蟪蛄（qú sōu）"的，它们的尾须进化成了钳子，受惊时就会像蝎子一样抬起身体后部，用钳子反击敌人，不少人小时候都被它夹过，所以看到这种虫子时，难免会害怕。雄性宽铗（jiá）同蝽的尾端也有这样一个钳状物，还鲜红鲜红的，和绿色的身体形成鲜明对比。这也是它的武器吗？

其实，这只是它的生殖节，钳状物可以便于交配。在不交配的时候，它只是个摆设，不会伤人。

宽铗同蝽静伏在榆树叶片上休息。

红脊长蝽

170

红脊长蝽在交配。

北京口语里有个词叫"额勒金德"，意为"优秀的，优雅的"。这个词其实是英语单词"elegant"的音译。而红脊长蝽的拉丁文学名种加词"elegans"也是这个意思。在生物学里，这个种加词一般用来形容美丽的动物。

长蝽科的昆虫一般都灰扑扑的，但红脊长蝽却相当艳丽，很容易被误认为是红蝽科。长蝽科和红蝽科都是红色的身体上有黑色的斑点，不同的是，红脊长蝽有单眼，而红蝽科则没有。另外，红脊长蝽前胸背板的中纵脊和侧缘脊高高隆起，并且是红色的，而凹陷的地方则是黑色的。这就是它名字的由来了。

红脊长蝽最大的特点就是群聚性强，草地、树木上常能看到一大团若虫、一大团成虫、一大团成虫和若虫。而且它们不满足于松散的聚会，一定要挤到一个叠着一个才罢休，就像一堆橄榄球队员在抢球。这种聚集方式让它们看起来像一个更大的生物，加上有警戒意味的颜色，让天敌不敢贸然接近。

171

赤条蝽

172

赤条蝽是广布于东亚的一种美丽蝽类。看名字，别以为它的身体是"赤条条"的，其实它得名于独特的体色。赤条蝽的小盾片很大，但还没有大到能覆盖住整个后半部身体。黑色的身体上，有几条从头贯穿至尾的红色纵带，使它的身体看上去就像一个整体。这种造型在常见的蝽类里独一无二，加上它比较常见，所以成了很多人的儿时记忆。

在日本的一些描写童年、田园生活的漫画里，有时会看到它的身影。赤条蝽一般出现在伞形花科植物的花序上，如胡萝卜、香菜、芹菜等。这些植物的花序是由许多细碎的小花组成的一个平台，赤条蝽就像是这个小舞台上的美丽明星。

赤条蝽的若虫花纹很别致。

伯扁蝽

另一种扁蜡在交配。

森林里，有一些树的树皮受伤后，会产生"空鼓"的状态，表面看起来有一点翘，其实里面已经和树身脱离了，一掰就能掰下一大片，在这种树皮下最容易发现扁蜡。因为这样的树皮下经常长着真菌的菌丝，而扁蜡就是吃这些菌丝的。

扁蜡家族有很多种，模样都相当怪异，身体极为扁平（这样才能藏身于树皮下），本色灰暗（和树皮颜色接近），一些种类的头部、腹部还长出了各种形状的凸起。

扁蜡的活动范围很小，要么到处都找不到，要么就能找到一个小家族，成虫、卵、若虫都聚在一起。它们的翅退化，不能长距离移动，所以种群之间交流很少，慢慢进化出了很多独特的种类。但由于行踪隐秘，还有很多新种等待着被人发现。

金绿真蝽

真蟒属里，金绿真蟒算比较常见的了。它体格中型（17—21毫米），浑身散发着金绿色的金属光泽，前胸背板和小盾片还镶了一圈紫色的边。虽然整体色调偏暗，但细看还是很有味道的。

它以常见的杨树、柳树、栎树、枫杨为食，但在城市中一般见不到，需要到郊区的山里才能偶尔见到几只。冬天，它会以成虫形态在杂草丛、落叶堆里休眠，熬到来年5月再开始繁殖后代。

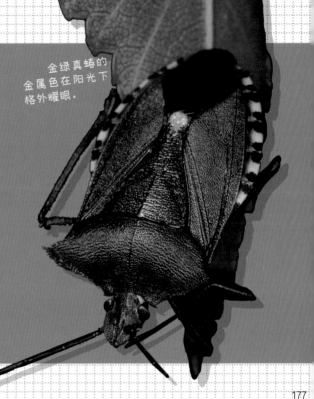

金绿真蟒的金属色在阳光下格外耀眼。

红足壮异蝽

　　红足壮异蝽分布在东北、华北、陕西一带，比较好认。它身体的形状比较特殊，是一个比较标准的椭圆形，和常见的其他蝽类不太一样，红褐色的身体，每个前翅的革质部都有两个黑斑，侧接缘是黑黄相间的。

　　它以榆树、榛树为食，一般在树叶上取食，但在交配时，常待在很低的墙壁、树干上，旁若无人地两两配对。这时就是观察它的好机会了。

红足壮异蝽
在群聚交配。

谷蟓

谷蝽的体色一般是红褐色的，很像死虾的颜色，所以又叫"虾色蝽""虾壳蝽"。谷蝽的头部是很标准的三角形，身体十分修长光滑。它喜欢待在禾本科的杂草、水稻上，身体上的纵条纹和这些禾本科植物的叶脉相似，可以很好地隐藏自己。

谷蝽的成虫虽然朴实无华，若虫却很漂亮，身体又扁又薄，在逆光下是透明的，上面还有精美的花纹。

谷蝽的若虫

18

巨蝽

巨蝽是硕蝽和荔蝽的亲戚，但比它们要好看多了，它身体庞大（34—38 毫米左右），一般是碧绿色的，这种绿是介于哑光和金属色之间的，看上去既亮眼又不刺眼，很高端的感觉。它的头很小，半缩在前胸里，有点像一个健身过度的壮汉。

巨蝽的感官很灵敏，常常是隔着两三米，人类还没发现它时，它就发觉人类了，于是就用粗壮的后足一跃而起，"吱——"地飞起来。不过它一般栖身在一人多高的树上，周围树叶很密。你会听见"吱——啪，吱——啪，吱吱吱——"的声音，那就是它刚飞起来就撞在了树枝上，重整旗鼓后再飞，又撞，一边坠落一边挣扎……一番折腾之后，一团黑影终于冲出树丛，歪歪扭扭地往蓝天上飞去。

巨蝽飞行的时候声音很大。

18

双峰疣蝽

疣（yóu）蝽浑身长着大包，这些包不是蚊子叮的，而是它的外骨骼特化形成的，又硬又光滑。有的种类还在小盾片上长出了一个或两个特别大的凸起，被人冠以"单峰疣蝽""双峰疣蝽"等名称。

疣蝽不论是成虫还是若虫，都是捕猎高手。它的前足明显比其他足发达许多，还有扁平的叶状扩展，可以用来抓住猎物。它最爱的食物是叶甲的幼虫，在叶甲肆虐的地方，常常能看见疣蝽。

双峰疣蝽正在捕食。

土蝽

土蝽的孩子们

86

土蝽的身体为标准的卵圆形，又黑又扁。它是一类地栖性的蝽，生活在石块下，以吸食植物根茎的汁液为生。虽然大部分时间活在黑暗里，但它也经常在白天爬出来，沿着路边疾走。

和很多蝽一样，土蝽也有臭腺，能分泌有异味的液体，但一些人觉得这味道不是臭味，是苹果的香味。下次见到土蝽时，你可以抓起来闻一闻。

土蝽的成虫
有点像土鳖。

棉红蝽的若虫

　　在南方的六七月，城市中有时会突然出现大片的红色小虫，它们淡定地趴在花坛、人行道、树干上，接受人们惊奇的目光。由于颜色鲜红，很多人都会把它们误认为毒虫。其实这是无毒的棉红蝽若虫。

　　起初，它们身上只有单纯的红色，随着个体长大，体色逐渐会变得鲜艳，出现了白色、黑色、橙色的花纹。棉红蝽在棉田里是个让人头疼的角色，它们会吸食嫩绿的棉铃或刚开裂的棉铃，刺穿铃壳，吸食棉籽的汁液，导致棉花不能充分成熟，棉絮变成硬块，严重时会导致棉铃干瘪脱落。

　　除了棉田，在城市中棉红蝽也相当常见，因为它们不仅吃棉花，锦葵科的其他植物也照单全收。不过，在城市里倒不会造成严重的危害，不如把它当成草丛中美丽的点缀吧。

离斑棉红蝽

泛光红蛏

泛光红蝽可以刺
透象甲坚硬的鞘翅。

　　红蝽科的成员大多是素食者，吸食一些掉落的植物种子汁液。但泛光红蝽是凶猛的猎手，它的喙能穿透甲虫厚实的鞘翅，着实厉害。怀孕的雌性泛光红蝽拥有一个巨大的黄色腹部，里面满满的都是卵。泛光红蝽的若虫也十分喜欢捕猎，常能见到好几只不同龄期的若虫分享一只大猎物的场面。

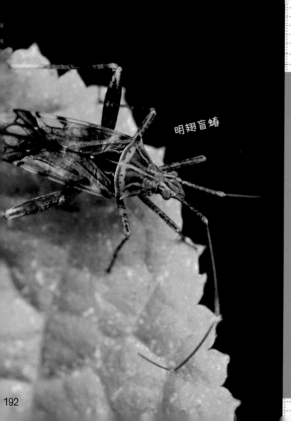

明翅盲蝽

盲蝽科是个大家族，也是半翅目中最大的类群，全世界有1万种左右，中国估计有超过600种。"盲"并不是说它们是瞎子，而是因为它们没有单眼。这是它们的一大特征。它们的另一特征则是前翅上具有一个叫"楔（xiē）片"的结构。但这两个特征，在实际辨认中很难应用，因为盲蝽的体形都很小，眼神不好的话，根本看不清有没有单眼和楔片。

那么，我们可以用一个不太严谨的鉴别术来分辨：生活中常见的盲蝽，茎的末端会突然下折，就像断了一样。但有些盲蝽就没有这个特征，所以只能当作一个"外行"的鉴定法使用。

　　盲蝽大多数为植食性，有不少都是著名的农业害虫。比如，绿盲蝽危害棉花，三点盲蝽和中黑盲蝽危害苜蓿，跳盲蝽危害甘薯等。但有些则是农田里的益虫，比如，齿爪盲蝽喜欢抓蚜虫吃。还有些是既吃肉又吃素，让人分不清到底是害虫还是益虫。农民对此很头疼，常常统统把它们当害虫除掉了。

　　其实，盲蝽很美丽，也很柔弱。它们六足纤细，触角修长，身上的花纹千变万化，加上它们喜欢访花，如果在花中看到精致的盲蝽，人们会忍不住对着它们按下快门呢。

　　盲蝽还有一个特殊的本领，就是"自残"。如果捏住一条腿，它会立刻"壮士断腕"，通过肌肉收缩把腿切断。失掉一条腿，换来活命，还是很划算的。不过，盲蝽也不太会变通。在采集标本时，昆虫学老师会告诉学生，要想采到完整的盲蝽标本，一定要把活体盲蝽直接扔进纯酒精里，而不要扔进毒瓶（有乙酸乙酯气体的瓶子，用来熏死昆虫）里。因为在毒瓶里，盲蝽不会立刻死亡，挣扎时它会切断自己所有的足，只剩一个躯干。而掉进纯酒精里，它还没来得及挣扎就被"醉"死了。

第七章

如何寻找
半翅目？

　　半翅目昆虫种类很多，数量庞大，一些常见种类在野外很容易见到。但如果想要找到一些比较少见的种类，就需要对半翅目多增加一些了解了。

　　它们喜欢待在哪里？草丛？树干？叶片间？还是池塘里？它们喜欢吃什么？榆树汁还是柳树汁？了解得越多，也就越容易找到它们。

树干

　　一些蝽喜欢群聚在高大的树上，如构树。这时如果你摇晃、震动树干，虫体感受到震动，就会松开脚爪掉下来，即"假死"。这样你就可以轻松地将其捕获。你最好在树下铺上一块白布或者几把浅色雨伞，这样可以避免虫子掉进草丛不好找。也有一些虫会在受到惊吓后飞走，我们可以用捕虫网在空中截获它们。

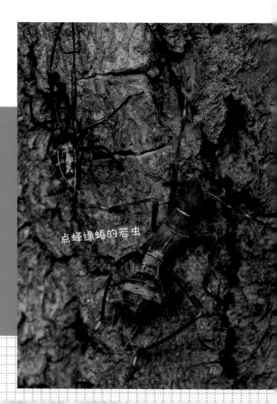

点蜂缘蝽的若虫

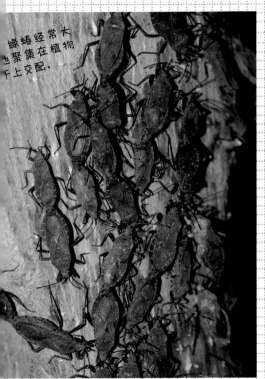

绿蝽经常大量聚集在植物上交配。

直接用手捕捉时,用拇指和食指握住其双肩的凸起处,可以有效地避免染上蝽喷出的臭味。

草丛

草丛中藏匿着大量蜻类，但一般它们都隐藏得很好，仅凭肉眼会很难发现。这时就要用到"扫网法"，即用捕虫网漫无目标地扫动草丛，一边扫一边前进，扫完一段后就仔细检查网内，你会发现里面有不少小虫，其中少不了各种蜻类。有时，一些珍贵的种类就是用这种方法抓到的。

红足壮异蝽

蝎蝽喜欢
在草丛中到处
巡逻，搜索蝶
蛾的幼虫。

水面

　　平静的湖面或河流的缓流处，是尺蝽、宽鼋蝽、鼋蝽的活动场所。尺蝽行动缓慢，可以近距离观察。宽鼋蝽极为微小，和小型的蚂蚁差不多，但有不少花纹鲜艳的种类，值得观赏。它们常在水面上呆呆地站着，但受到惊扰后会一下子跳起来没了踪影，所以要小心地接近，然后用放大镜观察。

　　鼋蝽的行动速度极快，想仔细观察，可以先向水面扔一只小虫，吸引鼋蝽来吸食，趁它注意力分散时就可以接近了。此外，鼋蝽蜕皮时会爬上湖边的石头，这时它身体柔弱，几乎一动不动，也是观察的好时机。

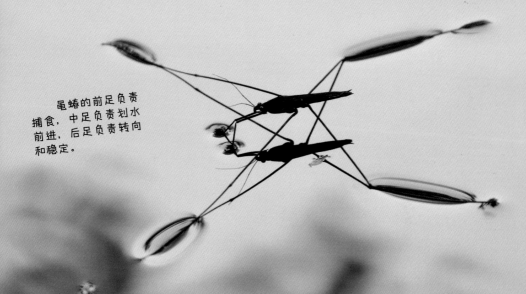

黾蝽的前足负责
捕食，中足负责划水
前进，后足负责转向
和稳定。

水草丛

　　想见到水下生活的蝽，最好在水草里面找。茂密的水草丛中，氧气充足，微生物众多，又能躲避日晒，所以小鱼小虾都喜欢待在里面，而它们正是水生蝽类的食物。

　　找一丛离岸近的水草，迅速抓住，整团拉到岸上，便会有许多负子蝽、蝎蝽等昆虫从草丛中逃出来。最后，记得把水草团放回水中，让它和里面的小生物可以继续生长。

石块下

　　土蝽、长蝽、猎蝽的一些种类生活在石块下面，以植物的根茎、地表的小虫为食。如果土壤表面有扁平的石块或砖头，就可以翻起来看看，多半会有收获。

　　这些蝽在繁殖季节还会沿着道路的边缘快速爬行，这也是邂逅它们的好时机。

如何寻找半翅目？

20

灯诱

在夜晚的郊外，像放露天电影那样拉起一块白布，在布前悬挂一盏灯，不多久就会有许多昆虫趋光而来，落在白布上。这叫作灯诱法。用这种方法可以见到许多白天见不到的昆虫种类。不少蝽类白天藏在树皮下、石缝间、人迹罕至的深山里，费尽力气也难发现，现在却主动飞到你面前的白布上，不能不说是一种事半功倍的好办法。

当然，并不是所有蝽都趋光，趋光的主要是一些长蝽、盲蝽、猎蝽、姬蝽、红蝽和负子蝽。尤其是红蝽和负子蝽，在发生期的时候甚至会铺天盖地而来，占领白布的绝大多数地盘，令人望而生畏。

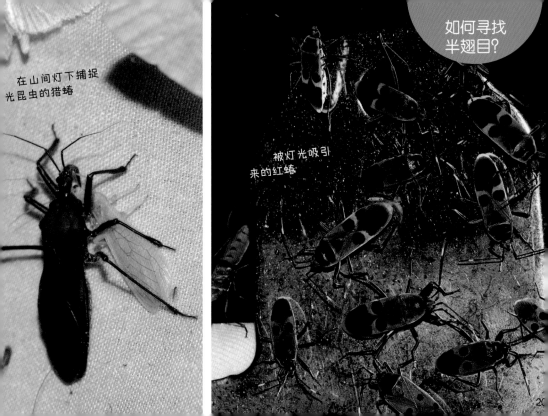

在山间灯下捕捉光昆虫的猎蝽

如何寻找半翅目?

被灯光吸引来的红蝽

蚜虫聚集处

　　蚜虫又叫"腻虫"，喜欢聚集在植物嫩芽上吸食汁液，很招人烦，但它却是一些蝽的食物。在蚜虫聚集处，你可能会发现微小的花蝽，这类蝽最喜欢捕捉蚜虫作为食物。

　　猎蝽的若虫由于还没长大，无法捉到大猎物，所以也喜欢捕食蚜虫。猎蝽的若虫具有和成虫完全不同的体型和花纹，很值得观赏。

吸食蚜虫的姬蝽

如何寻找
半翅目？

植物的嫩芽和花朵

　　花蝽和猎蝽是蚜虫的天敌，但小长蝽和盲蝽却是蚜虫的同伙。它们也喜欢吸食植物嫩芽和鲜嫩的花朵汁液。小长蝽个体很小，身体灰扑扑的，很不起眼，数量却很大，而且相当热衷交配。我们常能看到在菊科的花朵上，许多小长蝽两两一对在交配。

　　盲蝽则大多拥有柔弱的身体和娇艳多变的体色。和花朵搭配起来，十分赏心悦目。

如何寻找
半翅目?

美丽的盲蝽

在花上交配的小长蝽

第八章

如何饲养
半翅目?

饲养缸中，猎蝽
把自己伪装起来了。

植食性陆生蟖

对于一些观赏性强的植食性蟖类（如盾蟖），可养在带有细网眼的笼子里或者带盖的玻璃缸中，在底部铺上落叶、树枝等，以便虫体仰面朝天摔落时可以迅速翻身。如果底面光滑，没有可供抓握的物体，虫子会把大量的能量消耗在翻身挣扎上，甚至造成死亡。

不少植食性蟖类都有自己专门的寄主植物，可以将其枝条插在湿润的花泥里，供虫吸食。多余的枝条放在冰箱冷藏室里，可以保鲜半个月左右。

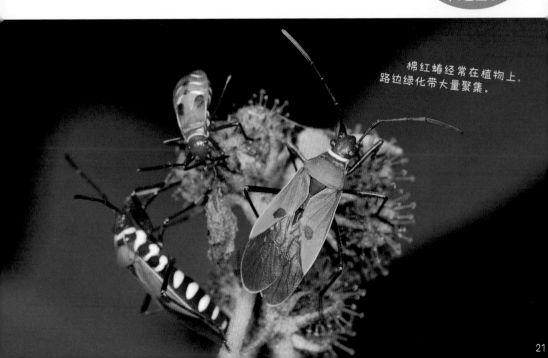

棉红蝽经常在植物上、
路边绿化带大量聚集。

捕食性陆生蟷

　　我们在饲养这类蟷时，既能欣赏到它美丽的外形，又能看到它捕猎的英姿。建议饲养体态威武的猎蟷。对于地栖性的猎蟷，应在饲养缸里铺上干净的沙子，放几块扁平的石头供其躲藏。而树栖性的种类则要多放置一些树枝供其攀爬。

　　这类蟷最常见的饲料是黄粉虫，但它容易钻进沙里，不易被蟷发现，所以建议给它饲喂小型的蟋蟀和蝗虫。隔两天要向箱内喷水，既增加湿度，又为蟷提供饮水来源。需要特别注意的是，不同龄期的猎蟷最好不要混养，很容易自相残杀。

蝎蝽若虫捕食
异色瓢虫幼虫。

水生蝽类

　　水生蝽类是半翅目中行为最有趣的一类，也最适合家庭饲养，只需要一个鱼缸就可以。要注意，电蝽等在水面活动的种类需要很大的水域，并不适合家养，还是选择在水下生活的种类吧。

　　娇小的划蝽可以大群饲养，放入一块长着藻类的石头，就能观赏它们认真刮食藻类的样子。仰蝽喜欢仰面朝天地游泳，浑身还裹着一件气泡衣，奇趣十足。养上一对负子蝽，你就能看到动人的一幕：雌性把卵产在雄性的背上，雄性从此当上了"奶爸"，天天背着卵，还会把后背伸出水面，让卵晒到太阳。不多久，负子蝽宝宝就纷纷钻出卵壳，开始新生活了。蝎蝽、田鳖则是水生蝽中的王者，基本上只要是活物扔进去，它们都照单全收。

　　水生蝽大部分都是肉食性的，不用非得喂活食，仅是一块虾肉就能让它们大吃一顿。不过，要用镊子夹着放在它们眼前摆动，它们才会吃。如果投喂活的小鱼小虾，就能领略到它们主动捕食的霸气了。负子蝽特别喜欢螺类，常能看到它抱着螺，脑袋伸进螺壳贪婪地吸吮。抓一把螺扔进去，过不了几天，水底就全是空螺壳了。

螳蝎蝽捉到了
一条鱼。

鱼缸的布置可简单，也可复杂。不过，再简单也不能少了攀附物。在缸底放几块石头，水中放几根水草，或者插两根树枝，都是很有必要的。蝎蝽、田鳖会抱住这些物体，静候猎物上钩，同时方便它们把呼吸管伸出水面。仰蝽、划蝽虽然不需守株待兔，但它们会在水面和水底来回穿梭，在潜入水底时需要抓住石块。如果四处只有玻璃，会使它们焦躁不安甚至死亡。

　　如果想上档次一些，那么可以做个水草造景缸，或者水陆缸。它们就像大自然中一个小池塘的剖面，让你的饲养更具野趣。尤其是水陆缸，还可以让蝽上岸休息、晒晒翅膀。不过最好加个玻璃盖子，因为它们大多有趋光性，晚上会爬出水缸，然后飞起来扑向你家的吊灯。

如何饲养
半翅目?

负子蝽在水草
上摆好姿势，准备
捕捉路过的猎物。

水生蝽类饲养缸

后记

我的童年是在北京的胡同里度过的，那时候没有这么多高楼大厦和柏油路，也没有大面积的人工绿地，只有一些大大小小的胡同，坑洼的小路两边长满了杂草，看似荒凉，却充满了勃勃生机。那时候没有手机和电脑，各式各样的昆虫随处可见，它们自然成了我童年里最好的"玩具"。中午顶着大太阳，用放大镜烧蚂蚁；爬到柳树上抓大天牛，用它尖利的牙齿去"剪切"各种东西；在榆树上抓金龟子，然后在它背上插一根大头针，金龟子就会拼命扇动翅膀变成一个小型风扇。到了夜晚，路灯一开，各种大蚂蚱和螳螂就出现了，把它们关在一起，看它们斗个你死我活；墙上落满了各种飞蛾，壁虎早就吃得肚子滚圆了……

随着年龄的增长，昆虫从"玩具"变成了"玩伴"，我不再去玩弄它们，而是更喜欢去观察它们，用相机去记录它们的种种精彩。我把这些"精彩"汇集到了这套书中。它是微型画册，用最精美的图片吸引你，让你不再惧怕昆虫；它是图鉴，让你辨识并且记住各种昆虫；它是故事书，让你了解昆虫们的喜怒哀乐，进入它们的世界。你可以去大自然中寻找本书中出现的这些昆虫，也可以通过本书中介绍的各种"线索"去发现属于自己的昆虫。

本书的出版感谢这些好友的帮助：温仕良、刘广、孙锴、李超、王江、罗昊、陈兆洋、侯祖齐。

博物大发现
我的 1000 位昆虫朋友
直翅家族

唐志远　蒋　澈　编著

北京联合出版公司
Beijing United Publishing Co.,Ltd.

序 言

　　这套书半翅家族分册的文字部分是我 2014 年写的。从文字角度来说，它是我的第一本书。当然，书中的主要亮点是唐志远老师的精彩图片，我只是给他的图片配文。

　　唐老师是我博物学的启蒙者之一，把我这个只会玩虫子的小孩儿带上了昆虫观察者的路。初中时，我不知多少次点进他创立的北京昆虫网和绿镜头论坛，认识昆虫的种类，学习拍摄昆虫的技巧。我还喜欢阅读他幽默的拍摄笔记。后来我读了昆虫学的硕士，乃至现在做昆虫学科普，很大程度要归功于唐老师的影响。再后来与唐老师成了同事，一路合作到今天，令我感慨人生的神奇。

　　此书缘自我刚工作没多久，唐老师跟我说想出一套书，收录他拍摄的各种昆虫，其中半翅家族分册想让我来配文。因为我硕士研究的就是蝽类，所以我很荣幸地接受了这个任务，并且把我当时所知都写进了书里。但是这套书当时发行量不大，很快就卖断货了，所以我之后也极少提起这套书。现在它再版上市，自然是一件大好事。

　　这套书很适合用来培养对昆虫的兴趣，学习昆虫的习性，也是一套简单的常见昆虫种类图鉴。错过第一版的读者们，这次要把握住机会！

目录

第一章

谁是直翅目

谁是直翅目

5

直翅目，这是什么样的昆虫呢？看起来翅膀很直的？其实，直翅目的主要特征，与其说看翅膀，不如说看腿——特别是后足。

　　直翅目昆虫的后足往往很壮硕，比前足和中足长一些，腿节膨大，适宜跳跃。蝗虫（蚂蚱）、蛐蛐儿、蝈蝈儿——这些我们常见、常玩的虫子，都是直翅目的成员。它们的后足，就是昆虫学讲的典型的"跳跃足"。说起来，它们还真不负"跳跃足"这个名字，一跳往往能跳很高、很远，跳到意想不到的地方去。因此，童年时要抓这些直翅目昆虫，还真要费一番功夫呢！

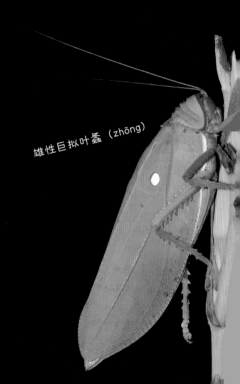

雄性巨拟叶螽（zhōng）

大足蝗，雄性前足胫节常膨大，故有此名。

直翅目昆虫的"直翅"二字也不是白叫的。直翅目的前翅一般都比较狭长，不像蜻蜓的那样轻薄剔透，也不像蝴蝶的和蛾子的那样布满了五彩的小鳞片。回想一下常见的蝗虫的翅膀，会发现它们的前翅有一点硬化，但是不像甲虫那样硬邦邦的，这种前翅在昆虫学上叫作"覆（fù）翅"。而直翅目的后翅是膜质的，很柔软，平时收起来掩在前翅下面，等飞起来的时候才会展开。这样的翅膀，可谓直翅目生存的一大利器。很多昆虫的前后翅生得都差不多——比如蜻蜓、蜜蜂等，而直翅目前后翅并不一样。

斑腿蝗科的蝗虫，后足胫节上有十分亮眼的警戒色，这是吓退天敌的逃生法门之一。

硬化的前翅可以保护后翅和身体，宽大的后翅则可以帮助飞行。一般来说，直翅目昆虫不太擅长飞行。但是，短途飞行对于躲避敌人还是相当有用的。更何况，直翅目还有一些善于迁飞的昆虫，比如在人类历史上"臭名昭著"的飞蝗，就要靠这样的两对翅膀飞越千山万水。

不过，直翅目昆虫的翅膀最为特别的地方，还是在于能够鸣叫。"鸣叫"这两个字都是口字旁，我们身边的鸟类、兽类，还有我们人类自己，都要靠嘴来发出声音，但蛐蛐儿、蝈蝈儿和蝗虫的嘴都是一般的昆虫的嘴，发不出什么声音来。那么，它们是怎样"叫"的呢？答案就是它们的翅膀。很多直翅目昆虫都是大音乐家，在我国，历来就有人捕捉它们来当鸣虫赏玩，这在昆虫中可以说是独一无二的。不要小瞧翅膀这个好乐器——不同的直翅目昆虫，会用不同的方式"开发"这个乐器，有不同的发声方法，这里面的门道可多了！

另外，一部分直翅目昆虫在腹部末端还长着一个看似奇怪的"剑"或者"刀"。斗蟋蟀的那些蟋蟀，可不能选有三只"尾巴"的。三只尾巴的蟋蟀，周边两只是尾须，雌雄都有；而剩下的中间一支细"剑"，只是雌虫有——这是它的产卵器。类似的产卵器在蝈蝈儿之类的直翅目昆虫身上也可以看到。这也是一部分直翅目昆虫的特征之一。但是，蝗虫的雌虫不这么爱耍"刀"弄"剑"，没有这么夸张的产卵器，只有细看腹部末端，才可以看出雌雄蝗虫的区别。

具有修长产卵器的长瓣草螽

我国昆虫学家杨集昆曾经写过一组昆虫各目特征的小诗，在昆虫爱好者中广为传诵。其中，直翅目的诗是这样写的：

后足善跳直翅目，
前胸发达前翅覆；
雄鸣雌具产卵器，
蝗虫、螽斯、
蟋蟀谱。

前三句就是上面提到的直翅目昆虫的三个特征。是不是直翅目昆虫的形象一下子栩栩如生了呢？

正在清理触角的中华螽斯若虫

暗褐蝈螽（雌），
北方俗称"吱拉子"。

13

第二章

直翅世家

　　直翅目在昆虫江湖里算是个大世家，不光人多势众、子孙繁盛，而且这个大世家里的昆虫，模样简直是各式各样，乍一看甚至有点不像一家人。在欧洲科学革命如火如荼（tú）的年代里，西方有位热衷于昆虫的博物学家名叫托马斯·墨菲特（Thomas Mufett），立志要为各类昆虫绘制图谱。绘到各类直翅目昆虫时，他傻了眼，在他的书里几乎是无奈地写道：

　　有些（蚂蚱）绿，有些黑，有些还是蓝色的。有些靠一对翅膀飞，有些翅膀更多一双；没有翅膀的会蹦跳，不能飞也不能跳的就行走；有些腿长一些，有些腿短一点。有的放声歌唱，有的静默不语。自然界中它们的种类何其繁多，以至于它们的名称几至无穷……

聚集在一起的
斑腿蝗科蝗虫

16

露螽

　　想想也是，各种直翅目昆虫乍一看都能分辨出个"蚂蚱"模样，可每种细看又大相径庭，要是辨认，可得费番功夫。这主要还是因为直翅目昆虫进化方向众多，上天入地，各显神通。因此，在细说直翅目生活之前，咱们最好还是把直翅世家的家谱浏览一下。我们大致可以说，直翅目有三大门派：植栖派、洞栖派、土栖派。下面，我们先从土栖派说起。

"遁地高手"——蝼蛄

　　直翅目昆虫里，"土栖派"不大，但山头稳得很，而且名声在外——大名叫蝼蛄（lóu gū）科。看这名字都不用多说，这派的掌门是蝼蛄大侠。蝼蛄蝼蛄，这名字听起来可能不少人耳熟，要说起它的另一个名字"蝲蝲蛄"，那大伙肯定就恍然大悟了。北方流行一句俗话"听蝲蝲蛄叫，还能不种庄稼了？"这蝼蛄大侠，没事还真爱找庄稼的麻烦。为什么庄稼汉对它如此头疼呢？那是因为蝼蛄钻地的功夫。我们都知道蝗虫可怕——历代蝗灾那是实实在在的大灾难，不过，蝗虫都是在地面蹦蹦跳跳吃植物的叶片，真要追究蝗虫的行踪，还算是有来有往，能查得出来。倒是蝼蛄，搞的都是"地下工作"，成天只待在土地里面，神出鬼没，咬了植物的根，连影儿都看不着。在靠土地吃饭的人眼里，如果说蝗虫是集团作战的马贼悍匪，那蝼蛄可就是行踪不定的大盗。

东方蝼蛄

　　今天城市里的人或许很少有机会能直接看到蝼蛄了，首先是因为没有农田等地貌，其次是因为蝼蛄总是潜伏在地下，无缘一见。不过，蝼蛄在城市的绿地、荒地里还可以见到，有时候自己也会出镜秀一秀——它们有趋光性，像飞蛾扑火一样，夜里一点灯，有时它们还真会"弃暗投明"。每当这个时候，就可以看一看这位遁（dùn）地大侠的长相了。

单刺蝼蛄的前足是挖洞利器。

蝼蛄其貌不扬，甚至可以说不太好看——在直翅目昆虫里，如果搞一回以人类审美为标准的比丑大赛，那蝼蛄估计得站到头一排。不过，蝼蛄自己倒也应该安之若素。这不奇怪，要在土里过日子，不比地上光鲜，恐怕打扮得有点特点才行。咱们可以从生存必需的角度为蝼蛄大侠设想一下长相。首先，体色就别那么鲜艳了，暗点好，颜色跟土色差不多最好，别在地底下一看跟白炽灯似的，被人惦记上那可划不来。其次，在土地里得能打洞，得有工具，而且得有一定的身材——这身材可真不能玲珑有致，在地下工作，手脚肯定伸展不开了，卡着洞长就行了，因此整个身体呈圆柱形最好。这挖洞的工具嘛，很遗憾没有铁锨（xiān）、洛阳铲或挖掘机之类的工具能为"蝼蛄大侠"代劳，交通

藏在土穴中的蝼蛄

基本靠走,挖洞基本靠"手"。蝼蛄的绝活所在,还真就是它的"手",在整个昆虫界都找不出第二位跟它一样的来。蝼蛄的前足演化得极其适合耙地搂土,它和哺乳动物鼹鼠很像。不过,这么广挖洞也有代价,那就是直翅目昆虫的特征——后足的跳跃足,在蝼蛄那里退化得很厉害,蝗虫、螽斯和蟋蟀都有一对漂亮的大长腿,但蝼蛄的后足几乎看不出什么跳跃足的样子了。当然这些还不够,它还得有一身合适的"遁地衣",特点就是体表光滑,而且有又短又细的绒毛,在土里挖洞前进,那可不能身上老刮带着土疙瘩。"蝼蛄大侠"有了这行头,就安心"潜伏"吧!

"古琴居士"——蟋蟀

接下来可以说说"洞栖派"了。这里的"洞"说的是土穴、土洞。乍一琢磨，这跟蝼蛄大侠好像差不多——不也是土里求生活吗？但差别在于，"洞栖派"不用成天成宿都窝在土里，出自家门还是很经常的事情，因此，模样也就变了。

年少时经常捉蛐蛐儿的朋友可能一下子就想到了，这蛐蛐儿之类的，不就是老藏在土洞石缝里吗？没错，蟋蟀就是"洞栖派"的主力，也是蝼蛄的近亲。不过"蟋蟀"这个名字，指的不是一种昆虫，而是一大家族，昆虫分类学上叫蟋蟀总科。一看到这个"总"字，我们就知道，这是"江湖上"开了"大帮派"的做法，它下面又会细分成很多更小的科。蟋蟀总科占的江山地盘广大，和一心一意土壤里求发展的"穷亲戚"蝼蛄相比，蟋蟀们搞的当真是多种经营。

蟋蟀科的油葫芦

　　在长相上，蝼蛄的后足基本上没什么跳跃足的样子了，但蟋蟀则大多保持了一双漂亮的跳跃足。而且蟋蟀也没有蝼蛄那么发达的挖掘足，前足就是最普通的步行足。蟋蟀还有一个特点，就是触角很长，往往比身体要长。这是个很重要的特点，昆虫学家将直翅目分为两大亚目——长角亚目和短角亚目，所依据的特征就是触角的长短。回想一下，蝗虫的触角从来没有长过身体的，而斗蛐蛐儿的时候，常常得用个小毛刷或蟋蟀草之类的东西挑拨一下蛐蛐儿的触角，蟋蟀的这个触角是很长的，这是长角亚目的标志，这说明它和蝗虫一类不同，分属于两个进化的分支。

虎甲蛉蟋是一种不会鸣叫的蟋蟀。

　　刚才讲到，蟋蟀营生的办法比蝼蛄多多了。因为在很多意想不到的地方，我们都能见到蟋蟀。比如，蟋蟀总科下面有个蚁蟋科，叫这个名字是因为它们和蚂蚁共生在一起。说"共生"好像和谐美满的你帮我、我帮你，但蚁蟋的生活很简单，就是一直生活在蚂蚁窝里蹭吃蹭喝。为了一辈子都能混吃混喝，蚁蟋干脆放弃了一切地上生活的必备工具——复眼退化了，蚂蚁窝里嘛，摸黑就行；翅膀不要了，哪个还能在蚂蚁洞里飞呢？身体也要小一点，跟小蚂蚁一样大就不会惹出麻烦来。这类蟋蟀平时不常见到，甚至昆虫学家往往也不会很注意，但实际上分布很广，国内从北到南都有分布。

赤胸墨蛉蟋是一种传统鸣虫，鸣声似"嘀嘀"。

双带拟蛉蟋

蚁蟋科属于蟋蟀总科下比较特立独行的种类。更为"典型"的、符我们脑海中"蟋蟀""蛐蛐儿"印象的叫作蟋蟀科。蟋蟀科的昆虫，主生活在地表或者土穴，包括了很多常见的种类，比如人类抓来斗蛐蛐儿的蛐蛐儿，就是蟋科的斗蟋属。还有脑袋奇形怪状、俗称"棺材板儿"的棺头蟋属也是蟋蟀科的一员。蟋科昆虫不一定都像斗蟋那样好勇斗狠，但大多都会鸣叫。

蟋蟀的歌声一般是很动听的，声音清脆，很少有沙哑的感觉。因此，在中国文化中蟋蟀常常是鸣虫，饲养是为了听蟋蟀的鸣声。悠悠岁月，人们也为鸣虫蟋蟀留下了很多文篇章。《诗经》里有一篇《豳风·七月》写一年的农事，随着节气入冬，"十月蟋蟀我床下"。小小的虫子和人类之间的关系，不一定是你死我活的"虫灾"或"灭害虫"还可以是欣赏和相伴。文人骚客们吟咏的对象，也不仅仅是风花雪月，还有直翅目的生

特别在蟋蟀身上，诗人们倾注了很多感情。因为蟋蟀常在秋日鸣叫，该是准备秋冬物的时节，因此得了一个俗名——"促织"。杜甫就有首《促织》诗："促织甚微细，音何动人。草根吟不稳，床下夜相亲。久客得无泪，放妻难及晨。悲丝与急管，感激异真。"中华文化的丝丝脉络里，就有直翅目昆虫贡献的一缕。

梨片蟋

当然，人们聆听的蟋蟀，不仅仅是蟋蟀科。特别是在南方，还有树蟋科、蛉蟋科和蛉斗等。它们和蟋蟀科的不同，是它们更多会走"高端"路线——生活在草丛和灌木丛中，不总是守着土洞了。树蟋科很好辨认，一般翅膀宽大、透明，如同少女的裙装，在我南北都有分布。而蛉蟋科主要分布在南方，往往身体狭长，有梨片蟋等鸣虫。蛉蟋科体很小，看起来更"圆"一些，南方说的大黄蛉、小黄蛉就属于蛉蟋科，北方草丛中也常到蛉蟋科的针蟋亚科昆虫。当然，蟋蟀总科还有很多其他成员。总的说来，蟋蟀的确于着古琴的一位居士，虽然隐身于草木洞谷之间，但总是在夏秋之际鼓起琴瑟，给人们来自然的声声妙音。

"草上飞"之———螽斯

　　"土栖派"和"洞栖派"内部，成员还是比较统一的，亲缘关系都很近。而"植栖派"相比之下就显得鱼龙混杂了——同样都是草上混的，攀亲戚的话关系可能很远，是地地道道的远房亲戚。为什么这么说呢？还记得长角亚目和短角亚目的区别吗？这两个亚目是差别巨大的两类直翅目昆虫，而"植栖派"里涵盖了这两个亚目的成员。

在叶片上探出
脑袋的螽斯

螽科绿螽族的若虫，休息时身体前倾。

　　和蟋蟀关系最近的"植栖派"，当属蠡斯总科。蠡斯这个名字给人的感觉比较陌生，但实际上常见的鸣虫蝈蝈儿和纺织娘都属于蠡斯总科。蝈蝈儿和纺织娘体型很大，除了它们之外，还有很多体型稍小一些的蠡斯。和蟋蟀不同，它们常常在草丛、灌木丛乃至树上活动，体色大多为绿色，身体侧扁，有些像叶子。从蝈蝈儿和纺织娘我们不难推断，蠡斯往往也都是歌唱高手。从外表上看，蠡斯像是在草上吃叶子的素食者，不过事实上很多蠡斯是杂食性的，这一点和同属"植栖派"的蝗虫不同。

　　蠡斯也是极其成功的昆虫，在世界各地几乎都有分布。为了适应各地的环境——主要是各地的草木，蠡斯演化出了各种外表。如果你到东北、西北和华北那种半干旱的草地，有可能会看到一类壮硕无比的蠡斯，仿佛一位浑身披挂的武士。这类蠡斯属于硕蠡科，是蠡斯家族在地球上分布较北的一支。硕蠡是很强悍的昆虫，后文我们还会再见到它。在北方和硕蠡当邻居的，常是蠡斯科昆虫，包括常见的蝈蝈儿和与之长相类似的种类，它们的体型大多也同北方大汉一样粗壮。当然，要谈到和蝈蝈儿齐名的著

31

叶状厚露螽可以
完美地模拟出叶片的
各种细节。

纺织娘

名鸣虫，那不能不提的还有南方的纺织娘科。在我国南北都有分布的还有一些未必那么起眼的螽斯，它们中有不少纤弱的小型种类，这类螽斯有露螽科、蛩（qióng）螽科和草螽科，这类螽斯有一个特点：后翅常常会比前翅长出一截来。在我国的南方，螽斯家族又出现了大块头的成员——拟叶螽科，这些螽斯模仿树叶或树皮，体形往往很强壮，只在热带和亚热带分布，很喜欢吃榕树一类的植物。对螽斯进行分类，往往会遇到一些很细微的形态特征。作为昆虫爱好者，我们可以暂时不用去管那些看上去就很麻烦的术语，而是从身边的观察开始。

贺氏原栖螽（雌）

　　虽然"螽斯"这个名字不常出现在生活中，但见到螽斯其实并不是一件很难的事情。如果细心寻找，在城市的绿化带、公园植被里，往往就有螽斯的身影。作为"植栖派"大佬，螽斯在植物上有时候很难被发现，而且它们身手特别灵活，当人在草边弄出一点声响，螽斯可能就会跑掉，钻入莽莽草丛或树丛中，很难再找到。寻找螽斯最好的办法就是听它们的鸣叫，循着声音去找。有经验的人，根据声音很快就能分辨出鸣虫的种类。在夏天，还能碰到沿街叫卖蝈蝈儿等鸣虫的小贩，如果买来饲养，则可以很细致地观察螽斯的生活。

波缘棘卒螽

镰尾露螽，翅膀"发黄"
的那一段就是后翅，露螽科昆虫
得名"露"字就是因为后翅常常
还在前翅之外露出一段来。

黑膝畸螽

"草上飞"之二——蝗虫

蝗虫是人们最为熟悉的直翅目昆虫，事实上，如果提到直翅目，很少会有人不提到蝗虫。这种熟悉，在很大程度上来自数千年来人类和蝗虫相处的经验。蝗虫也是"草上飞"的"植栖派"，而且这里的"植"和人类的作物重合度很高——蝗虫总是跟人类抢吃的，最要命和最悲剧的是，人类还往往抢不过蝗虫……

千百年来，蝗虫一直是农业国家的心病，但人类一直无法彻底消灭这些生命力旺盛的"蚂蚱"。科幻作家刘慈欣的小说《三体》里就有一个段落，当人类受到外星文明威胁"你们都是虫子"并且要彻底消灭人类时，主人公所见到和想到的，就是蝗虫这类生生不息、人类动用现代科技无法彻底灭绝的顽强虫子。

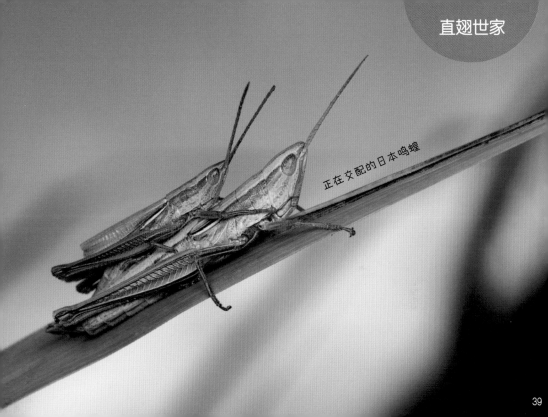

正在交配的日本鸣蝗

这张呆呆的脸属于斑腿蝗科，它面部的隆线清晰可见，这是重要的分类特征。

　　因为蝗虫的常见和经济意义，昆虫学家们对蝗虫研究很多，甚至可以说是研究最透彻的直翅目昆虫。我国传统上是农业国家，中国的科学家们基本搞清了国内蝗虫的种类，《中国动物志》里有四卷都是介绍蝗虫的，很多省市也出版了当地的蝗虫分类著作，帮助人们鉴别蝗虫。

　　虽然蝗虫很常见，但一般人可能很少能说出不同蝗虫种类之间的差别，也说不上常见蝗虫的名字，只能笼统地称为"蚂蚱"，最多称为"土蚂蚱""绿蚂蚱""尖头蚂蚱"，等等。在后面，我们还可以看到各种蝗虫的图片。这里可以先简单介绍一下鉴定蝗虫的一些基本诀窍。如果抓到一只蝗虫，可以把蝗虫的身体翻过来，看看它脑袋往下的"脖子"下有没有一个小小的凸起，如果有，那就是斑腿蝗科的昆虫。如果没有，这时候可以看看它的头是不是很"尖"，如果头部显得是锥形，而且触角不是一条很细的"丝"，而是有些宽扁，仔细看像一把宝剑一样，那么有可能这只蝗虫属于剑角蝗科或锥头蝗科。而如果触角是很细的丝状，头部长得比较"端正"，那就有可能是网翅蝗科或斑翅蝗科。

大足蝗的前足膨大得很厉害。

斑腿蝗科"脖子"处有凸起。

这两个科都是分布很广的大家族，可以打开蝗虫的翅通过看看后翅有没有花纹来判断它属于这两个科中的哪一般来说，网翅蝗科的后翅透明或者呈纯暗色，但不会色的花纹；而斑翅蝗科则相反，后翅常常会有斑纹。除几个科，我国还有几个比较小的科。比如，北方干旱地能看到癞蝗科和槌（chuí）角蝗科，南方还能见到瘤锥蝗

三种"尖头蚂蚱"，乍一看是一家人，不过可别乱攀亲这三只分别是负蝗、中华剑角蝗和橄蝗，分属三个不同的锥头蝗科、剑角蝗科和瘤锥蝗科。橄蝗触角呈丝状，而和剑角蝗触角比较扁平。负蝗和剑角蝗的区别是负蝗身些"小疙瘩"，体形也小，剑角蝗则没有"疙瘩"，个比负蝗大得多。

负蝗

橄蝗

中华剑角蝗

中华剑角蝗

我国体型最大的蝗虫——斑腿蝗科的棉蝗

"铠甲小兵"——蚱类

一些蚱类的前胸背板极度延长，如同铠甲一般罩住身体和翅膀。

股沟蚱

　　除了上述植栖、洞栖、土栖三大门派之外，直目还有一些游走于各大门派之间的散兵游勇。其就包括了一种不起眼的小昆虫——蚱类。或者按昆虫分类学的说法，就是蚱总科。蚱类又称菱蝗，名字乍看上去可能叫人直犯迷糊——又是蚂蚱的"蚱"，又是菱"蝗"的，这到底是不是蝗虫啊？类和蝗虫的确很相似，都属于直翅目的短角亚目。蚱类不算蝗虫的一种，它属于直翅目很特殊的一类群。

　　那么，蚱类的特殊之处何在呢？首先是独特的貌——个头小，体色单调，多为褐色，而且身上一层其他直翅目昆虫都没有的"铠甲"。读者看这里，可以抬起自己的手看一看自己的大拇指盖，蚱类的身体很细小，人类的大拇指指甲盖儿就以放下一只蚱，这和有很多大、中型种类的蝗虫不一样。然而，就是这样小小的蚱类，前胸背板前后延长，可以盖住身体的很大一部分乃至整个体，而且常常在边缘有角状突出，好像披挂上阵士兵一样威风凛凛，十分好看。

赤色已是蚱类中
少有的鲜艳色彩。

　　蚱类在我国南方很多, 在北方也有几种. 如果您来到湿地或水边等潮湿的地方,
或者到森林中的潮湿地面附近, 就常能看到蚱类从脚边跳过。 "潮湿" 是寻找蚱
类的必备条件, 原因很简单, 在别的地方蚱类没有可吃的食物。 蚱类取食的东西
和其他直翅目昆虫很不一样——不是草叶、树叶, 而是菌类、地衣、苔藓等低等
植物或者腐殖质。因此, 很少能在农田里看到蚱类——如果说在稻田能遇到蚱类,
那也请放心, 蚱类主要是奔着水田的水藻等去的, 不会像蝗虫一样大吃八方。

日本蚱是全国最为常见的蚱类。

　　昆虫学家一般认为，蚱类是直翅目中比较原始的种类，蚱总科下面的分类比较复杂。作为一般的昆虫爱好者，可以根据蚱类的前胸背板——也就是它们"铠甲"的形状来大致鉴定出蚱的种类。

"马头蝗"——蝻类

　　同蚱类相似，还有一类叫作蝻总科的昆虫，和蝗虫很相似，但又不是蝗虫。蝻类的特点可以用四个字概括——"角短脸长"。蝻类的触角一般很短，基本上和头部的长度差不多长，大多数蝗虫的触角可远远长于蝻类，因此蝻类又有一个别名叫作"短角蝗"。蝻类的脸也同样很有特点，用昆虫学术语讲就是"头短，头顶圆形或在复眼之间向前突出，颜面通常明显倾斜，少数种类垂直"，或者可以更形象地说：像马脸一样长，而且往往像马脸一样高昂着。因为这样的模样，蝻类又有了一个"马头蝗"的外号。

　　蝻类主要分布在南方，在北方无法见到。这些"马头蝗"主要生活在热带和亚热带的灌木丛和树林里。在我国南方比较常见的是蝻科、鸟蝻属的种类。这类蝻色彩华丽，是直翅目中很抢眼的种类，别看其模样呆头呆脑，甚至有些滑稽，但其实它们行动敏捷迅速，如要观察它们还需要小心。

乌蜢

乌蜢（雌）

若虫

"四不像"——蟋螽

这一类直翅目昆虫是地道的"四不像"，从它的名字——蟋螽就可以看出。这显然是蟋蟀和螽斯的混合体。蟋螽属于条蟋螽总科，是长角亚目中一类很奇特的昆虫，体躯很壮实，体色一般是褐色，也有黄绿色的种类，翅膀的翅脉很有特点，雄性蟋螽的前翅没有发音器，因此不会鸣叫。但是求偶有另一套办法——打鼓。一般的直翅目昆虫发声多靠翅膀，但蟋螽玩儿的是打击乐，它们会用后足敲击物体，以此吸引异性。

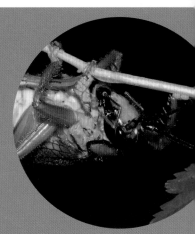

蟋螽科的昆虫
常昼伏夜出。

蟋螽科还有完
全无翅的种类。

　　不过这还不是蟋螽最有特点的举动，蟋螽这种昆虫最"神奇"的特点是会"筑
巢"。这一点在其他直翅目昆虫中很少能见到。蟋螽嘴里会吐出丝来，将叶子黏
起来卷成筒状，自己白天在其中休息，晚上再出门觅食——像螽斯一样荤素不忌。
这种奇葩的生活习惯让不少人没有注意过蟋螽的存在。根据笔者经验，一些蟋螽
有趋光性，会到灯下寻找食物，比如扑灯的蛾子之类。因此，如果在山间有光源，
可以借此观察蟋螽。

疾灶螽

　　蟋蟀还有一个本家兄弟，在昆虫学中，名字叫作驼螽科，在日常生活里，一般叫作灶马。灶马的身体侧扁，翅膀已经完全退化没了，喜欢潮湿，触角和腿都很长，乍看有些像蜘蛛或蚰蜒。

　　笔者年少时，在北京市里的平房周围，常常能见到这种看起来很奇怪的昆虫，如今虽然不如以前那么多，但还是不时能在城里面遇到这类昆虫。大概正因为在灶台周围总能见到，所以有了"灶马"的名字。其实，灶马的特征主要是为了适应洞穴生活。曾经有这样一条新闻：有人去某某洞穴探险，发现了一种从未见过的奇怪穴居生物，奇形怪状，应是一大发现，云云。其实，从图片中看，新闻里的这种生物就是驼螽，在我国南北各地均有分布，也很常见，只是人们不常和它照面，碰上了有些陌生。

"侏儒行者"——蚤蝼

　　最后要谈的一类直翅目昆虫名叫蚤（zǎo）蝼。这是一种很不引人注意的超级迷(你)虫，体长不会超过1厘米，这在直翅目昆虫中属于地道的侏儒了。不过，虽然蚤蝼体形(小)却是一位擅长跋山涉水的行者，运动天赋极高，若论它所会的运动种类，那完全可以(说)蚤蝼是少见的全能选手。

　　蚤蝼的模样有几分像蝼蛄，身体是筒状的，而且前翅特别短，后翅则很长，一(直)超过腹部末端。而且蚤蝼的确也会像蝼蛄一样挖掘沙土。但光是挖土还算不上什么(顶级)选手——同不怎么会跳跃的蝼蛄不同，蚤蝼的跳跃足特别有力，像跳蚤一样善于跳(跃，)是极其优秀的跳高、跳远运动员。最奇特的是，在蚤蝼的跳跃足上还长了一种叫作(“游)泳片”的器官，可以展开成扇状。难道是用来进行水上运动的？

　　是的，直翅目昆虫大多要么在土地上讨生活，要么在植物上蹦跶，跟水打交道的(还)真不多，会游泳的就更加少见了。偏偏蚤蝼就是这么一号热爱玩水的家伙，平常最爱(干)的就是待在水边或湿润潮湿的地方，有在水里活动的特异功能。要想见到蚤蝼这位(全能)运动高手，最保险的拜访地址就是水旁潮湿的沙土处，比如常浇水的菜畦。

56

绿叶上的蚤蝼

第三章
那时我还小

一只油葫芦成虫

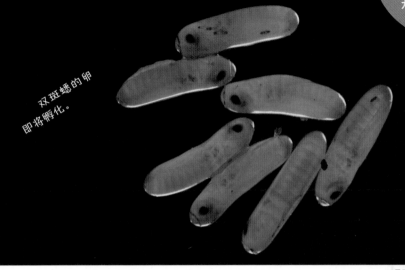

双斑蟋的卵
即将孵化。

双斑蟋卵的孵化过程

从卵开始

浏览了上面这些昆虫类群，我们可以看一看它们的生活了。草丛里的蚂蚱是从哪里来的？好像一直都在草里跳来跳去……直翅目昆虫的生活看起来似乎很单调，从出生到死亡，不过是在同样的地方绕圈圈。

真的是这样吗？其实，直翅目昆虫从诞生开始，就有着非凡的历险——孕育着直翅目昆虫胚胎的卵，可就大有门道。

要说直翅目昆虫生儿育女的本事，自古以来人们就见识到了。我们的华夏先民，在《诗经》里就有这样一篇诗歌："螽斯羽，诜（shēn）诜兮。宜尔子孙，振振兮。螽斯羽，薨（hōng）薨兮。宜尔子孙，绳绳兮。螽斯羽，揖揖兮。宜尔子孙，蛰蛰兮。"这里的"螽斯"一般认为是现在说的蝗虫，这首诗就是祝愿子孙能像蝗虫一样繁多，家族兴旺。

大哲学家朱熹在讲解这首诗的时候说："螽斯，蝗属。长而青，长角长股，能以股相切而作声，一生九十九子。"九十九子，在人类社会中，一对夫妇恐怕不可能养育出这么多的子女，而对于昆虫来说，好办！想一想那种遮天蔽日的大蝗灾，的确叫人感叹直翅目昆虫生殖能力的旺盛。

那时我还小

"满坑满谷"
的小蝗虫

61

小车蝗在产卵。

不过细想一下，昆虫的卵可都是很脆弱的小东西，对于体形稍大的动物来说，把昆虫的卵弄死、吃掉，简直是再容易不过了。直翅目昆虫的卵就自带金钟罩、铁布衫吗？非也。其实直翅目昆虫的产卵之道说起来也很简单，就是一个字：藏——藏到安全的地方。

蝗将腹部深入土中产卵。

土中的蝗卵

正在孵化的
小棉蝗

当然，没有绝对的安全，不过大致还是可以确定几条基本的安全标准。首先，当然是不能轻易暴露在外，免得被过路的家伙顺手牵羊。其次，考虑到直翅目昆虫的卵往往是要过冬的，因此还需要注意不能太过寒冷。这样的地方哪里有呢？土壤是一个很不错的选择——对于许多昆虫来说，土壤都是个安乐窝。不过俗话讲，没有金刚钻，别揽瓷器活儿。要上天得长翅膀，要下地也得有个钻土的家伙啊。别说，当妈的直翅目昆虫，还真是随身就自带了工具。

先说说蝗虫。很多蝗虫产卵都是要产在土中的。在杀虫剂还不普及的年代里，一个防治蝗灾的办法就是人工翻土挖掘蝗卵。像在新中国成立初期，河北省就曾经颁布过规定，挖一斤蝗卵可以奖励八斤小米。一斤换八斤，听起来很超值。不过，其实蝗卵并不好挖。

像历史上屡屡露脸的飞蝗，产卵深度一般在土下两寸左右，蝗卵的形态大致是几十粒到上百粒卵组成一个大卵块，尽管这个数量看着有点吓人，但实际上这个卵块的大小并不是很大，有时候农民连土豆、山芋都会漏挖，何况这小小的蝗卵呢？从蝗虫的角度看，这个产卵的策略倒是很成功，虽说以前的人们不断挖掘翻耕，但一到那"春风吹又生"的季节，小蝗虫们又漫山遍野地钻出来，照样蹦蹦跳跳。

"三尾儿"
的棺头蟋（雌）

长瓣草螽（雌）

长瓣树蟋（雌）

蝗虫在土里产卵，靠的就是雌性蝗虫腹部末的产卵瓣。虽然这个器官名字里带个花瓣的"瓣"字，那可比林妹妹葬花的那些花瓣要坚很多。不少蝗虫都喜欢在干旱坚硬的土里产——谁叫这里安全舒适呢？所以蝗虫妈妈们就要用自己的产卵瓣张合伸缩，硬生生地打出一洞来。在打洞的同时，腹部也会弯曲深入土壤。这里面"高科技"的是，对蝗虫来说，产卵光是一个体力活儿，而且在产卵之前还要用产瓣和尾须等探测一下土壤的含水量和含盐量，些土壤理化性适宜的时候，才开始产卵。这哪是傻大笨粗光挖洞就可以了？简直快赶上火星测器了！

最后，蝗虫妈妈对待自家孩子，普遍比挖坑填的网络小说作家要靠谱一点——总还得把产的洞填上。像飞蝗，就会用后足推动表层土壤，卵洞填好，之后还要踩踏四五分钟，把土踩平。

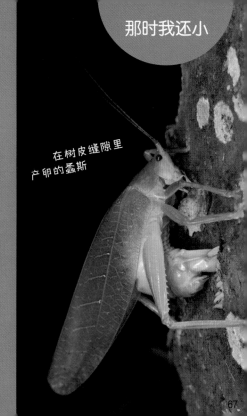

在树皮缝隙里产卵的螽斯

67

中华螽斯

长瓣草螽在产卵

优雅蝈螽

68

　　蝗虫的产卵瓣虽然坚硬好使，但实际上在直翅目昆虫中只能算是不那么显眼的工具。蝗虫的亲戚蟋蟀和螽斯，比蝗虫还要威风许多——不少种类的产卵瓣几乎和身体差不多长了。

　　小时候都说抓蛐蛐儿不能抓"三尾（yǐ）儿"的蛐蛐儿，"三尾儿"的不会斗。能斗的，那都是拖着两根尾须的雄性蟋蟀。"三尾儿"蛐蛐儿的那个第三条"尾"，其实就是雌性蟋蟀的产卵瓣。要说蝗虫的产卵瓣是钻土机，那蟋蟀的产卵瓣直接就是长枪了。十八般兵器各有各的用法，这枪嘛，直接用来刺就可以了。

螽斯和蟋蟀一样，也有这种长产卵瓣，不过看着更像一把刀。有的螽斯的产卵瓣，几乎长到了夸张的程度，比如第 68 页右侧照片中的那只长瓣草螽 *Conocephalus gladiatus* (Redtenbacher, 1891)，学名里的 "gladiatus" 这个词，在拉丁文里的意思就是古罗马那种用长剑短刀捉对厮打的角斗士。虽然听起来很洋气，但这种草螽在中国其实是一种很常见的种类，从华北、华东一直到西南，分布十分广泛，有时在城市路边的草丛里就可以看到。不过，如果看到这样身背"长剑"的"剑客"可要留心，别真想象成一位潇洒的翩翩少侠，那"长剑"是人家的产卵瓣，人家可是一位大姑娘！这种"长剑"的用法，是既能劈，又能刺。不过，这类螽斯就不一定像蝗虫那样在土里产卵了，劈刺的对象往往是植物的茎叶，它们会把卵产在叶缘软组织或茎秆之内。有的螽斯为了更加方便产卵，还会先用嘴咬破茎秆，然后再插入产卵瓣产卵。

总的来说，根据产卵瓣的形状，可以大致判断出产卵的方式：如果产卵瓣弯曲或者端部有锯齿，那么大多是要在植物组织内产卵；而如果产卵瓣又长又直，那么一般这类直翅目昆虫会在土中产卵。

一只蛲螽在舔舐
自己的产卵器

小若虫，蹦蹦跳

　　产卵，只是直翅目昆虫生活史的万里长征的第一步。昆虫的生命，是一段人类可能很难理解的征程。特别是直翅目昆虫，并不像人类或蜜蜂、蚂蚁一样有社会化的组织，一般只能凭个体的力量来面对大自然。它们的生活，注定是艰辛的历险。

　　直翅目昆虫的卵不是定时到点就孵化的全自动程序，而是一个小小的"智能体"。胚胎会在卵中不断发育，但只有当温度、含水量和天气都适合时，孵化才会顺利进展。一旦这些条件不适宜，比如土壤温度过低，胚胎就会暂时停止发育，等到各种生态条件好转时继续发育直到孵化。

悦鸣草螽的若虫

翡螽的若虫

直翅目昆虫在分类学上和"小强"（蟑螂）很接近，有时也还真挺"强"的。就像历史上一直很恼人的蝗虫，它们的蝗卵就有这样的"休眠"功能，这意味着它们在遇到恶劣的环境下也可以抵挡一阵。比如碰上高温、干旱的天气，只要下一场小雨，那些原本安安静静的、看上去没什么动静的蝗卵就会孵化，要是赶上这些小蝗虫数量上爆发一下，在这种本来就是大旱的年景里，对于人类的农业来说可真是巨大的灾难，接下来的，往往就是"蝗蛴遍野，禾穗尽食无遗"。

74

不像爹妈的叛逆少年们

短星翅蝗、丽翅细颈螽和悦鸣草螽

当然，并不是所有直翅目昆虫都像蝗灾那样可怕，也不是每种蝗虫都会爆发成灾。很多直翅目昆虫的若虫，甚至还是挺"萌"的。

这里需要注意的是，我们常常能听到"幼虫"这个词，比如常能听到这样的说法："蝴蝶和蛾子的幼虫是毛毛虫。"但在昆虫学上，对于直翅目昆虫的幼虫称呼是"若虫"。这背后的原因是，蝗虫是一种不完全变态的昆虫，一辈子都没有"蛹"这个阶段，和那些需要破蛹而出的蝴蝶、蛾子这些完全变态昆虫不是一个路数。"变态"这个词听起来不是那么顺耳，不过，对昆虫来说，这一辈子总换样子的好处可是实实在在的——原因很简单，这样若虫（或幼虫）和成虫可以利用不同的资源，重要的是，可以把用于生长的资源和用于生殖的资源分开，一码归一码，大家都好过日子。

短星翅蝗若虫

76

话说回来，用"若虫"这个名字来形容小虫子，听起来还是挺文气的，似乎有点"若不胜衣"的意味。"若虫"这个词的英文叫作 nymph，是从古代的拉丁语 nympha 而来的，是古希腊罗马神话里的"宁芙仙子"，本来是在山林、原野、泉水等地出现的仙女，后来转义指仙女儿一般的小女孩，由此再用来称呼小虫子。要是这么一想，直翅目昆虫的"小仙女儿"也不无可爱之处。

直翅目的若虫在长相上大致分两种——有的长得和父母在颜色、体态上迥然不同，而有的则神态、个性和父母几乎是一个模子刻出来的。和很多动物的幼体一样，很多直翅目昆虫的若虫一开始看上去也是圆滚滚的，而且眼睛特别大，有的身上似乎还"毛茸茸"的，看起来真的不那么像父母。它们的成虫都很低调，是树林里循规蹈矩的上班族，天天穿着自家标准制服，但在若虫时期往往都是"叛逆"的花样少年。比如，这只短星翅蝗的若虫——这种短星翅蝗在我国北方十分常见，到南方的两广也有分布。看上去简直就像一个小小的、很可爱的玩具，可是它长大的样子真有点惨不忍睹，它的俗名叫"土蚂蚱"……岁月，可真是一把"杀猪刀"！不过对于直翅目昆虫来说，它们的全部"岁月"，通常也就是一年左右。

短星翅蝗若虫的特征就是"两头黑，中间白"。要是在草丛里或荒地上遇到这样的虫子，那很大的可能就是它了。乍看起来，这只短星翅蝗的若虫的打扮，在绿色的叶子上可不怎么搭配。周围都是一片绿，就它一点黑白，这不是太显眼了吗？这位出台是不是有些离谱？赶上哪位眼神好点的捕食者，似乎会很凶险？首先，短星翅蝗主要在山区坡地和平原低洼地活动，在地上，这种黑白的小色块并不显眼。其次，黑白搭配也是昆虫世界里很常见的模仿鸟粪的颜色。一些蝴蝶幼虫也有这样的保护色。细想想，这样还真是聪明，哪种鸟会跟自家粪便过不去呢？哪位无聊的捕食者会主动打鸟粪的主意呢？"经典鸟粪同款，高端品质，时尚百搭，热卖疯抢"！

和短星翅蝗类似，不少直翅目昆虫的若虫和成虫长相不一样，乍一看简直是两种蚂蚱——不，甚至就不是"蚂蚱"。比短星翅蝗还邪乎的也比比皆是，在我国南方可以见到的一种丽翅细颈螽，若虫时代的模样恐怕一般人还真不容易想到。它的做法不是模仿什么鸟粪、树叶之类的——这些都太俗套了，而是模仿……虎甲。此兄不光不按常规路数出牌，还十分入戏，不光是扮相像虎甲，连一举一动都跟虎甲差不多！虎甲是一类小型甲虫，移动极其迅速，而丽翅细颈螽的若虫也满树快跑。年纪轻轻的，倒是个老戏骨。至于成虫，那个头可已经装不了虎甲了，只好规规矩矩地装成一片叶子。要是它能有复杂思维的话，那这一辈子，真得有点精神分裂……

那时我还小

短星翅蝗成虫

丽翅细颈螽若虫

　　话说回来，这种螽斯恐怕自己不会精神分裂，它们应该过得很惬意——不光耍弄了自己的天敌，甚至还把科学家们足足地"摆了一道"。1841年，昆虫学家韦斯特伍德（J.O.Westwood）翻检自己的昆虫标本，突然发现自己的虎甲标本里混进了一个不对劲的家伙——就是这位丽翅细颈螽的若虫。他制作标本的时候根本就没有发现这不是虎甲，而且后来还为这只假冒虎甲做了鉴定，属于虎甲科某属，实际上这位大昆虫学家居然连目一级的分类单位都没有定对……

鸣草螽若虫

悦鸣草螽成虫

丽翅细颈螽的若虫是一个很精彩的特例。一般的直翅目昆虫虽然没有那么多幺戏子可变，但若虫时代往往也和成虫不太一样。典型的还有草螽科和露螽科的螽斯。这些螽斯的成虫大多是模仿草叶和树叶，尽量隐藏，但是幼虫外表的颜色却特别丰富多彩，好像唯恐别人注意不到自己。悦鸣草螽的若虫体色十分多变，而且常常是艳丽的赤色。悦鸣草螽在中国南北都有分布，还有一个浪漫的俗名叫作"柳叶娘"，大概和它艳丽的姿态不无关系。

有其父必有其子的乖乖少年们

黑角露螽、条螽、绿螽和拟叶螽

　　和草螽类似的还有露螽科的若虫，它们虽然不常有悦鸣草螽那样火红的衣裳，但会用各种线条和斑点打扮自己。尽管如此，它们大多比前面的那些叛逆少年安分得多。黑角露螽的青春期里，简直就是一个红绿灯——身体上有绿、黄、红、黑等颜色。这种露螽的触角底色是黑色，上面每隔一段就有白色的环，这一点和成虫是一样的，也是它最为重要的特征之一。根据这一特点，我们可以根据若虫鉴定出种类。

黑角露螽若虫

条蟋若虫

　　和黑角露蟋同在露蟋科家门下的，还有一群叫条蟋族的蟋斯。读者可能会纳闷刚才说过科啊属啊的，这里怎么出来一个"族"呢？"族"是分类学上比科小比属大一个单位，这里我们讲条蟋族是为了方便，因为这个条蟋族下面有了几个常见的属——条蟋属和桑蟋属，分别叫这两个名字显得很啰唆。条蟋族的若虫乍一看没什么起眼的，但仔细看会发现若虫的背上常会有浅色的条纹。这些条纹的作用不光是打扮，也帮助身，和叶脉很相似，如果条蟋族的若虫静静地趴在叶片上，还真不一定能发现。条蟋、桑蟋在一些城市绿地就有分布，要找它需要一点好眼力。

条螽成虫

话说到这儿还没有完。有趣的是，条螽的特点除了形态之外还有姿势。没错，就是
J"pose"。通过这一点，我们见到条螽若虫也可以快速识别出来。条螽的姿势是
型的"伸懒腰"：前足撑住，后足向两边稍稍分开，而身体（特别是腹部）向后高
起，就像一只伸懒腰的小猫。不过别误会，这不是它真的在伸懒腰，而是条螽最日
)姿势。儿女的模样再千变万变，有些爹娘给的习惯还是不会变的。条螽这里尤其明
哪怕若虫的形态变化再大，这种姿势是很难改变的。通过姿势，我们也可以一眼看
扮得花里胡哨的若虫将来会是何等尊容。

绿螽若虫

绿螽成虫

　　无独有偶，"老鼠儿子
打洞"的不光条螽爷儿俩，
多螽斯都有这样的特点。比
露螽科还有一个绿螽族，这
一个庞大的家族，在我国就
有好几种属于此族的常见螽
好玩的是，它们的特点和
刚好相反——条螽是身子的
"撅"着伸懒腰，绿螽则把
子往前"探"着。绿螽族的
虫和成虫在平常静止的时
前足和中足都往后放，前足
姿势尤其夸张，总给人一种
不稳要一头往前栽下去的感
如果碰到这样"要栽"的螽
我们可以放心地断定它们就
螽族的成员。

在蟋斯里，这种事情特别多。我们看一看另一类拟叶蟋科。这类蟋斯主分布在我国南方，喜欢模仿树叶和树枝，是一类很有意思的直翅目昆虫。拟蟋的习惯姿势是趴着，毕竟装树皮、叶不能太招摇，老老实实放低身段躲起来是很必要的。南方常见的绿背覆翅蟋这一特点就特别明显。

绿背覆翅蟋的名字里虽然带了个"绿"字，但实际上最常混的地方是树皮和枯叶，因此体色一般是暗褐色。它趴着的时候很讲究，一定要规规矩矩地把足向前，触角也向前伸着，后足和中足都尽量贴着身体，从上面看活似一只做好型的标本，还有几分"举手投降"的感觉。这样做可以减少肢体横七竖八而被发现的可能。绿背覆翅蟋的成虫也是同样的"投降"姿势。

绿背覆翅蟋若虫

绿背覆翅蟋成虫

87

脱胎换骨长大啦

　　虽然直翅目的若虫和成虫有很多相似之处，但在一点上却有根本的不同，那就是若虫没有发达的翅。若虫要想长出"大人"一样的翅膀，需要过五关斩六将式的升级过程。升级的标志就是蜕皮，在昆虫学术语中，会把将要进行第几次蜕皮的昆虫称为第几龄若虫（或幼虫）。对于大多数直翅目昆虫来说，每蜕皮一次就意味着身体又大了一圈，而且翅芽也会变大。在农业昆虫学中，常常根据的就是蝗虫若虫的翅芽形态来判断蝗虫的龄期——也就是蝗虫长了多大。

　　一般的直翅目昆虫需要经过多少个龄期才能长大成"虫"？答案是：不确定，雌雄有别。一般来说，蝗虫要蜕五次皮，也就是有五次龄期，但蝗虫的雌性则会多蜕皮一次，从而一般个头也会比雄性蝗虫更大一点。两次蜕皮之间的时间只有几天，但如果"风水"不好——也就是温度和湿度不适合——这个时间会延长，有时甚至需要半个月以上。

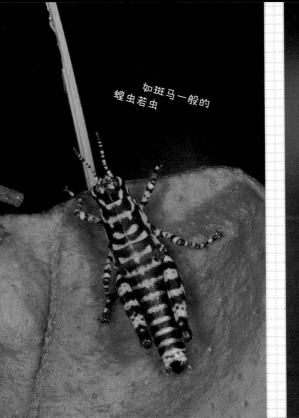

如斑马一般的
蝗虫若虫

正在脱皮的
日本鸣蝗

螽斯蜕皮，这是最常见的姿势——倒挂。

单纯从审美上看，直翅目昆虫蜕皮是一种很美的行为。直翅目昆虫一般会选择一处牢靠的落脚地，抱在植物的茎或枝上，或者用足抓牢叶片，它们往往会倒吊着身体，通过借助地球的重力和摇晃身体，挣脱身上那层束身过紧的衣服。

一般来说，若虫蜕皮时背部会开裂，然后虫体从这个缝隙中逐渐钻出来。这时原本活蹦乱跳的小蚂蚱像怯生生刚见世面的小姑娘一样，触角和足都拢在一起，很慢很慢地钻出来。要观察直翅目昆虫的蜕皮需要一点耐心，因为蜕皮的时间往往比较漫长。当若虫蜕皮出来还不是整个过程的结束，刚获"新生"的若虫特别柔软，体色一般都很浅，需要进行一段时间的休息。它们脱下的皮昆虫学家称为"蜕"，是一个半透明的虫身形状。

蝈蝈若虫在吃蜕下来的皮。

　　有人可能会问：蝉蜕经常能见到，但为什么从来没有人注意到这些直翅目昆虫的蜕呢？这是因为直翅目昆虫常常会吃掉自己的蜕。昆虫是无脊椎动物，没有骨头，但是昆虫的表皮通常叫作"外骨骼"，里面有昆虫所需要的化学物质，不能浪费，因此直翅目昆虫常常直接把自己的旧外套当生日蛋糕吃掉，这是一种很健康的本能。

羽化失败的负蝗

斑腿蝗科的蝗虫刚刚羽化完毕，成虫与蜕下的蜕四目相对——但此时它未必有追思童年的心情，而只是在晾干翅膀。

　　直翅目昆虫的最后一次蜕皮可以说是一生中最关键的一次蜕皮，这次蜕皮之后，它可以完全变成成虫的样子，这次特殊的蜕皮一般被称为"羽化"。古代信奉神仙之道的人，认为仙人可以飞升变化，这个过程就叫"羽化"。直翅目昆虫的羽化确实有点这个意思。羽化，就是直翅目昆虫的成"虫"礼。

一只露螽科的若虫刚刚蜕皮完毕。

所以说羽化关键，是因为羽化涉及直翅目昆虫最重要的——翅膀。蜕皮本来就是直翅目昆虫最脆弱的时候，很容……，刚刚蜕皮的若虫如果遇到外界干扰，比如强力触碰的……可能就落下残疾——腿弯须短等。所以说，不想变成"残……，羽化就只能成功不能失败。

……化的过程大致和其他蜕皮是一样的，但是多了一个展翅……的环节。直翅目昆虫一般需要静候很长时间，等待体液充……，把翅膀撑开成形。当然，这个过程如果碰到什么不可……，那直翅目昆虫基本上是无法逃避的，有时我们能看到翅……怪状，仿佛遭到了什么攻击的直翅目昆虫，就是羽化失……到零蛋。

草螽科的似织螽羽化。

93

正在"脱胎换骨"中的蟋蟀，这是它的成年礼。

蜕皮中的蟋蟀如倒挂金钟一般。

94

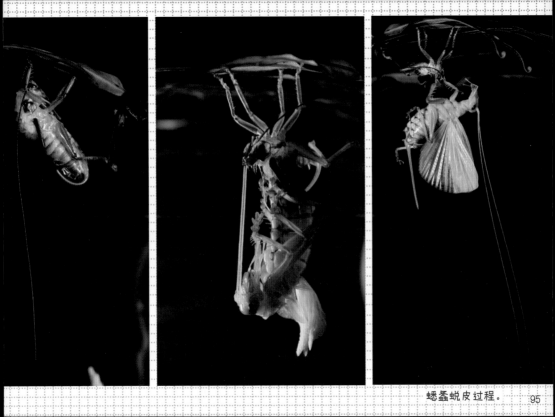

蟋蟀蜕皮过程。 95

雌性长翅燕蝗
蜕为成虫，展开的
翅膀仿佛纱裙。

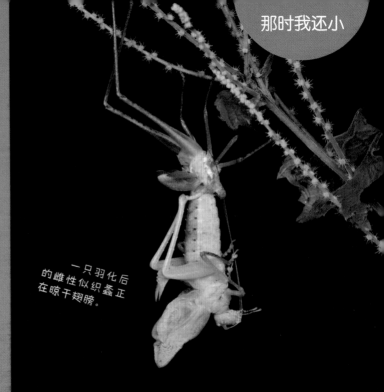

不同直翅目昆虫的羽化时间有微妙的不同。一般来说，直翅目昆虫分为昼行和夜行两类——民间鸣虫爱好者相应地会称之为"阳虫"和"阴虫"。同前面看到的蝗虫不同，不少螽斯都是昼伏夜出的种类，一到晚上就特别精神，这样的螽斯，蜕皮和羽化一般也都在晚上茫茫夜幕之下。

一只羽化后的雌性似织螽正在晾干翅膀。

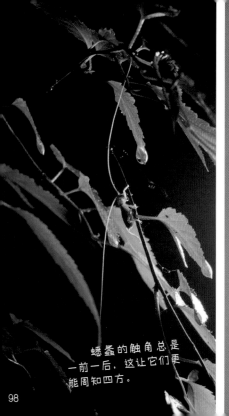

蟋螽的触角总是一前一后，这让它们更能周知四方。

刚才说到，直翅目昆虫的若虫翅短而成虫翅□成熟，这只是一个大致的规律。事实上，直翅目□有很多"长不大"的种类——这不是说它们一直□于幼年阶段，而是说它们的翅膀一直到成虫都很小□甚至根本就没有。这常常是退化的后果，跟外部□境也有着密切关系。

最典型的就是生活在洞穴的驼螽科的灶马□的身体几乎呈球状，看不出任何翅膀的痕迹，这□然是因为在地下洞穴无须飞行。灶马的"表兄"□螽家也有类似的现象，比如荒蟋螽属的身上就宁□没有翅膀。别的昆虫都遗传了父母身上自带的羽翼□但在茫茫夜色中，这种小小的蟋螽只能独行在觅□的路途之上……

当然，大多数直翅目昆虫都还是有翅膀的，□是翅膀长短的问题。一般来看，海拔越高，短翅□种类就越多，这大概是因为山高风大无法飞翔。□密林中，常常也有短翅的直翅目昆虫。

看起来像没长大的若虫，其实这是一种斑腿蝗科的成虫，它很短的翅膀在身体两侧。

　　要区分这种短翅种类和若虫，并非没有办法。最简单的办法就是看两片翅膀是否毗连。图中是一只短翅的斑腿蝗科蝗虫，它的两片翅膀变成鳞片状，在身体两侧，而两片翅膀本身并不相连，这就是典型的短翅蝗虫。而如果翅膀的形状是三角形，两片翅膀在背部相接的话，那就是若虫。这两者并不难分辨。

第四章

遁迹潜形讨生活

争当绿叶去护花

螽斯的藏身法门

在一片看似平静的草地上往往藏着蓬勃的生机。直翅目昆虫就是草地上的常住居民——几乎可以说，只要面积较大的植被，就没有不被直翅目涉足的。

直翅目昆虫最拿手的就是伪装术。伪装在动物世界里并不是直翅目的独门功夫，相反这很常见，但直翅目昆虫却普遍地将这门技艺做到了极致。要知道，只能逼真地模仿植物还不是最优选择。比如，非直翅目的竹节虫就是拟态高手，模仿植物的枯枝甚至树叶几乎可以以假乱真，但是竹节虫的形态太过于特化，行动往往很缓慢，一旦被捕食者发现，基本上只有挨宰的份儿了，或者只好断腿求生。因此，最佳的配置莫过于不仅模仿能力强，行动还能不受妨碍，最好还能有点御敌的独家法门。大多数直翅目昆虫能飞又能跳，常能躲过别人的追捕。从这个角度来看，直翅目昆虫的确性能均衡，可谓高手。

要见识直翅目昆虫的这些功夫，最好是从一个捕食者的角度出发，看看直翅目昆虫都会用哪些花招骗过你的眼睛。让我们先做一个小小的实验：在下页的蕨叶上，你能看到什么？

条螽若虫的绿色
伪装服，在发红的叶子
上也不一定能认出。

日本条螽

这里有直翅目的螽斯，而且还是两种螽斯。在左边和右边的蕨叶上，有两处"异常"的绿。第一种是日本条螽。在前面我们已经见识过它的若虫，我们可以从"伸懒腰"的姿势辨认出这是条螽。这里看到的，是日本条螽的"完全体"。它的厉害之处不仅仅在于颜色，也在于翅脉的形态。仔细看日本条螽的翅膀，会发现它的翅脉有几条特别显眼、流畅，而且都指向一个方向，和植物的叶脉十分相似。

蝈螽

　　第二种螽斯我们也不是完全陌生。我们看到它规规矩矩地把前足和触角并拢起来，这种"举手投降"的独有"pose"，显然属于拟叶螽科。我们看到的这种螽斯是翡（fěi）螽属（*Phyllomimus*）的一种，*Phyllomimus* 是它的属名学名，拉丁文的意思就是"模仿叶子的"。

阔叶树上
的翡翠

104

翡螽的姿势仍是标准的拟叶螽科"举手投降式"。

翡螽的独到之处是它平常休息的姿势，很像一片落下的树叶。如果说在蕨类叶子上还显得不太"和谐"的话，那么把它放到阔叶树上，几乎是严丝合缝了。这只翡螽的左右翅几乎没什么重合的地方，恰好构成了叶片的两半，而两片翅膀相接处，又像植物叶片的中脉。走近些细看，甚至前翅边缘也有一条异色，很像植物叶缘造成的光影变化。翡螽主要分布在我国南方，有时在山路边可以见到。

优雅蝈螽的若虫如果静止不动，你会很难发现它。

　　当然，翡螽是一种主要分布在南方的螽斯，北方的朋友或许不易见到。但在北方分布的螽斯也非等闲之辈。北方螽斯有很多都属于"强力派"，有力气，行动敏捷。最典型的代表就是人们喜爱的鸣虫蝈蝈儿——或者按昆虫分类学家拟定的名字，叫蝈螽属。和翡螽之类的拟叶螽科昆虫单纯模仿绿色树叶不同，蝈螽打小就可以有两种体色：绿色和褐色，能应付两类环境。体色的选择应与湿度有关，因此它们总是能恰到好处地出现在该出现的地方——绿色的植被上多是绿色的蝈螽，干旱的地方则有褐色的蝈螽。

　　蝈螽若虫的另一个特点是能蹦能跑，而且速度不凡。这从它们强壮的后足就可以看出端倪来。蝈螽因为鸣声响亮，人们很喜欢捉来饲养，但要捉小蝈螽基本上没有一只一只捉的，因为蝈螽若虫体形不大，只要稍稍用点力气一蹦，就"窜入丛中都不见"了。人类想用手去捉这些灵巧的小生物，跟单手按跳蚤一样，成功率很低。因此，虫贩会在一处张网，然后把蝈螽若虫几面包围，"赶"到网中。

藏在叶片上的
掩耳螽

108

秋掩耳螽的标准姿态。

光是会跳已经够让捕食者头疼了，要是再会飞呢？那连张网驱赶都没有用了——只要愿意，直翅目昆虫就可以飞到很高的树丛上，让人类无从寻找。在北方，还有一种很常见的露螽叫作秋掩耳螽。它的名字和"掩耳盗铃"这个成语没有关系，而是说它的听觉器官——长在前足——是封闭起来的。

这种秋掩耳螽在北京山上不算少见，它的外部特征很明显：翅膀的翅脉排列很规则，呈一个一个的"方块"，而且翅膀狭长。身体侧扁的秋掩耳螽在背部还有一道褐色的"脊"，如果从上向下看它，看到的很像是植物叶片的中脉。至于性格，秋掩耳螽这种细胳膊、细腿、小身子的螽斯还算文静，平时一动不动十分乖巧，捕食者到来时也尽量并拢身体，不做特别的动作引人注目，但一旦危险真的躲不过去了，它就会迅速判断出危险并很快跳跃飞行逃走。虽然秋掩耳螽也会鸣叫，但似乎很少有人饲养它当作鸣虫来赏玩，这可能和它会飞难捉有一定关系。

南方的露螽科昆虫
往往翅膀宽大，特别是
常见的绿螽族螽斯。

　　南方林间常能见到
的露螽也是这样的全能选
手。南方露螽的特点是它
们的翅膀往往很大，和南
方的阔叶林十分合拍。这
些螽斯的大翅膀不是白长
在身上的，也可以飞行。
不过，螽斯有时会飞错地
方——它们具有趋光性，
会飞到人类的灯光下，因
此，如果住在南方山间，
有时纱窗上就会出现这些
不速之客。

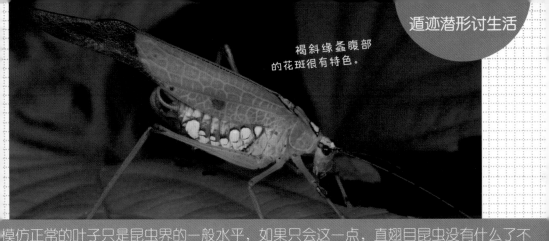

褐斜缘螽腹部
的花斑很有特色。

模仿正常的叶子只是昆虫界的一般水平，如果只会这一点，直翅目昆虫没有什么了不。但除此之外，直翅目昆虫还会模仿"病变"的植物组织。图中这种华丽丽的螽斯也螽科的，叫作褐斜缘螽。如果这样一只螽斯猛然跳到你眼前，估计会让你大吃一惊——里胡哨的，真是炫！

特别是腹部那一连串亮色大斑，煞是抢眼。是不是这家伙胆肥到用大金链子打扮自己，不担心有仇家来寻仇呢？且慢，这些斑纹看似扎眼，实则很有规律，更像是叶片受病感染而形成的病变斑纹。若仔细看还能发现，不光是肚子上涂上了这样的迷彩，甚至和背部也有类似的斑纹。这种以进为退的策略，已经远超出了昆虫界的一般水平。

巨拟叶螽是
中国最大的螽斯，
分布于云南。

112

素背时是巨拟
的近亲，装叶片
不逊色

"大"就是巨拟叶螽的关键词。

甘当绿叶的直翅目昆虫可谓不胜枚举。不过，有一位是必须作为压轴出场并且非提不可的，那就是明星巨拟叶螽。这是中国最大的螽斯，算上翅膀的长度有成人人的手掌那么大。这位彪形大汉家在云南，腿脚十分粗壮，也很善于飞行，由于形态美丽，近来有人把它当作宠物饲养。而且它极似叶片的翅膀也成了某些商家的噱（xué）头——在云南，有人将巨拟叶螽的翅膀摘下，同蝴蝶身体拼在一起制成标本，冒充"珍稀蝴蝶"出售。

113

灰头土脸游击队

蝗虫的迷彩伪装

说了半天的螽斯，可能让人颇有难得一见的遗憾，特别是北方的朋友常会眼馋南方的各种美丽螽斯。不过，作为弥补的是，我国北方"盛产"的蝗虫同样有自己的隐身法门。走进蝗虫的世界，意味着我们要暂时离开绿色的植物天堂，来到满是"土坷垃"的地方。

我们从一对貌似很像的不同种蝗虫开始。这两种蝗虫的特点是胸部背面都很"高"，有一道很漂亮的弧线，也都常见于北方的山地或草地上。其中第一种是癞蝗科的笨蝗，第二种是斑翅蝗科的云斑车蝗。乍一看这两张照片，几乎看不出有什么不同。其实不同藏在翅膀上。笨蝗是一种短翅蝗虫，成虫的翅膀也缩短在身体两侧，不相连，而且几乎藏在前胸背板下面，从外表看很难发现。而车蝗和飞蝗是近亲，成虫的翅膀很长，若虫的翅膀在腹部背面毗连，而且明显能看到有三角形的形状。

北方山区常见的笨蝗

此外，笨蝗的外表更加"疙疙瘩瘩"一点，颜色多为单色的土黄，而车蝗的体表比较平滑，常常杂有小暗斑。这两种蝗虫相似的外表都是成功适应北方环境的结果，在北京周边的干旱山坡上，笨蝗是绝对的优势品种，常常一脚走过，就能惊起数只。笨蝗的食性很庞杂，只要是栖息地的植物，几乎全部取食，有时还会侵入人类的农田。不过，由于没有翅膀，笨蝗只能跳跃，而且经常跳跃过"猛"，似乎不太懂得控制力量，总是一下子撞在地上，显得有些笨笨的。

云斑车蝗若虫

　　和笨蝗相比，车蝗就显得老到得多。笨蝗的分布大多局限在北方，而云斑车蝗不仅可以适应我国北方的干旱山地，而且还能在南方生活，一直到东南亚的马来西亚、印度尼西亚都可以看到它的身影。它的体色比笨蝗更加多变，时常能看到颜色发红和发黄的个体。

云斑车蝗成虫，可见前翅上标志性的暗色斑纹。

云斑车蝗的成虫体色比较驳杂，在胸部和翅膀上会出现很多暗色斑纹，这也是中文名字里"云斑"两字的来历。和迷彩服的原理一样，在乱石等地形上，这种颜色花的衣服比纯色更能保护自己。而名字中的"车蝗"二字来自翅膀的特点。如果把车蝗的翅膀展开，会发现后翅有一圈车轮样的暗色纹，由此得名"车蝗"。

117

鼓翅皱膝蝗的若虫

　　在北方的草地环境下，可以藏身的不仅有草丛或石地、土地，还有一类我们不一定常能关注到的地方——石头上的地衣。鼓翅皱膝蝗就颇精于此道。光看这种蝗虫的成虫照片，可能还难以看出些什么，但稍稍把背景变换一下，就可以看出，它的迷彩服几乎完美地和地衣融合在一起。

118

鼓翅皱膝蝗的成虫

　　鼓翅皱膝蝗及它的近亲种类还有一个特点特别引人注意，那就是在飞行时翅膀会摩擦发出很大的声响，有如蛙鸣。笔者第一次在草原上见到这种蝗虫时就是先闻其声，还在疑惑这片旱地上是否有青蛙，然后就看到一群这种大蝗虫在距离地面不高的地方飞行，随着翅膀扇动而鸣声大作，既似警告来者，又似炫耀地盘。想来它腾空一跃"大喝一声"，可能确实会吓走一些前来侵扰的动物。

蒙古束颈蝗

　　这些蝗虫虽然自带藏身伪装服，不过常常还在内里"留了一手"。图中的蝗虫是蒙古束颈蝗。初看起来，这不过又是一只"土蚂蚱"而已。但如果仔细看看它的颜色，就会发现蒙古束颈蝗的颜色除了接近地面之外，翅膀下似乎还隐隐透出一点蓝色。这就是蒙古束颈蝗的"后手"。从前翅透出的那一点蓝色其实就是它后翅的颜色，如果它受到惊扰或被其他动物发现，就会快速跃起，同时展翅飞行一段，这突然绽开的一片天蓝色很能唬住其他动物——甚至包括人。

　　这样的吓人手段不是蒙古束颈蝗的专利，很多斑翅蝗科的蝗虫在灰扑扑的外表下都藏着一副颜色艳丽的后翅，有的是玫瑰色，有的是天蓝色，通过这些颜色也可以鉴定其种类。

轮纹异痂蝗

前面提过，蝗虫的这身隐身行头和人类的迷彩服很是相像。就像为了适应不同的地表特征，蝗虫有几类最常见的迷彩斑纹。上面我们看到的可以称作"浑身满碎斑"，主要是细碎的暗色斑纹。长这个模样的蝗虫，一般栖息于沙石地面或较干旱的草地。在分类上，斑翅蝗科和网翅蝗科的蝗虫最喜欢这种衣裳。注意图中的轮纹异痂蝗，它的前胸背板、前翅和后足侧面就是这样的"碎斑"，有的是离散的点，有的则是成片的暗纹。这样的迷彩服最接近人类所穿的迷彩，特别是那种用一个个像素点组成的数码迷彩。

遁迹潜形讨生活

121

日本黄脊蝗的
若虫停在落叶上。

　　第二类迷彩伪装叫"背部一条线"。这类迷彩一般纵贯背部，对于常在草丛□
活动的蝗虫来说，这种衣服常能帮助它们同草茎"混为一谈"，斑腿蝗科的日本黄
脊蝗就是典型。这类迷彩还有一种变形，那就是从眼后开始有一条黑色纵带，向后
一直延伸到前胸背板侧面，同前翅的颜色连成一片。这在斑腿蝗科也很常见，稻蝗
属就是这类迷彩的代表。这是一类食性极其庞杂的常见蝗虫，在稻田等处常能见到

竹蝗常见于南方竹林，身体两侧的褐色纵纹能帮助它们融入杂乱的环境。

某种斑腿蝗

　　第三类迷彩可以叫"身侧一斜点"，很像是身上斜挎了一条白色的武装带。斑腿蝗科的斑腿蝗属、直斑腿蝗属、外斑腿蝗属这三个属就是如此打扮。其中有一种短角外斑腿蝗在北方的秋天里特别常见。

遁迹潜形讨生活

短角外斑腿蝗

粉红色的中华剑角蝗若虫

一只几乎都是粉色的宽翅曲背蝗

　　如果认为蝗虫只能是绿色或近土色的颜色，那就大错特错了。很多北方的蝗虫"土"虽"土"，但也"土"出了时尚，"土"出了潮流——这些蝗虫往往还有一套"粉色系"的时装，这在昆虫中是比较有特点的。在一定的湿度条件下，蝗虫的体色还会变得发红，在秋天，这种情形特别多。这样的蝗虫看着很"高贵冷艳"，但常常是"秋后的蚂蚱——蹦跶不了几天"。

在"土蚂蚱"里
色彩堪称艳丽的花胫
绿纹蝗

不过，有一位是例外，那就是花胫绿纹蝗。这种北方蝗虫却有着很绚丽的色彩，且搭配不俗。它的身上有土色、褐色、绿色和玫瑰色，如果看它的后足胫节，还可到有深蓝色的斑纹，活似掉到了染缸里。这种"玫瑰色"也可以起到隐藏的作用，一些禾本科的叶鞘、茎秆等处的颜色很相似。

会吐丝的蟋蟊斯

蟋蟊

  蟋蟊是一类很怪的虫子，别看名字里有"蟋"有"蟊"，但它们的翅膀上就没有蟋蟀和蟊斯那样的发音器，根本就不会鸣叫。而且蟋蟊的性情在直翅目中算是诡异，平时藏身十分隐蔽，想要亲眼一见还真不那么容易。好在蟋蟊向明，常会在点灯的时候露脸，这时正是观察这类特殊直翅目昆虫的绝好机会。

  在我国华北，比较常见的一种蟋蟊叫作素色杆蟋蟊——这个"常见"可不天天都能见到它的意思，而是说它在华北地区分布比较广，相对来说容易看到一1998 年，这种素色杆蟋蟊才由我国昆虫学家刘宪伟和王治国两位先生命名，见这种直翅目昆虫何其"避世"。

  蟋蟊扑灯，没有想象中那么前仆后继。对蟋蟊来说，在灯下活动倒更像一得的野餐——那些扑灯的小飞蛾、小蜉蝣等，在蟋蟊看来，都是香喷喷的食物者是 2006 年才第一次在北京见到素色杆蟋蟊，机缘也正是一次山中的灯诱。也颇为好笑，那次发现蟋蟊是第二天早晨起来，收拾半夜灯诱的器具，突然见

杆蟋螽若虫

边有株植物的一片叶子有些异样——不知道为什么卷了起来，而且还不是皱巴巴的那种，像是被人精心缝起来的。待走近一看，才发现叶子里卷了一只素色杆蟋螽。吐丝卷叶，这是蟋螽的一个特征，在英文中，蟋螽的名字就是"卷叶蟋蟀"（leaf-rolling crickets）。我们说"特征"，是因为在直翅目昆虫中，这确实是一个独一无二的特点。

蟋螽用丝线黏合叶片，把自己裹起来。

说到"吐丝"的昆虫或节肢动物，您一般想到什么？蜘蛛、蚕？大多数人脱口而出的就这两类节肢动物。还有别的种类的昆虫也吐吗？您哪怕去问一位科班出身的生物学家，可他／她也未必能一下子再说上来什么。蟋螽恰就是这样能吐丝的"怪物"，也是直翅目中唯能吐丝的昆虫。它们吐出丝来是为了给自己建子，用作自己白天休息的掩体，灯诱结束后在子卷儿中见到的蟋螽，显然就是夜晚"赶集"来，天亮再躲起来的。值得称道的是，蟋螽不仅会用丝把叶子缝在一起，有的种类的蟋螽还用丝线加固土石和封闭洞口。

所以，您如果在外旅行，看到植物上、土上有丝一样的东西，可别断定就是蜘蛛吐丝，有可能是直翅目的蟋螽呢！蟋螽吐丝是为了什么呢？一种说法是可以避免捕食者，另一种说法是蟋螽用丝线隐蔽自己，也可以防止周围环境

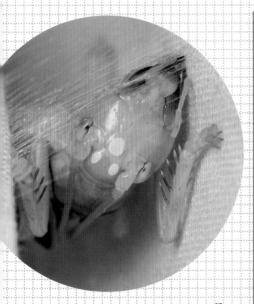

循光而来的饰蟋螽，
在灯诱布上吐丝做巢。

过干燥。蟋螽吐丝筑"巢"，还不是一次性的事情，会留下一些化学物质标明"这是我家"，一生中可能会多次返回这一居所。

　　说起丝的模样，您可能还会想到蜘蛛侠。蜘蛛丝是一种韧性好、能拉伸、有黏性的材料。那么，蟋螽的丝是什么样的呢？直到2012年，才有科学家首次研究了蟋螽的丝，结果发现，蟋螽吐出的丝十分独特，和蛛丝截然不同：蟋螽的丝是由圆柱状的纤维和扁平的膜组成的，主要成分都是一些很特别的蛋白质，产生丝的器官则是蟋螽胸部的腺体。

第五章

大嘴吃八方

蝈螽

直翅目昆虫大多都是"吃货"，这得益于它们
那张嘴。直翅目昆虫的嘴是有名的大嘴，在昆虫
课堂上讲起昆虫的口器来，一定会拿直翅目昆虫
为例子——没办法，实在是太典型了。直翅目的
口器叫作咀嚼式口器。这名字听起来像废话一样，
哪的嘴不嚼东西呢？不过，这样的话是基于人类的
经验说出来的。我们哺乳动物进食，是一定要靠嘴
咀嚼或吞咽的，哪怕是海里的鲸鱼都不例外。

但是，在无脊椎动物里，这条规律并不成立。
想一想吸血的蚊子，蚊子那根针状的细管子就是它
的口器，除此之外就再没有能用来嚼东西的嘴了。
类似的还有苍蝇和蝴蝶，苍蝇经常用一个蘑菇形状
的"嘴"舔东西吃，蝴蝶则是用一条细长的吸管吸
花蜜，这些都是它们的口器。直翅目昆虫由于取
用固体食物，所以是咀嚼式口器。这种咀嚼式口器
与脊椎动物的嘴不可同日而语，比如并无牙齿，但
直翅目昆虫的嘴巴构造十分精巧，颇值得一看。

一副与身
材不相符的超
级"大牙"。

133

优雅蝈螽

直翅目的咀嚼式口器分为上唇、上颚、下颚、下唇几个部分。我们这里无须像昆虫学课堂一样细致地分各个部分的功能，但我们可以抛开这些看起来不知所谓的名词术语，看看其中最有特色的器官。贴近直翅目的口器，可以看到有四条小"腿"一样的"须子"。这"须子"是下唇须和下颚须，平时可以活动，在直翅目昆虫取食的时候可以帮助进食。而且这些"须子"司嗅觉和味觉。人类尝味靠的是肉质的舌头，而直翅目昆虫用这些外部的附肢就可以进行。很多饲养鸣虫的人十分在乎虫子的健康、完整，其中就包括这些"须子"。

还有一处器官是直翅目昆虫的大杀器，那就是颚，特别是上颚。上颚是直翅目昆虫进食的主要工具，在一些种类中特别显眼，往往有很鲜艳的颜色，比如红色、蓝色——仿佛是为了警示。要是掰开直翅目昆虫的嘴，就会看到这些上颚并不完全对称，这样可以帮助它们更有效地研磨食物。不同种直翅目昆虫的上颚形态差别很大，这与它们的食性有关系。简单地讲，蝗虫这类植食性的直翅目昆虫，上颚一般切齿较短，而杂食性和捕食性的直翅目昆虫，上颚则长了尖锐的"利牙"。

蝗虫的嘴是最为
典型的咀嚼式口器。

135

爆发的小车蝗，如果数量过多，它们真能把植物席卷一空。

典型的"尖牙利齿"的直翅目昆虫是螽斯。螽斯一般均为杂食性，很多种类的上颚十分粗壮有力。而且，一些种类如蝈螽，还有一个咬住不撒嘴的习惯，一旦被它的"大牙"钳住，小昆虫多半是会丧命的，大一些的动物也会疼痛难忍。笔者还记得年少时捕捉蝈蝈儿，曾看到一只便赶快用手捉住，谁知这只蝈蝈儿战斗作风顽强，一口咬住笔者的手死活不放，而且极其用力，当时疼得几乎要哭出来。要命的是，不论如何牵拽蝈蝈儿，它都"咬定青山不放松"，死扛到底，最后只好前后拽动蝈蝈儿的身体，趁其调整时抽手出来，但此时的手已经泛起瘀血来——可见其嘴利。

一只小小的
食量就已
了。

　　知道直翅目昆虫的食性是很重要的事情，这关乎如何饲养的问题。像蝈蝈儿那种凶猛的杂食性昆虫，就要特别注意，在饲养时不能几只放在一起养，哪怕是蝈蝈儿很小时也是如此。笔者初次饲养蝈螽若虫（俗称蝈蝈儿秧子）时就没有注意这个问题，以为小蝈蝈儿应该会相安无事，但很快一笼里就只剩一只若虫，其余的全被吞食。这样做的不仅仅是蝈螽，也不仅仅是若虫。据笔者经验，一些螽斯成虫，比如中华寰（huán）螽，也可以吞食和自己体形差不多大的同种类成虫。

　　有经验的鸣虫爱好者在饲养这些杂食性的螽斯时，会不时投喂一些面包虫之类的小虫供螽斯取食。类似地，根据饲养斗蟋的古法，当斗蟋相斗伤了身体，也应给斗蟋喂一些地鳖虫浆或者带血蚊蝇来"调养"一下蟋蟀，帮蟋蟀"补身体"。当然，一般要养鸣虫，喂米粒、葱叶等也可以。

137

正在啃食叶片的螽斯

正在大树上吃
蝉的螽斯

　　蝗虫是直翅目最"单纯"的植食性昆虫，但这种单纯几乎把人类逼疯。根据我国昆虫学家研究，东亚飞蝗一生吃玉米的总食量可达近 90 克，如果乘以蝗虫的数量，这还是一个相当庞大的数字。不过，并非所有蝗虫都那么恐怖，很多蝗虫也很挑食，比如前文提及的伪装成地衣的鼓翅皱膝蝗，对于禾本科植物就没有什么兴趣。

　　由于口器的形状和大小，直翅目昆虫取食植物大多从植物的边缘开始咬起，它们的上颚像剪刀一样切开植物的叶片。因此，直翅目昆虫典型的咬痕是把植物啃出凹形。如果看到在植物叶片上有不挨着边缘的一个个洞，那多半不是直翅目昆虫的作品，很有可能是瓢虫、叶甲一类的甲虫。当然，这也并不绝对。

第六章

琴瑟和谐

正在鼓翅鸣叫的亮蟋

直翅目昆虫有很多种类都是人们所喜爱的鸣虫，这和直翅目昆虫普遍喜欢吹拉弹唱性有关。鸣叫的原因说起来有好几种。昆虫学家对此作了很细致的分析，发现直翅虫有一整套功能多样的"语言"。鸣叫最基本的功能是群聚行为。特别有趣的是，种直翅目昆虫的两只雄性还常常会交替鸣叫，这称为竞争信号。其他的"语言"还攻和报警。所有直翅目会叫的昆虫，几乎都会发出这样的鸣声。这种鸣声的特点是往往特别强，是应激性的叫声。这类警告声有时还伴随着领地的意识，曾有人报道，属有种蟋蟀的呼唤声一般是用来召唤雌性的，但也表示防御自己的"领土"。一旦一只雄性靠近，这种树蟋会感觉到，转用另一种警告性的鸣声，用于竞争性的炫耀。总的来看，对直翅目昆虫来说，要说唱歌最为重要的一个功能，那还是要属找对象。来说，找对象、约朋友是小伙子的责任，直翅目中一般也是雄虫鸣叫，也只有雄虫以发声的器官。当然，也有极少数种类的雌虫也来当家，比如硕螽科的笨棘颈螽。螽斯不论雌雄都是五大三粗的模样，而且雌虫在翅膀上也有发音器。在草原地带，硕大无比的螽斯经常放声大鸣，其中就常有拖着产卵瓣的雌虫在"求偶"。而且它胆子很大，一般直翅目昆虫都很警觉，稍微一靠近就立马不再出声，但笨棘颈螽毫忌，人可以近距离进行观察。

如果在野外听到有昆虫鸣叫，不妨小心翼翼地走近一些贴近观察，这样就可以发现目昆虫鸣叫存在两大流派——第一类是光用两片翅膀摩擦发声的，第二类是用翅膀摩擦发声的。第一类里包括了螽斯和蟋蟀等长角亚目的昆虫，第二类里则是蝗虫等亚目的昆虫。

似织螽的镜膜十分显眼，其鸣声十分独特，类似拨弄钢丝。

蠡斯和蟋蟀用翅膀鸣叫并不是仅靠翅膀摩擦，而是利用了翅膀上一个称作发音器的独特结构。原理其实很简单，一边翅膀有"音齿"，另一边有"刮器"，两者摩擦，再通过"镜膜"放大声音。镜膜就是从蠡斯和蟋蟀背面看去翅膀上最大的一块窗状区域。

蟋蟀的发音器和蠡斯的发音器不完全一样：蟋蟀的刮器在左前翅，音齿在右前翅，平时是右翅搭在左翅上面；而蠡斯刚好相反，刮器在右前翅，音齿在左前翅，平时左翅盖在右翅上面。这个差别看似无关紧要，但很多饲养蟋蟀的玩家比较在意这一点，因为左翅覆盖在右翅上面的情形十分少见，这样的蟋蟀据说鸣叫无力，但打斗十分勇猛，所以受到许多斗蟋爱好者的钟爱。

蟋蟀在鸣叫时，常常两前翅抬起，让其摩擦，不同种类的蟋蟀音色各异，常常可通过叫声来鉴别蟋蟀。

鸣叫中的斗蟋

鼓翅鸣叫的优雅蝈螽

螽斯类最常见的鸣□
是蝈蝈儿。俗称"蝈蝈儿□
的鸣虫一般指两种，长□
的"吱拉子"在昆虫分□
学上称暗褐蝈螽，短翅□
叫优雅蝈螽。这两种蝈□
儿在野外时常一起出现□
但鸣声有一定差别。在□
叫前，暗褐蝈螽会发出"喳□
的一声，笔者家乡土话□
为"打点儿"，随后才□
正式的鸣叫，一旦鸣叫□
始，可以持续很长时间□
间断。

琴瑟和谐

优雅蝈螽

雄性异爪蝗的鸣叫吸引来
了雌虫，这是夏季北方草地上最
为常见的浪漫情景之一。

146

琴瑟和谐

黑翅雏蝗，北方山地常能听到其鸣叫。

蝗虫的鸣叫原理和蠡斯、蟋蟀是一样的，都是通过刮器和音齿摩擦，不过蝗虫的刮器和音齿长在后足和翅膀上。因此蝗虫鸣叫时，是后足来回摆动，像在拉小提琴一样。如果捉到蝗虫，试着用手帮蝗虫后足滑动，同样能听到声音。

蟋蟀和蠡斯的声音一般比较清脆，但蝗虫的声音往往较为沙哑粗重，经常到野外观察，可以很快分辨出什么是蟋蟀、蠡斯的声音，什么是蝗虫的声音。

第七章

弹琴之后
是说爱

正在交配的日本鸣蝗

一旦直翅目雄虫通过"琴声"吸引到了心仪的雌性，下一步当然就应该进行到交配环节。但是要走到这最后一步还需要很大的耐心，雌性直翅目昆虫不会闻风而来就直接投怀送抱，常常还需要观察一段时间雄虫，随后才会你侬我侬地相好起来。

　　蝗虫的雄虫比较心急，会主动试探，但不一定运气很好。雄性蝗虫会爬到相中的对方身上去——不过很可能相不对性别，爬到同性的雄性蝗虫身上去，这种情况下，一旦试探发现不对头，雄虫会迅速离去。如果运气好，找到的是如假包换的雌性，那么雄虫就会趴在雌性背上，然后开始交尾。短角亚目的交尾多是身材娇小的雄性在上，粗壮的雌性在下，一次交尾的时间大概要花数个小时。在这期间，雌虫还可以自由活动，甚至跳跃，但雄虫则无法取食。在野外常能碰到背着雄虫蹦来蹦去的雌性，"负蝗"这一名称就是因此而来的。

棉蝗的雌虫硕大无比，雄虫与之相比就小了一号。

亚热带和热带的蝗虫常有色彩艳丽的种类，这种后足股节像三色红绿灯，身体则像黑白斑马线。

150

弹琴之后是说爱

正在交配的比蝗

日本蚱

雏蝗

稻蝗

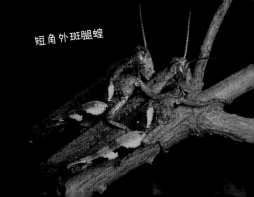

短角外斑腿蝗

癞蝗

长翅燕蝗

弹琴之后是说爱

其他短角亚目的蝗虫、蚱类都是大个子的雌性"背"着个子小的雄性。

153

"负多了"的负蝗

154

有第三者打扰的
日本鸣蝗

在交配过程中，总有不老实的雄性半道杀出，跑到正在交尾的一对情侣身上，这在直翅目昆虫中是很常见的行为。这时候场面就会混乱起来了。先来的雄虫通常会摩擦翅膀发出声音，甚至还会直接用后足把后来者踹走——可以理解，谁面对这种情况都会不由自主这么做的。

树蟋

云斑金蟋

相比之下，长角亚目的蟋蟀和螽斯交配的姿势刚好反过来——雌性在上，雄性在下。而且一些蟋蟀还会双管齐下，不仅用歌声打动自己的对象，还会悍然使用"化学武器"引诱对方。比如，在国内南北均有分布的树蟋属，雄虫一边鸣叫还会一边在腹部背面分泌出蜜露，"吃货"的雌虫禁不住诱惑，就会三步并作两步地跑到雄虫背上舔食，雄树蟋当然不会是柳下惠，借此机会就会和雌树蟋交尾。这个策略相当成功，一些其他蟋蟀，如云斑金蟋也有此种习俗。

157

驼螽科灶马

蟋蟀和螽斯在交尾后，会在雌性腹部末端留下一个十分显眼的白色精包。养蟋蟀的人一般称其为"铃"或"蛋"，其中有精子，会逐渐被吸入雌虫体内。螽斯也一样。笔者年少时第一次饲养蝈蝈儿，看它们交配后雌虫有了精荚，大吃一惊，还以为是雄性蝈蝈儿将雌性蝈蝈儿的肚子咬破了，后来才知道这是正常行为。

一对蛩螽正在交配。

159

露螽的精荚。

160

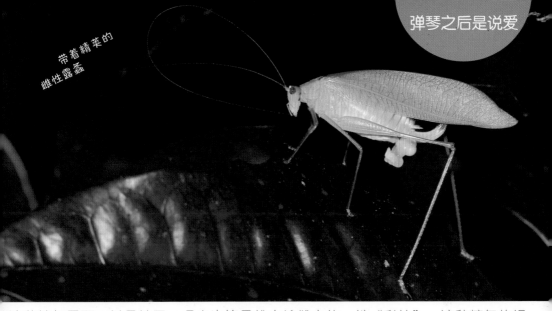

弹琴之后是说爱

带着精荚的
雌性露螽

　这种精包里面不单是精子，多少也算是雄虫给雌虫的一份"彩礼"。这种精包的组□括精荚和精护，精子位于精荚之内，而精护富含营养，可以食用。雄虫离开雌虫后，□就会弯曲身体食用精护，大概会花费数个小时，直到吃完蛋白质部分。如果在野外□这种身下带着一团白色的螽斯或蟋蟀，那一定就是刚刚交配之后的个体。

第八章

魔高一尺，
道高一丈

直翅目昆虫虽然能跳能飞且有隐身的本领，但命运无情，总有可能被捕食者捉到，一旦被捉到，几乎是灭顶之灾。直翅目昆虫的防御天敌的手段比较单一，没有三十六计之类的法门。同其他昆虫小伙伴相比，直翅目昆虫没有什么防身或进攻的工具——非要说防身的话，一些螽斯的嘴可能勉强算是一样兵器，但这件兵器只适合于敌人送到嘴边的近身搏斗，且破解方法多。真正的敌人往往是防不胜防的。一般的直翅目昆虫只有"三计"——第一计跑，如果没跑掉，那就使用第二计挣扎，要是挣扎还没有用，那么最后的大招就是——吐"唾沫"。

剑角蝗科的蝗虫遇敌时吐出汁液。

163

绿背覆翅螽恐吓敌人的两个招式 —— 大鹏展翅和大吐苦水。

这些招数，看上去挺孱弱的，唯一有些威慑力的是化学武器"唾沫"。小时候去捉蚂蚱玩，就少不了接触这样的液体，这些液体的确比较讨厌，首先是味道令人不悦，其次是颜色总留在手上，还得洗刷。这一招是多类直翅目昆虫均使用的祖传大法，通常招式是从口器中吐出暗褐色的液体，这些液体有异味，作用是告诉对方："大哥，我不好吃，有毒有害，吃了我脏了您的嘴，请您老人家嘴下开恩饶本虫一命……"

嘴里吐"唾沫"是常见行为，还有一些直翅目昆虫相对来说比较高级，有一些不用嘴的特异功能。前面曾提到，树蟋在求偶时背部有腺体分泌蜜露。类似地，绿背覆翅螽在受到攻击时会展开自己的翅膀，冷不丁地吓住攻击者，并且会从背部分泌一种黄色的液体。这种看上去不能吃的液体，作用和其他直翅目昆虫的"唾沫"类似，但这种"浑身冒毒水"造成的恐怖气氛更加浓厚一些……

分泌黄色液体来警告敌人的绿背覆翅螽

感染"抱草瘟"的蝗虫若虫，感染后腹部常常翘起。

蝗灾在农耕民族的历史上，一直是个大难题。不过，据《旧五代史》中记载，后汉乾祐二年（949年），蝗灾蔓延到某地，这些蝗虫突然"一夕抱草而死"。当地官员一看——好家伙，这是感天动地了吧？赶紧跑去谢天谢地谢朝廷了。后来，曾有现代学者读到这里，对这件事情颇为怀疑，觉得蝗虫抱草而死太过离奇，推测此段是为了给帝王歌功颂德而伪造的不实记载。不过，史书上记载的这种事情是真实可信的，而且年年都会发生。每到秋天去田野里走一走，总会发现有蝗虫身体僵硬，抱草而亡。这是蝗虫自己死的吗？可死状十分蹊跷，抱草的姿势很是夸张。

魔高一尺，
道高一丈

如果蝗虫密度高，抱
草瘟可能蔓延数十里。

实际上这是谋杀，而且凶手是来无影去无踪的人类根本看不到的一类生物：真菌。虫霉目的蝗噬（shī）虫霉就是真正的元凶。感染了这种真菌的蝗虫，颇似电影里的僵尸，并不会立刻死亡，而是行为会改变，会在植株上爬上爬下，不断寻找更高的地方，甚至常会聚集在植株顶部，掉到地上还会重新爬上去，一个一个地抱在草上而死亡，或被鸟类吞食。大多数"僵尸"蝗虫出现在傍晚，此时湿度增加，利于真菌的孢子扩散。这样的病症在蝗虫世界一定是极其恐怖的景象。这种寄生性天敌是直翅目昆虫的绝症，一旦患上，无望痊愈。

螨虫寄生，大小不拘，从巨大的棉蝗到小巧的蚱类都可以成为寄主。

　　更普通的寄生性天敌还有几乎每只直翅目昆虫都会遇到的螨虫和铁线虫。在野外抓到蝗虫，展开蝗虫翅膀，常能发现上面有一个个小红点，这些小红点就是螨虫。这些螨虫看着圆滚滚、红扑扑、人畜无害，但其实都是不折不扣的吸血鬼，抱着直翅目昆虫的大腿，为的是吸食直翅目昆虫的体液。

　　铁线虫也是直翅目昆虫的高发病症，相当于人肚子里的蛔虫。它们寄生在许多直翅目昆虫的腹部里，呈长条状，一旦时机成熟，就会钻破直翅目昆虫的腹部自行爬出。有时，直翅目昆虫标本刚刚做好，边上会突然出现一条蠕动的线虫状生物——别害怕，这不是异形外星人，而是从腹部钻出的铁线虫。不过呢，这些铁线虫有个特点倒真有点像电影里恐怖的外星生物。铁线虫喜欢水，为了找到适合的繁殖地点，它们会驱使寄主向水里跳，等寄主淹死了，它们就会快活地破膛而出，如鱼得水……

泥蜂叼着螽斯
的触角，把猎物拖
回土洞中。

泥蜂茧

泥蜂幼虫趴
在被麻醉了的露
螽身上取食。

　　这些体内体外的寄生虫似乎总能唤起人类心底的恐惧，不过这还不是全
邪——运气糟糕的直翅目还会遇到绑票的强盗。泥蜂科会明目张胆地绑架、麻醉
螽斯，拖到自己的洞中，在螽斯上面产卵，孵化出来的泥蜂幼虫会慢慢一点一点
地吞食掉螽斯的肉体。可怕的是，在这些泥蜂幼虫吞食的时候，这些螽斯还是活的，
只是神经被麻痹，无法动弹……这些在法布尔的《昆虫记》中，有很生动的描写。

171

被网缠住后，
小蝗蝻激烈挣扎
引来蜘蛛捕食。

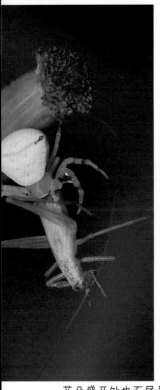

花朵盛开处也不尽是太平之地，访花的树蟋和寰螽未能提防住身手敏捷的蟹蛛。

被螳螂捕捉到的秋掩耳螽，螳螂捕到猎物后很爱从头吃起。

174

直翅目昆虫虽然能跑会
跳，但还是会遭到"空袭"，
落入食虫虻手中。

第九章
观虫秘籍

体型庞大的棉蝗

　　从古至今，人类在直翅目昆虫身上寄托了无数的喜怒哀乐——有文人雅客感怀蛩（qióng）音，有市井人家饲养鸣虫，甚至再稚气不过的找蚂蚱、斗蛐蛐儿的嬉戏，也几乎一直作为"自然启蒙必修课"，让孩子们初次接触和了解大自然。今天的自然生态爱好者，也总能从观察、拍摄直翅目昆虫中获得不小的乐趣。而这一切，都是从观虫开始的。

寻虫：蟋蟀

金蟋是常见的鸣虫。

捉蛐蛐儿是很多人童年的必修课，即便是在城市里，也往往少不了蛐蛐儿和捉蛐蛐儿的少年。一般的蟋蟀不需要多大的活动地盘，城里路边的一片小小荒地就足以养得起它们了。笔者还记得儿时的夏秋之际，每当蟋蟀的叫声响起，那一声声清亮的叫声，简直叫人按捺不住要立刻扑向自己的"百草园"去。

蟋蟀鸣叫，大多在晚上，正好给顽童方便——可以做完一天的功课，还能避开白天的 ，"循声探访"找蛐蛐儿说起来简单，做起来可不易。上小学时看作文选学写文章，见到写捉蛐蛐儿的作文，大多数都写如何看到草丛中"许多蟋蟀跳来跳去"，一扑未得，又试，作风顽强，直至捉到，云云。

但说实话，我自己很少有一打眼就能看到蟋蟀这样好的运气。蟋蟀的叫声本身就极有 感，让人感觉忽而在此，忽而又在别处，而且在城里的蟋蟀大多藏身在石缝之中，一去是看不到的。因此，捉蛐蛐儿的一个固定流程便是翻石头：听到声音的大致方向，心翼翼地接近，最好不要让鸣声停止，然后找到最靠谱的石块或者砖块迅速翻开，运的话就能见到这位鸣叫的歌手。但这样做有点摸彩的性质，能一下就翻到的话，纯属 ，并非次次都能如此。不过，也能借此一览石块下的世界——常能看到蚂蚁、小甲虫长相有几分恶心的蚰蜒。有这些生物在的石块下，往往没有蟋蟀，翻不到的话只能一试。一旦翻到了蟋蟀本尊，就必须动作快，否则一眨眼的工夫，蟋蟀立刻就溜边钻缝踪影。

更麻烦的情形是在比较高的草丛和石缝里，特别是在石缝中尤难处理。坊间有说法讲，中若有蛐蛐儿，可以灌水把它逼出来，但实际情况并没有那么简单。首先，土壤能吸水，半瓶水，未必就能威胁到蟋蟀活动。其次，蟋蟀在遇到水倒灌进来的时候也很警觉，易冒头，似乎更喜欢在缝里躲避。在草丛里的难处是下手难扣严，哪怕蟋蟀就在眼前，必得地扑去，蟋蟀也常能找草之间的缝隙溜走，可谓遁走有术，徒然叫人望草兴叹。

小额蟋常可在树上见到，是分布于我国南方的一种鸣虫。

　　捉到蟋蟀后，有人拿来听，有人拿来斗。对于争强好胜的少年来说，斗蛐蛐儿更流行一些，但小孩之间大多只是玩玩，没有什么专业精神。专门的蟋蟀玩家，有一套专业的相虫方法，术语也很繁多，要查看头形、头色、脑线、眼、须、脸、牙、水须、项、翅、衬衣、肉身、腰背、腿脚、蛉尾等处，把玩甚细。特别是这些玩家还能从蟋蟀头部看出青虫、黄虫、紫虫等不同色型，常以此类术语论虫，笔者

直未得要领，分辨不出。不过，虽然不懂这些，
是能享受到斗蛐蛐儿的乐趣。蛐蛐儿的斗性
要激发，不是两只雄虫放在一起就要开打——
在想想，蛐蛐儿也不傻，刚被捉来惊魂甫定，
边又没有美人，见面便争是何苦来的？想要
快激发斗性，人得介入拨撩一下。北方常见
工具是一种名叫蟋蟀草的禾本科野草——植
学的书籍里常写这种蟋蟀草是"世界恶性野
"，路边草地到处都是，得来全不费功夫。
这种野草的秆顶摘去，鞘口会露出一点短毛，
这个轻轻挑拨蟋蟀的触角，蟋蟀容易进入争
的状态。描绘斗蟋蟀的图画里，常有玩物丧
的皇帝、宰相、富人公子卧在地上，手持一
秆探入蛐蛐儿盆中，原理也是类似。有时两
蛐蛐儿缠斗很猛，甚至会断须断腿，决出胜
后，胜者会鼓翅鸣叫，败者只能失意地走开。

五伊榴头蟋雄虫头顶向前突出，十分容易辨认。

181

寻虫：听声辨虫

蝈蝈是北方鸣虫
爱好者的宠儿。

　　和直翅目昆虫厮混久了，对它们的声音就会很熟悉，正如同听朋友说话，一闻即知。如果听到了不熟悉的声音，那也正是交新朋友的时候。可惜的是，用文字很难形容出音色这种感觉。有些写鸣虫的书籍会给直翅目昆虫的鸣声配上拟声词，但有时凭文字不是很能体会，非得亲耳听到才恍然大悟——书上说的声音，原来是这样啊！

　　晚上走过灌木草丛，注意支起耳朵，如果听到昆虫的叫声，那很有可能就是"直翅目好声音"在演出，这时就可以打起手电筒前去拜访了。很多直翅目歌手演奏时还是比较心无旁骛的，轻手轻脚地走过去，别踩到它头上，等靠近后静静地待一会儿，再轻轻查看一番，或许很快就能一见直翅目昆虫的真身。和其他昆虫比起来，寻找直翅目昆虫不失为一件乐事。这其中主要的原因，当然是直翅目昆虫的歌声大多清亮悦耳了，说来还真很像有位伯牙一般的琴师在奏《高山流水》，而你，就是要去探访问踪的钟子期。如果你真的注意谛听每种声音，将会惊异于直翅目家族的多样性，感到万分惊喜。

　　日本纺织娘看名字是种"日货"，但其实在东亚分布很广泛，并非日本一家独有，在我国主要分布于南方，文献中一般记载的分布地是在江苏、安徽至四川以南。笔者常年在北方生活，一直没有怎么见过野生的日本纺织娘，还挺有些遗憾。

城市里常见的
短额负蝗

184

10多年前的一天傍晚，笔者在市海淀区的某个小公园散步，听到很不熟悉的鸣虫叫声，不像蟋蟀，像蝈蝈儿。等移步过去一看，声音是公园围墙的爬山虎丛。那里的爬长得很密，笔者轻手轻脚地打量半没听出这只鸣虫的具体位置。好在歌手兴致很足，"嗓"门也大，鸣为洪亮，打着手电筒一点一点排查过最终还是在一片爬山虎叶下找到了一直等到灯光照到它的身体，它还意地自鸣，自信满满，丝毫没有要的样子。这是一只日本纺织娘，不为何竟然在这北方城市里出现。一能是，这是别人饲养的鸣虫，后逃被放生，是否在北京能繁殖扎根尚知。当然，也有可能这是日本纺织自然分布。

梨片蟋喜爱在树上鸣叫，声音接近"句句句句"。

　　北京除了是个大都市、首都以外，还是中国动物地理区划（这是动物学家给动物分布划出的"行政区"）里东北区、华北区和蒙新区的三区交界之处，不仅人杰，而且地灵，是许多生物的分布北界或南界。在北京这种满是钢筋水泥的城市里，直翅目昆虫还总是能找到一些藏身之地——绿化带的灌丛、公园的荒地，很多地方都可容身。这些城里的"蚂蚱"已经多半不再是害虫，而是构成了城市生物多样性的一部分，不必赶尽杀绝。或许你坐在家里听到的悠悠虫声就是它们的功劳呢！四壁秋声虫语健，一天露气豆花香。听听这些自然之声，天地悠悠四时演替的感觉，是否会回到你的心头呢？

寻虫：守灯待虫

褐斜缘螽个头儿不小，
我经常能在夜晚灯下见到，
但从未在白天找到过。

提灯循声大概太麻烦了一点，要真能像寓言里守株待兔的农夫那样，不去找虫，虫来，这可就好了！别说，这方法是有，不过不是抱着木桩子，而是和许多昆虫一样——诱虫。飞蛾扑火尽人皆知，直翅目昆虫在灯下露脸在前面也提到过。这其实是一种昆虫十分普遍的情形。首先，夜行的直翅目昆虫往往很难抵挡灯光的诱惑。昆虫学家在点虫——通称"灯诱"——时是有一套方法的，严格来讲用黑光灯诱虫效果最好，不过其实也没什么讲究，日常家里点亮的灯泡就足够了。其次，最好有一块白色的背景，白布、床单乃至白墙壁都可以，这些都很"招虫子"。路过一些晚上有光照的白墙，如果留心就能看到，上面似乎总有一些蛾子、蚊子之类的停着，这是它们的本能。

喜欢夜生活的直翅目昆虫，也十分乐意参与灯光舞会。不少蝼蛄、蟋蟀及螽斯也有趋光本能。不过，它们并不像蛾子那样招摇，总在灯下飞舞——直翅目昆虫虽然都会飞行，除了飞蝗这类亡命徒之外，都不怎么善于长时间飞行，大多只是辅助性的滑翔。在灯下，直翅目昆虫得留心几个地方：地面、墙壁和草丛。灯诱还有一个好处，那就是有一些直翅目昆虫是哑巴，唱不了歌，想要像前面那样听声寻虫是无论如何也找不到它们的。最典型的一个例子就是前面提到的蟋蟊。蟋蟊不会鸣叫，是因为它们的翅膀上压根儿就没有像螽斯那样的发音器，而且蟋蟊平时藏身又隐蔽，想要亲眼一见还真不那么容易。好在蟋蟊向往光明，常会在点灯时露脸，这时正是观察这类特殊直翅目昆虫的绝好机会。

趋光的拟矛螽

露螽科绿螽一类螽斯常常夜行，要找到它们可以利用它们的趋光性。

这里说起来还有一件趣事，那就是有些昆虫身体的颜色跟它们是否喜欢扑灯还真有点——如果你留意灯下的昆虫，就会发现一些喜欢跑到灯前的蜂类，它们的体色常常是□色的。哪怕这些蜂类分属于不同的科，着装上也都类似。那么喜欢灯光的螽斯一般都□么样的呢？

一些露螽科、草螽科和蛩螽科的螽斯比较喜欢跑到灯前凑热闹，它们的体色大多是绿□这类螽斯通常在夜间活动，按说这样的家伙肯定是喜欢黑暗的，然而事实是——黑暗□它们适应黑暗的眼睛，它们却用它来寻找光明。

如果你住在山间，往往不需要很强的光，只需打开房间的灯，可能就会有扑灯而来的□。和其他趋光昆虫一样，可以在晚上或次日清晨注意纱窗以及墙壁，它们很可能就静□趴在上面呢。如果在城市，绿化用的灌木丛里有时候也会有螽斯。这时候，你可以先□鸣声辨别哪里可能有直翅目的鸣虫，再等街灯亮起后看看其中是否有它们的身影。

189

寻虫：打草惊虫

草丛中的棉蝗

最无"技术含量"的寻找直翅目昆虫的办法，可能就是用脚蹚草或者用树枝、棍子等打草，然后等直翅目昆虫自己跳出来。这是连孩子都会的法子，可有什么说道？

首先，要这样做，就需要知道什么地方可能会有直翅目昆虫——不是每一片草地都有蚂蚱。直翅目昆虫十分喜爱的是禾本科和莎草科植物。华北的春天，常常盛开一片一片的二月兰（诸葛菜），好看极了，看上去像是一片昆虫的乐土。但如果您要到这种地方寻找直翅目昆虫，可能多半会无功而返。这是因为直翅目昆虫好像并不爱吃这类植物，而且早春时节它们还没长大，甚至都还没有"出土"。

其次，直翅目昆虫还有一个特点，那就是被惊扰后可能会猛地跳出来，但不会一直蹦跶逃窜——这样毕竟太显眼了。它们常常会以静待动——有时您可能会有这样的经历：蹚草而过，有只蚂蚱蹿出来，然后就没动静了，这个时候，就是考验耐心的时候了。您需要仔细地观察直翅目昆虫可能的藏身之处，特别要识破它们的保护色。一般来说，背部有条纹的直翅目昆虫比较喜欢抱着草秆等，而纯绿色的则更喜欢和树叶融为一体。

凸额蝗

191

拍虫：蚂蚱提琴协奏曲

　　草丛音乐家主要有螽斯（蝈蝈儿就属于此类）、蟋蟀和蚂蚱3类。蟋蟀类在石头下，喜欢晚上出来活动，白天容易见到的是蚂蚱和螽斯。螽斯和蚂蚱长有点像，但区别还是很明显：螽斯的触角又细又长，而蚂蚱的触角要短小得多，螽斯喜欢静止不动模仿树叶，而蚂蚱喜欢跳来跳去；螽斯用翅膀相互摩擦发声，而蚂蚱却用两条后腿来摩擦翅膀发声，仿佛同时奏响两把小提琴；螽斯站在草高处唱歌，而蚂蚱却偏爱草丛中裸露出来的大块石头。

　　当太阳把石头晒暖的时候，雄性蚂蚱就会爬上去。它并不急于演奏，而是受日光浴，得到足够的热量后，就变得兴奋起来。它先偶尔用后腿摩擦一下翅，试试音，不一会儿，有节奏地"嚓嚓嚓"便会响起。很快，它周围石块上的其演奏者也都加入进来，此起彼伏响成一片。它们演奏的都是爱情曲目——为了够引起异性的注意。站在大块石头上可以传得更远，也能够引来更多的雌性蚂蚱所以雄蚂蚱们喜欢把石头当作舞台。

大足蟥

很多蚂蚱都利用保护色来隐藏自己，所以一定要小心寻找，最好的办法就是循声定位，发现目标后慢慢接近。如果在接近的过程中惊扰了蚂蚱，它会迅速地跳开，就算不跑也会停止演奏。可以尝试匍匐前进，直接趴在地上拍摄会更稳固。因为想要用静止的画面来表现正在演奏的蚂蚱，必须用 1/30s 左右的慢快门来实现，这样就可以把蚂蚱摩擦双腿的轨迹记录下来，让画面具有动感。有些蚂蚱喜欢一边爬一边演奏，必须等到它们完全停下来才可以拍摄。在强烈的阳光下用慢快门拍摄，一定要收小光圈，避免曝光过度。

拍虫："翡翠"现形记

虽然螽斯数量不少，可想要找到它们也没那么容易。当蚂蚱在草丛里撒欢儿乱蹦的时候，当蛐蛐儿躲在草甸子下边欢快歌唱的时候，螽斯只是安静地趴在叶片上打盹儿，它们最擅长的就是一动不动地假装叶片。尤其是那些螽斯若虫，没有翅膀不能飞行的时候更要低调。

如果是在草丛里乱蹚，你很容易就能发现惊慌失措、飞走跳开的螽斯。被扰动逃走的螽斯不会很快恢复原有姿态，这样即使拍下来也不是一张"可靠"的生态作品。所以，还是蹲在草丛里仔细观察比较可靠。好在这些喜欢伪装叶片的家伙总喜欢做些小动作，不是啃啃脚丫就是理理触角，这样我们就能发现、锁定目标了。

螽斯大多都是拟态高手，它们对自己的伪装充满信心，所以只要动作不是太大，都是可以顺利接近的。刚刚靠近的时候不要急于拍摄，你会发现螽斯正用一只触角对着你的方向探测，这说明它有点紧张。只要你保持不动，过不了一会儿螽斯就会放松警惕，身体恢复到原来的舒展姿态。

晶莹剔透的蚤蝼若虫

　　不远处一片厚实的墨绿色叶片上有个虫影闪了一下，是一只敏感的蟊斯躲到了叶子背面。我慢慢地靠近，举起相机等待，小蟊斯很快就回到了叶子正面。按动快门，直射的闪光灯造成了蟊斯身体和叶片的强烈反光，小蟊斯被强光吓了一跳，又躲到叶子背面。这次减弱闪光灯强度，在蟊斯身体侧后方平行补光，尽量只是让光线穿透蟊斯身体，而不造成叶片反光。小家伙很快就回来了，赶紧按下快门，这次光线影响小多了。被光线穿透的蟊斯身体更加通透，像是一块精美的翡翠，并和深色叶片形成了强烈对比，这正是我们期待的效果。

养虫：家养蟋蟀

　　小时候只知道蟋蟀、蚂蚱和蝈蝈儿应该是亲戚，并不知道它们是不同"科"的昆虫。那时我是按照捕捉的难易程度来为它们分类的。蚂蚱最好捉，虽然跳得挺远，但落地姿势实在太随意，经常把自己摔得晕头转向，所以只要判断好落点就很容易得手。蝈蝈儿比较狡猾，先要循着叫声判断位置，慢慢地把抄网伸到它停落处的下方，然后突然靠近吓唬它一下，这家伙就会乖乖地掉到抄网里了。相比之下，还是捉蟋蟀的技术含量最高，乐趣也最大。蟋蟀不像蚂蚱般居无定所，也不像蝈蝈儿般风餐露宿，墙缝或土洞都是它们钟爱的住所。

　　晚上路灯一亮，胡同的墙缝里就会传来蟋蟀悦耳的鸣叫。听准位置后，用一根长扫帚苗慢慢伸进墙缝试探。蟋蟀以为晃动的扫帚苗是另一只蟋蟀的触角，就会拼命驱赶入侵者，急了就一口咬住。这时候把扫帚苗一点点拽出来，就会把脾气暴躁的主人也请出来了。

油葫芦是常见的家养鸣虫。

后来我和伙伴们觉得胡同里的"城市蟋蟀"太小，就决定去郊区抓"山野蟋蟀"。小胖曾经有过成功经验，于是主动给我们介绍。他说郊区的蟋蟀喜欢在土里打洞，捉起来没那么容易，绝非一个人、一根扫帚苗就能解决！然后还教了我们一个秘密的绝招。

　　第二天，我们每人灌上几大瓶子自来水，骑着自行车一路边走边喝，到达目的地之前尽量把自己撑到临界点。白天，蟋蟀躲在土洞里只是偶尔叫一两声，我们也只能判断一下大概位置，通常都会有两个临近的洞口。按小胖说的，用铜丝编的罩子罩住一个洞口，然后对着另一个洞口尿尿，就能把倒霉的洞主给逼出来。然而，直到我们"弹尽粮绝"，也没见到蟋蟀的影子，蚂蚁、土鳖、蜈蚣什么的，倒是赶出好几窝。

　　小胖揉着肚子一屁股坐在地上，大家都围了过来："为什么一定要尿尿？为什么不能直接灌水？""水和尿能一样吗？尿是具有刺激性气味的……"小胖说到一半突然站起身来，踱步绕出"包围圈"，然后迅速跑开，一边跑一边喊，"其实……其实我上次没带水。"

那时候，总幻想着能把捉来的蟋蟀养到冬天，外面飘着雪花，在屋里闭眼聆听着虫鸣，该是多么惬意的事情啊。不过这个愿望从未实现。捉回来的蟋蟀被养在不见光的小罐子里，每天扔几粒饭粒儿，夏秋还能活一阵子，但在冬天来临之前，它们就死掉了。

其实北方的蟋蟀都是以卵的状态过冬的，所以到了秋末，不论养得多么用心，成虫都会死掉。不过现在，想要实现儿时梦想就容易多了。在宠物店，可怜的蟋蟀被当作宠物饲料出售，一块钱就能买7只。这些蟋蟀来自南方，正规名叫作双斑蟋。它们活泼好动，叫声悦耳，也是不错的宠物哦。而且只要温度合适，它们一年四季都可以成活，并且不停繁殖。

最后要提醒大家的是，蟋蟀并不适合大量饲养，因为即使是冬天，只要室内暖气给力，这些家伙也会欢乐大合唱。一只的叫声悦耳，但一百只同时叫就刺耳了。就算你自己受得了，估计也会招来邻居的投诉。

歌唱家的秘密

柔和的月光下，小伙子含情脉脉地看着姑娘，然后用翅膀唱了一首歌，姑娘用前腿认真地听着，一脸陶醉。哦，不对！姑娘虽然很陶醉，但依然面无表情……

以上看似胡言乱语的文字，却准确地描述了蟋蟀求爱的场景。蟋蟀并不是用嘴来歌唱的，其实它是善用乐器的演奏家。它们是利用一对前翅交接面之间的硬齿相互摩擦发声，通常都是右前翅压在左前翅上。当然，左前翅压右前翅也能发声，但据说声音会比较怪异。蟋蟀也不会竖起耳朵听，因为它的听觉器官奇怪地长在前腿内侧。

前足内侧的"耳朵"

油葫芦是常见的
家养鸣虫。

靠前翅基部摩擦发出声音。

雌雄有别

如果第一次见到一对儿蟋蟀，而之前你又没读《博物》的话，很可能会把雌雄搞混。因为是雌蟋蟀体型大一些，显得更强壮，尾部还有一杆"长枪"，看起来非常凶悍。其实那杆长枪并不是用来打架的，而是产卵管。交配后的雌蟋蟀会把长长的产卵管插到泥土里，小心翼翼地产下卵粒。就像是播种一样，在一个地方产下一小团卵粒，然后换个地方再产另一小团。

雄虫

一对油葫芦

一"白"遮百丑

正在蜕皮的蟋蟀

　　蟋蟀是杂食性昆虫，荤素通吃。只要饲养环境合适，它们食欲就会很好，迅速成长。和大多数昆虫一样，蟋蟀的成长要靠蜕皮来完成，一般情况下，会经过 6 次蜕皮，最终长出翅膀成为成虫。刚刚羽化为成虫的蟋蟀颜色很浅，薄纱一样的后翅还软软地拖在外面，也许看多了它黝黑发亮的模样，倒觉得这玉雕一般的色彩更漂亮呢，难怪人家常说："一白遮百丑。"可惜它只能"白"一小会儿，一个小时左右，翅膀就会收拢，体色也会越来越深。这时候蟋蟀会把刚刚蜕下来的皮完全吃掉，这对于它是特别重要的一餐，据说不吃掉这副"终龄蜕皮"的蟋蟀，成年后通常都不够强壮。

蟋蟀养殖箱

四时流转中的直翅目

　　天有四时，春秋冬夏。大部分领土位于北温带的中国，有着比较鲜明的季节变化。在今天活在大都市里的人的意识中，或许四季仅仅意味着不同的天气和不同的着装，但对于昆虫来说，四季往往意味着生死的界限。对直翅目昆虫来说尤其如此——直翅目昆虫大多数寿命不长，饲养鸣虫的人有"百日虫"之说，讲的便是鸣虫的寿数。因此，对直翅目昆虫来说，每一摄氏度的寒暑都是有意义的。人类眼中短暂的一周半旬不会有什么变化，但在直翅目昆虫的生命中，这可能就意味着它们的出生、婚配或死亡。

　　华夏先民的《诗经》中，《豳风·七月》这样歌唱直翅目昆虫四季的生活："五月斯螽动股，六月莎鸡振羽，七月在野，八月在宇，九月在户，十月蟋蟀入我床下。"这样的诗篇，在今天可以视为一种原始的物候感或者物候学记录。按教科书上的说法，物候学是研究自然界植物、动物和环境条件的周期变化之间相互关系的科学。这为什么重要？因为这是随着太阳直射点的运动，是大自然给出的生命节奏。这样一种节奏也是直翅目昆虫生活所依据的节律。甚至可以说，直翅目昆虫精准地指示了一年的物候情况。我国物候学研究的指示物种之一就有直翅目的蟋蟀——在我国的物候调查中，要记录蟋蟀开始鸣叫和终止鸣叫的日期。下面我们根据华北地区直翅目昆虫的特点，给出一份粗略的物候历。需要注意的是，可能每年的物候情况不尽相同。

日本蚱

　　当春花初放的时候，你可能已经能在华北看到蜜蜂采蜜的忙碌身影了，但直翅目昆虫"露脸"可能稍微晚一些。这种不怎么起眼的日本蚱就是直翅目中报春的先行者。日本蚱是前面提过的蚱类的一员，背上有着精巧的小盔甲，体形很小。这是一类顽强的昆虫，从寒冷的俄罗斯远东到四季如春的我国云南都有它的身影。在北京，5月就可以见到日本蚱的成虫，若虫的出现会更早一些。

笨蝗

　　和日本蚱一样早早出现的还有可爱的笨蝗同学。这种名字看上去笨笨的蝗虫身手其实还是比较敏捷的。笨蝗以卵的形态越冬，三四月间，就有笨蝗若虫在活动，到5月便可以看到笨蝗的成虫。它尤其喜欢在山坡植被稀疏的地带活动，尤其喜欢土质干燥的地方。

5月是草木蓬勃的季节，此时蟋蟀们也开始成长——但此时你是很难听到蟋蟀鸣声的。北京的6月底，可能会有蟋蟀抢先鸣叫。在这之前，蟋蟀还是没有长成翅膀的若虫。图中是一只黑脸油葫芦的若虫。头部的两道淡黄色"眉毛"是它的标志之一。天热起来后，这样的油葫芦会占据地面杂草、土块和砖石等处。

俗称"吱拉子"的暗褐蝈螽也是民间常见的鸣虫，在华北6月即可见到。它的翅膀较长，有暗色斑点，可区别于俗称蝈蝈儿的优雅蝈螽。在山地丘陵的灌木丛或草丛中，暗褐蝈螽可称得上是优势种了。其声如"唧啦唧啦唧啦唧啦"，很有特色。

黑脸油葫芦

暗褐蝈螽

黑翅雏蝗

　　6月底，天气开始真正炎热起来。在北方的山地，闪亮登场的是黑翅雏蝗。这是一种很漂亮的蝗虫，身体暗褐色，前翅褐色，后翅黑色，腹部黄色。在林荫路旁草丛沙沙作响的常常就是黑翅雏蝗。黑翅雏蝗很长寿，直到深秋，往往还可以见到成虫。

黑膝异爪蝗

　　黑翅雏蝗的"亲戚"有许多也在七八月间出没。黑膝异爪蝗也是华北山坡草常见的蝗虫。仔细看可以发现，黑膝异爪蝗和黑翅雏蝗除了体色不同之外，体态是十分相近的。雏蝗及异爪蝗这一类蝗虫是一个极其庞大的家族，它们大多体形中等颜面倾斜，长翅和短翅种类都有，夏季在我国北方占据了半壁江山。

蒙古束颈蝗

　　进入盛夏，在干燥山地上接替笨蝗的有蒙古束颈蝗，这是一种中型蝗虫，前翅有褐色横带和斑点，后翅是亮眼的蓝色——前翅拟态，后翅用来恐吓敌人。在七八月间，间往往不会少了它的身影。如果此时你走在山路上，可以注意看看有没有蓝色翅膀蝗虫飞起。

短星翅蝗

7月前后，另一种常见的蝗虫短星翅蝗成虫开始出现在坡地、丘陵和农田附近。这种蝗虫体形十分粗壮，跳跃能力很强，但飞行能力稍弱。"七月一代"的直翅目昆虫基本都可以活到秋天。图中是一只大腹便便的雌性短星翅蝗，它会产卵到土壤中，到次年5月下旬，蝗卵孵化，它们的种族开始新一轮的轮回。

斑翅草螽

　　进入 8 月，秋天的气息越来越浓，此时我们可以看到一些小巧的螽斯。斑翅草螽就是其中的代表。它的成虫出现较晚，可能要等到 8 月中下旬才得以一见。它的身体一般为淡绿色，前翅具有一些暗斑，由此得名"斑翅草螽"。斑翅草螽的适应能力很强，从东北到广东均有分布。

黑膝畸螽

　　这种和斑翅草螽十分相像的螽斯，名叫黑膝畸螽。虽然相貌相似，但它属于螽斯科，和斑翅草螽的草螽科相差很远。8月中旬以后，黑膝畸螽的成虫可以在北方山地见到，并且可以一直生存到10月，是名副其实的"秋虫"。它体色上的特征是前胸背板背面黑褐色，两侧具有黑色和黄色的纵条纹，前翅前缘脉绿色，其余地方淡褐色，后足膝部黑色。

棒尾剑螽

　　同属螽斯科的棒尾剑螽也是一种顽强的小虫。棒尾剑螽体绿色，头部复眼之后具黄纵条纹，一直延伸到前胸背板，模样十分精巧。在北京，10月初在山里还能见到这看似柔弱的小型螽斯。

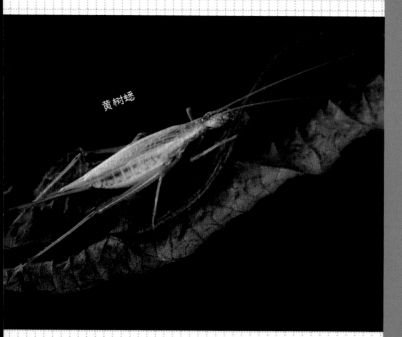

黄树蟋

同为"秋虫"的还有黄树蟋，俗称"青竹蛉"。立秋以后，黄树蟋开始给人们带来阵阵乐声，并且可以一直活动到中秋前后。黄树蟋喜欢栖息在灌木丛或树上，鸣声的节奏感很强，虽然名为"黄"树蟋，但这类树蟋体色变化较大，晚秋时能见到的个体往往呈黄色，仿佛人老珠黄一般。

短角异斑腿蝗

　　秋高气爽的日子里，你可能会发现北方的草丛中出现了很多新面孔。短角异斑腿蝗的成虫见于 8 月后，是蝗虫中的秋虫。在南方，这种蝗虫几乎终年可见，但在华北，一般 6 月才可见若虫，成虫可一直生存到 10 月。短角异斑腿蝗很好辨认，胸部侧面有一白色斜纹，后足股节外部有两个黑斑。

小车蝗

　　小车蝗也是一类能
得住秋天凉风的蝗虫。
格来说，小车蝗是盛夏
现的直翅目昆虫，在
七月间即可见到成虫
它身体彪悍，十分长
可以一直活到10月。
车蝗的特征是前胸背
的淡色斑纹，从上向下
条纹呈X状。小车蝗
扩散迁移，在我国北
分常见。

秋掩耳螽

顾名思义，秋掩耳螽的成虫见于秋天。虽然有时 7 月就可以见到秋掩耳螽的成虫，但成批地出现还是在 8 月以后，9、10 两个月份也很多。有趣的是，虽然秋掩耳螽活动时不少草木叶片会变色发黄，但秋掩耳螽自己的体色却只有绿色一种，有时会显得和周围环境格格不入。秋掩耳螽是一种极为耐寒的露螽，一直可以分布到西伯利亚。

后记

　　我的童年是在北京的胡同里度过的，那时候没有这么多高楼大厦和柏油路，也没有大面积的人工绿地，只有一些大大小小的胡同，坑洼的小路两边长满了杂草，看似荒凉，却充满了勃勃生机。那时候没有手机和电脑，各式各样的昆虫随处可见，它们自然成了我童年里最好的"玩具"。中午顶着大太阳，用放大镜烧蚂蚁；爬到柳树上抓大天牛，用它尖利的牙齿去"剪切"各种东西；在榆树上抓金龟子，然后在它背上插一根大头针，金龟子就会拼命地扇动翅膀变成一个小型风扇。到了夜晚，路灯一开，各种大蚂蚱和螳螂就出现了，把它们关在一起，看它们斗个你死我活；墙上落满了各种飞蛾，壁虎早就吃得肚子滚圆了……

　　随着年龄的增长，昆虫从"玩具"变成了"玩伴"，我不再去玩弄它们，而是更喜欢去观察它们，用相机去记录它们的种种精彩。我把这些"精彩"汇集到了这套书中。它是微距画册，用最精美的图片吸引你，让你不再惧怕昆虫；它是图鉴，让你辨识并且记住各种昆虫；它是故事书，让你了解昆虫们的喜怒哀乐，进入它们的世界。你可以去大自然中寻找本书中出现的这些昆虫，也可以通过本书中介绍的各种"线索"去发现属于自己的昆虫。

　　本书的出版感谢这些好友的帮助：温仕良、刘广、孙锴、李超、王江、罗昊、陈兆洋、麦祖齐。

博物大发现
我的 1000 位昆虫朋友
蝴蝶家族

唐志远 编著

北京联合出版公司
Beijing United Publishing Co.,Ltd.

序言

　　这套书半翅家族分册的文字部分是我 2014 年写的。从文字角度来说，它是我的第一本书。当然，书中的主要亮点是唐志远老师的精彩图片，我只是给他的图片配文。

　　唐老师是我博物学的启蒙者之一，把我这个只会玩虫子的小孩儿带上了昆虫观察者的路。初中时，我不知多少次点进他创立的北京昆虫网和绿镜头论坛，认识昆虫的种类，学习拍摄昆虫的技巧。我还喜欢阅读他幽默的拍摄笔记。后来我读了昆虫学的硕士，乃至现在做昆虫学科普，很大程度要归功于唐老师的影响。再后来与唐老师成了同事，一路合作到今天，令我感慨人生的神奇。

　　此书缘自我刚工作没多久，唐老师跟我说想出一套书，收录他拍摄的各种昆虫，其中半翅家族分册想让我来配文。因为我硕士研究的就是蝽类，所以我很荣幸地接受了这个任务，并且把我当时所知都写进了书里。但是这套书当时发行量不大，很快就卖断货了，所以我之后也极少提起这套书。现在它再版上市，自然是一件大好事。

　　这套书很适合用来培养对昆虫的兴趣，学习昆虫的习性，也是一套简单的常见昆虫种类图鉴。错过第一版的读者们，这次要把握住机会！

目录

第一章

蝴蝶
大家族

蝴蝶大家族

蝴蝶，因为其轻盈的身体和斑斓多彩的翅膀，被人们形容为"会飞的花朵"。蝶与蛾同属于节肢动物门，昆虫纲，鳞翅目分类下，鳞翅目下又分为锤角亚目和异角亚目。顾名思义，蝶类触角前端膨大如锤状，所以属于锤角亚目；蛾类的触角则是形态各异，所以属于异角亚目。大部分蛾类都是昼伏夜出，而蝶类都是白天活跃的"花间使者"。全世界已知的蝴蝶种类大概 18000 种，中国已知蝶类有 2300 多种。

从古至今，蝶类一直都被人们誉为美好的象征，它们从一条不起眼的小毛虫努力成长，破蛹成蝶；它们停落在花朵上优雅地吸食花蜜；它们成双成对地在花丛里翩翩飞舞。人们的目光总会不经意地被它们吸引，惊叹造物主的神奇。

蝴蝶成虫完全可以说是昆虫界的形象大使或者代言人，人们甚至会把美丽的蝴蝶从"虫"里划分出来——"我讨厌昆虫，但是我喜欢蝴蝶"。在大多数人眼里，"虫"是丑陋的，它们都是一些躲在草丛里的可怕家伙，湿漉漉或者毛茸茸的，而蝴蝶总是轻快地飞舞在明媚的阳光下，一路撒播下欢快和美好。

绿带燕凤蝶

宽带青凤蝶

你是否因为总是记不住蝴蝶的名字而懊恼呢？学会了简单的蝴蝶分类方法，对于记住这个大家族的名单就容易多了！

蝴蝶成虫的体型可以分为大、中、小三种，以数量最多的几个科来划分，通常凤蝶科以大型为主；斑蝶科、蛱（jiá）蝶科是中至大型；粉蝶科、眼蝶科、弄蝶科是中至小型；灰蝶科最小。另外，还可以根据飞行姿势、翅膀结构、蝶卵的形态或者幼虫的模样来进行识别。

不用死记硬背，只要你真的喜欢蝴蝶，随着对它们了解的加深，自然而然就能记住许多蝴蝶的名字了。当一只蝴蝶迅速从你身边飞过，你能够准确地说出它的名字，那应该很骄傲吧。

下面，我们会单独介绍每一科的特性，让你对蝴蝶大家族有更全面的了解。

特别说明：本书继续沿用周尧先生于 1994 年提出的蝴蝶分类系统，该系统将蝴蝶分为 17 科，本书介绍了在我国有分布的 12 科。新的分类系统采用的则是国际上通用的 5 科分类法：其将凤蝶科和绢蝶科合并为凤蝶科；灰蝶科和蚬蝶科合并为灰蝶科；蛱蝶科、眼蝶科、斑蝶科、珍蝶科、环蝶科和喙蝶科合并为蛱蝶科。

自由的"风筝"——凤蝶科

    凤蝶科可以说是蝴蝶大家族中最飘逸的一个类群，它们体型较大，飞行速度比较快。凤蝶的色彩非常艳丽，翅膀以黑、白为主要基色，其上点缀各色斑块或花纹。大多数凤蝶都有一对像燕子尾巴一样的尾突，所以也被人们称为燕尾蝶，这也是凤蝶科主要的特征。当然，也有一些凤蝶会有多对尾突（三尾凤蝶），或者根本没有尾突（金裳凤蝶）。由于凤蝶体型较大，飞行活动消耗也比较大，所以它们通常都有很强壮的喙管，喜欢取食大型花朵的蜜露来补充能量。中国最大的凤蝶是裳凤蝶，最小的凤蝶是燕凤蝶。

玉斑凤蝶

金裳凤蝶

统帅青凤蝶

蝴蝶大家族

13

蝶族侠客——蛱蝶科

翠蓝眼蛱蝶

蛱蝶
白带螯蛱蝶

彩蛱蝶

大红蛱蝶

红锯蛱蝶

帅蛱蝶

穆蛱蝶

蛱蝶科是蝶类中数量最为庞大的一个科，可以形容为蝴蝶大家族中的"侠客"，它飞行迅猛，最喜欢在阳光下展现英姿飒爽的飞行本领。蛱蝶科的翅膀形态变化非常多，通常翅膀正面都有艳丽的色彩或者金属质感的闪亮斑块，而翅膀反面则是低调的枯叶或树皮颜色。所以，很多蛱蝶都是伪装大师，它们在阳光下打开翅膀，闪耀出最丰富的色彩，而闭合翅膀就能瞬间消失不见，其中最厉害的高手就是枯叶蛱蝶。

怒目圆睁——眼蝶科

眼蝶科体型中至小型，它们的翅色通常都比较灰暗，以棕灰色为主。所谓眼蝶，并不是因为它们长着比其他蝶类更突出的眼睛，而是因为它们翅膀上长有假眼斑。这绝对是一些喜欢恶作剧的家伙，有些种类的眼蝶停落的时候竖起翅膀，把前翅的大部分都藏在后翅中，如果有天敌靠近，它会迅速抬起前翅露出翅膀反面的大眼斑。还有的眼蝶会突然打开翅膀，露出翅膀正面有着鲜艳色彩的眼斑，这些家伙的举动估计把不少小鸟吓得能犯了心脏病。

眼蝶通常喜欢早晚活动，经常在沟边、林荫或者树丛低飞，它们的飞行姿势很好辨认，总是一抖一抖的，呈波浪式飞行。

密纹矍眼蝶

连纹黛眼蝶

玳眼蝶

小眉眼蝶

多眼蝶

白瞳舜眼蝶

玉带黛眼蝶

低调简约——粉蝶科

粉蝶科是我们生活中最为常见的一类蝴蝶，城市花园或者周边菜地里总能见到很多几乎全白色的蝴蝶飞舞，那就是最普通的菜粉蝶。什么？你没听说过这个名字？那菜青虫你总知道吧？菜青虫就是菜粉蝶的幼虫。粉蝶的翅膀通常都以素色为主，白色或者黄色最多，也有少数种类有鲜艳的红色或者橙色斑块，前翅翅尖多为黑色。粉蝶飞行能力比较弱，喜欢大量群集在溪边潮湿的土地上吸水。

优越斑粉蝶

尖角黄粉蝶

绢粉蝶

淡色钩粉蝶

报喜斑粉蝶

飞行高手——弄蝶科

弄蝶科是蝴蝶家族中最委屈的群体，当它们骄傲地融入蝴蝶群中，簇拥在花朵上吸食蜜露的时候，总有人在背后指指点点：这大白天，扑棱蛾子怎么也来凑热闹？确实，弄蝶长得非常像蛾类，它们粗壮的身体布满毛丛，翅膀很小，头部很大，触角前端呈弯钩状，有别于其他蝴蝶的锤状触角，这也是弄蝶科最显著的特征。

弄蝶飞行十分迅速，喜欢低飞，角度变化非常灵巧，疾飞时有跳跃感。

白伞弄蝶

北方花弄蝶

链弄蝶

蝴蝶大家族

断纹
黄室弄蝶

绿弄蝶

角翅弄蝶

须弄蝶

袖珍家族——灰蝶科

　　灰蝶科是蝴蝶家族中最小巧的一类，用"浓缩的都是精华"来形容它们再合适不过了，它们都是精巧而别致的小家伙。别看灰蝶小巧，它们几乎拥有蝶类中最为丰富的色彩——赤、橙、黄、绿、青、蓝、紫，它们用大块的色彩装点着翅膀，毫不吝啬。

　　很多种类的灰蝶后翅都有尾突，它们在停落吸食花蜜的时候经常会不停地搓动翅膀，让晃动的尾突看起来就像是触角，再配合假眼斑，让天敌分不清哪边才是真正的头。有些种类的灰蝶雌雄异色，翅膀正面颜色不同，反面却是一模一样的。

珍灰蝶

纹拓灰蝶

蝴蝶大家族

彩灰蝶

灰蝶

银线灰蝶

橙灰蝶

23

艳丽毒蝶——斑蝶科

斑蝶科都是中至大型的美丽蝴蝶，它们大多数色彩艳丽，有些还能闪耀出金属光泽，前胸密布的白色斑点也是斑蝶科的识别特征。斑蝶体格强壮，但飞行速度并不快，最爱在阳光下的花丛中轻舞。

斑蝶幼虫取食有毒的植物，体内会积累毒素。它们通过警戒色和特殊的气味躲避鸟类或其他捕食昆虫的袭击，所以斑蝶也成了其他蝶类竞相模仿的对象，那些普通的蝴蝶也想像斑蝶一样贴上"我有毒"的保命标签。

幻紫斑蝶

虎斑蝶

金斑蝶

青斑蝶

蝴蝶大家族

高山精灵——绢蝶科

绢蝶科几乎都生活在寒冷的高海拔地区，它们身披长长的绒毛来抵御恶劣的气候，是最为耐寒的蝴蝶。绢蝶科的亲缘关系和凤蝶比较接近，翅膀形状较圆，半透明，没有尾突；翅膀颜色多为白色或者蜡黄，以点缀黑、红斑块为主。绢蝶科蝴蝶数量不多，本科所有种类都是受保护的。绢蝶飞行能力不强，经常会沿着山坡斜面随风缓慢飘飞。

小红珠绢蝶

阿波罗绢蝶

蝴蝶大家族

小红珠绢蝶

清绢蝶

雌绢蝶交配后的臀套

27

翩翩仙子——蚬蝶科

蚬（xiǎn）蝶科是小型蝴蝶，与灰蝶十分相似，但通常比灰蝶略大。本科蝴蝶雌蝶前足正常，雄蝶前足退化，缩在胸前不起作用。蚬蝶体色大多数比较鲜艳，喜欢在阳光下飞舞，飞行迅速，只善于短距离飞行，很快就会停落在不远处，人一靠近又会往前飞一小段。所以总感觉它们就像是林子里引路的翩翩仙子。它们停落时喜欢半张翅膀，翅膀微微向斜上方翘起是蚬蝶科的最大特征。

波蚬蝶

黑燕尾蚬蝶

白蚬蝶

银纹尾蚬蝶

蛇目褐蚬蝶

蝶中巨人——环蝶科

环蝶科中多为大型蝴蝶，颜色以黄褐色为主，不太鲜艳。如果你走在树荫下或者竹林里，突然从身边飞起一只巨大的蝴蝶，那一定就是环蝶了。环蝶喜欢早晚活动，最爱停落在有斑驳光线的密林中，飞行速度不快，忽上忽下呈波浪状。

华西箭环蝶

斜带环蝶

怪味蝴蝶——珍蝶科

珍蝶科中多为中小型蝴蝶，我国仅记录两种：苎（zhù）麻珍蝶和斑珍蝶。虽然种类少，但数量极为庞大，苎麻珍蝶广布南方各省，常见大量幼虫群集把苎麻叶片全部吃光。珍蝶前翅细长，明显长于后翅。珍蝶成虫能从胸部分泌出有异味的黄色汁液，是它逃避天敌的有效手段。

苎麻珍蝶

苎麻珍蝶交配

苎麻珍蝶

苎麻珍蝶

远古使者——喙蝶科

喙（huī）蝶科是名副其实的远古使者，它们的模样和古蝶类化石十分近似。它们的下唇须特别长，也被称为长须蝶。尖尖的下唇须看起来很像鸟喙，这也是它们名字的由来。

喙蝶寿命很长，几乎一年四季都能见到，以成虫状态越冬。本科飞行速度快，行动敏捷，常聚集在阳光下的湿润地面上吸水。

棒纹喙蝶

紫喙蝶

朴喙蝶

朴喙蝶头部特写

第二章

蝶还是蛾?

带萑纹蛾

突须弄蝶　　　　　　　　麝凤蝶　　　　　　　　榆凤蛾

　　说到蝶和蛾的区分，通常情况下，夜晚活动、长得不太好看的是蛾类；白天活动、色彩斑斓的是蝴蝶。实际上，大多数人分不清蝶与蛾，人们习惯把那些翅膀上布满鳞粉的、色彩斑斓的飞虫都叫作蝴蝶。但事事无绝对，蝴蝶也有不太好看的，比如胖乎乎的稻弄蝶、素雅的菜粉蝶；蛾类也有超级漂亮的，比如优雅的绿尾大蚕蛾、精巧的锚（máo）纹蛾。

白天不懂夜的黑

蝴蝶都是白天活动，而大多数蛾类在夜晚活动。

我们在山里拍虫的时候，经常有热情村民过来汇报"虫况"。村民："白天蝴蝶不多的，夜里你去村口的路灯下看看吧，有时候蝴蝶会落得满墙都是，有一种绿色的大蝴蝶特别漂亮，还有超长的尾巴呢！"他说的一定是绿尾大蚕蛾，而不是蝴蝶。当然，有时候也会有例外，我就碰到过几次"迷糊"蝶，在夜晚围着灯光打转，飞行姿势也比较奇怪。我在夜晚见过大紫蛱蝶和白斑迷蛱蝶晕晕乎乎地乱飞，感觉是被我的手电光吸引来的，看起来都是刚羽化不久的。

有夜晚犯迷糊的蝶，当然也有白天出来嘚瑟的蛾。尤其是一些模拟蝴蝶或是蜂的蛾类，为了更好地模拟本尊，只好硬着头皮白天出来活动。也是，谁见过蜜蜂晚上采蜜的。

最后需要说明的是，这种只是特例，用昼夜时间来区分蝶与蛾还是挺靠谱的。

蝶还是蛾？

斑蛾喜欢在白天采食花蜜。

夜晚是蛾类的天下，它们会朝着灯光飞来。

布氏秉弄蝶，2021年才发布的中国新记录。

蝶，钟情棒状触角

西冷珍蛱蝶

雌性大蚕蛾

雄性大蚕蛾的触角要比雌性的宽大许多。

蝴蝶拥有前端膨大的棒状触角，而那些看起来像是蝴蝶，触角却是其他类型的，基本都是蛾子（毛翅目石蛾除外）。

除了脉翅目以蝶角蛉为代表的少数昆虫长有棒状触角之外，棒状触角几乎是蝴蝶独有的。蝶角蛉虽然飞起来有点像蝴蝶，但人们更多时候是把它和蜻蜓搞混，所以我们不用太过担心。不像蝴蝶对棒状触角的专情，蛾类的触角类型可谓五花八门，让人看得眼花缭乱。蛾类触角可以分为丝状、锯齿状、枇（zhi）齿状和羽毛状等。

白天活动的蝶主要靠色彩来找到同类，例如黑黄相间的纸片就能吸引来同色花纹的柑橘凤蝶。而夜晚一片漆黑，蛾类显然不能用色彩来找到同类，它必须依靠其他办法。对于身体娇小的昆虫，尤其是成虫期不太进食的蛾类，漫无目的地飞行将会带来致命的能量消耗。

　　法国昆虫学家法布尔曾经做过一个著名实验，他把刚刚破茧而出的雌性大蚕蛾扣在金属丝编织的钟形罩笼中，一晚上就引来了 40 多只雄性大蚕蛾。

　　装了满肚子卵的雌蛾大腹便便，飞行起来很困难。羽状触角窄小的雌蛾只需释放信息素来招引雄蛾，而雄蛾凭借宽大的羽状触角能在很遥远的距离就接收到信息素，赶来赴约。

蝶还是蛾？

触角形态各异。

43

翅膀大不同

　　蝴蝶的翅膀形态相对来说比较单一，而蛾类就复杂得多。

　　大多数蝴蝶前翅呈三角形，后翅比较圆滑，有一个或多个尾突。蛾类的翅膀类型非常多，有短翅型、狭翅型和小翅型，甚至有些尺蛾的雌虫翅膀完全退化，把自己变成了一个毛茸茸的卵袋。

孔雀蛱蝶翅膀闭合时

孔雀蛱蝶翅膀打开时

蓝目天蛾翅膀闭合时

蓝目天蛾翅膀打开时

　　蝴蝶喜欢平展翅膀晒太阳，如果感到不安，就会收拢翅膀，竖立于背上。而蛾类停歇的时候，多数会用前翅完全覆盖后翅，在遇到危险的时候，有些种类会迅速抬起前翅，露出后翅的警戒色或者眼斑来吓退天敌。

45

蝶蛾猜猜看

结合前边的介绍，请大家试着来区分一下蝶和蛾吧！

1

2

4

6

7

8 9

10 11

第三章

能孵化的
宝石

正在伞形花科植物
上产卵的金凤蝶

　　交配后的雌蝶会带着一肚子的卵到处飞行，它们可不是随意找个地方就产卵，而是小心翼翼，精挑细选。因为刚刚孵出来的幼虫只有几毫米大小，爬行能力也十分有限，再加上它们都是些挑食的小家伙，如果不能找到自己的专属食物，很快就会死掉。所以雌蝶会辨认和选择适合的寄主植物产卵，而且通常会把卵粒安置在植物的嫩芽或者新鲜叶片上，这样幼虫刚一孵化，几乎不用动地方就能吃到可口的食物了。

　　不同种类的蝶卵色彩纷呈，形态各异，就像散落在叶片上的一粒粒宝石，它们不需要精心呵护，只要假以时日就能顺利孵化。

苎麻珍蝶产卵。

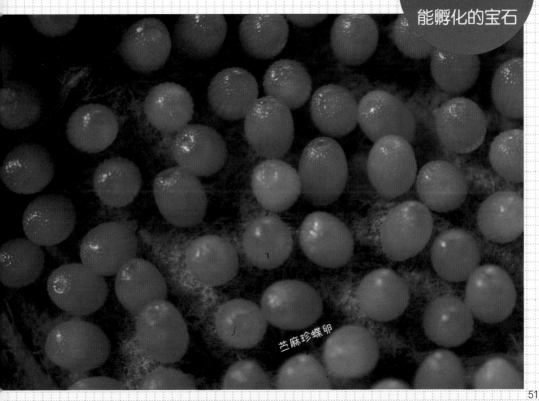

苎麻珍蝶卵

蝶卵蝶卵在哪里？

　　蝶卵的直径通常只有2毫米左右，在草丛或者树冠层中寻找本就如同大海捞针，再加上蝶妈妈的精心选址和巧妙伪装，找寻蝶卵变得更是难上加难了。如果你只是漫无目的地找寻，估计很难有收获。当你了解了一些相关知识后，一切就变得简单多了。

　　大多数蝴蝶都有着唯一寄主，也就是说它们的幼虫只钟情于一种（或一科）植物，除了这种（或科）植物，宁可饿死也不会吃其他植物。听听这些家伙的名字，就知道它们有多挑剔了：荨麻蛱蝶、朴喙蝶、柑橘凤蝶、柳紫闪蛱蝶、马兜铃凤蝶（丝带凤蝶），等等。

　　在找寻蝶卵之前，先认识一些植物能达到事半功倍的效果。如果你觉得植物图鉴太难看懂，还有一招能帮你。在山林里，找一处稍微开阔的地方坐下来等待，留意观察身边的蝴蝶，那些远离花丛、贴着草丛低飞或者绕着小灌木打转的蝴蝶，多半是想要产卵的，用视线锁定追踪，基本都能有所收获。

婀蛱蝶卵

能孵化的宝石

拼的是"蝶妈"的智商

蝶妈大致可以分为两类，智慧型以质取胜，愚笨型以量取胜。先说说比较笨的。首先是丝带凤蝶，我在野外总能看到到处乱爬找不到食物的丝带凤蝶幼虫，这些长得像小海参的家伙直到饿死也没能找到它们最爱的北马兜铃。当然，这也不能都怪蝶妈的粗心大意，成片的北马兜铃通常都长在山坡较高的位置，而雌性丝带凤蝶并不善飞，它们经常是好不容易找到一株北马兜铃就会产下一堆卵粒，幼虫孵化后食量越来越大，很快就会吃光这株马兜铃，没了食物只能饿死。

还有就是苎麻珍蝶，这真是以量取胜的典型蝶妈，它们会把上百粒的卵成片地产在苎麻叶片背面。孵化后的幼虫倒不用为了吃发愁，因为南方的苎麻都是成片生长。不过，长大后的幼虫群集在一起会非常显眼，而且聚堆的幼虫会散发出更浓重的气味，这就招来了很多捕食性昆虫，虽然它们浑身是刺，但这些捕食者并不在意，依然把它们变成了自己的美味。好在蝶妈每次都产下大量的蝶卵，以保证一定数量的幼虫可以顺利成长，羽化成蝶。

带凤蝶（雌）

堆产的丝
带凤蝶卵

大多数蝴蝶都是以散产的方式产卵，也就是每个位置只产下 1 粒或者 2 粒卵，然后换个位置再产，有些甚至会根据植株的大小来决定产卵的数目，这样既可以逃过天敌的寄生和捕食，也避免了幼虫长大后食量增加造成食物匮乏的问题。

在朴树叶片上产卵的黑脉蛱蝶

能孵化的宝石

爬到树下灌木丛
黑脉蛱蝶

产在枯叶上的卵粒

　　要说聪明的蝶妈，黑脉蛱蝶肯定算一个，它先是围着朴树打转，确认安全后才会爬到树冠上，它选好一片嫩叶产下一粒卵，然后开始向下爬动，一边走一边随意地产下几粒卵，最后它居然爬过细密的灌丛，一直爬到了地面上，它在朴树下方的枯枝和石块上产下了大量的卵。虽然这种方法给初孵的幼虫制造了少许困难，但也更有效地阻止了捕食或寄生性昆虫的追击，让卵粒更加安全了。蜘蛱蝶更是技高一筹，它居然可以像搭积木一样把卵粒摞起来变成一长串，通过模拟植物枝条让卵粒不易被发现。

奇妙的蝴蝶"胶囊"

在野外找到蝶卵是一件特别幸运的事，蝶卵太微小了，所以找到它们总会让人很兴奋。每颗蝶卵都像是奇妙的蝴蝶"胶囊"，只需耐心等待，"胶囊"就会被打开，在你的精心照顾下，最终羽化成一只完美的蝴蝶。从卵开始饲养观察，你能看到蝴蝶完整的一生，这也是特别美妙的事情。说到蝴蝶"胶囊"，它们真可谓形态各异，几乎每种蝴蝶都有自己精心构思、巧妙设计的"胶囊"，一生的美好，就从精致的卵粒开始吧！

通过卵的形态，我们就可以大致划分出它将会孵出哪一类蝴蝶幼虫。凤蝶科的卵多为表面光滑的圆球形，没有明显的刻纹或褶皱；粉蝶科的卵比较细长，有点像炮弹或者玉米，有隆起的网格状条纹；蛱蝶科的卵多为圆形，多数有明显的纵向或者网状条纹；灰蝶科的卵呈扁圆形，表面多凹陷，有细密刻纹；弄蝶科的卵形态较多，球形、碗形、盘形都有。

能孵化的宝石

紫斑蝶卵

黑弄蝶卵

猫蛱蝶卵

二尾蛱蝶卵

菜粉蝶卵

明窗蛱蝶卵

重环蛱蝶卵

咖灰蝶卵

59

卵蜂育儿室

辛苦找到寄主植物的蝶妈产下卵粒后，就头也不回地飞走了，剩下的就全靠小家伙自己了。刚刚产下的卵粒颜色很浅，看起来湿乎乎的，过一段时间后，卵粒的颜色会加深，卵壳也会因为干燥而变得更硬了。你可千万别以为这些精致的卵粒是坚固的堡垒，寄生蜂早就盯上这些免费的育儿室，它能用尖利的产卵器轻易刺穿卵壳，让自己的后代在蝶卵中发育成长。

单产的卵粒如果能被安置在比较隐蔽的地方，就会大大降低卵的寄生率。而堆产的卵粒通常因为目标太大，寄生率非常高，有时候甚至会全军覆没。

能孵化的宝石

刚刚产下的卵，
就被寄生蜂叮上了。

蓝色薄荷糖

　　一只黑灰蝶停落在树枝上产卵，这些像蓝色薄荷糖一样的卵有着细密的刻纹。"薄荷糖"很快就引来了好几只好奇的蚂蚁，它们显得很兴奋，不断地用触角探寻着。黑灰蝶产完卵就头也不回地飞走了，蚂蚁倒是留下来看护这些卵。

　　蝶卵孵出来的幼虫会模拟蚂蚁的气味，蚂蚁以为是自己的宝宝，就把它们叼回巢里。黑灰蝶幼虫躲在安全舒适的蚁巢里，靠蚂蚁饲喂成长，然后化蛹。孵化后的成虫不能再释放蚂蚁的气味，所以在还没展开翅膀时就要赶紧爬出蚁巢，不然会被蚂蚁发现并吃掉。

蚂蚁看护黑灰蝶幼虫。

黑灰蝶卵

刚刚孵化的黑灰蝶幼虫

第四章

毛虫 = 蝴蝶?

宫翠凤蝶幼虫

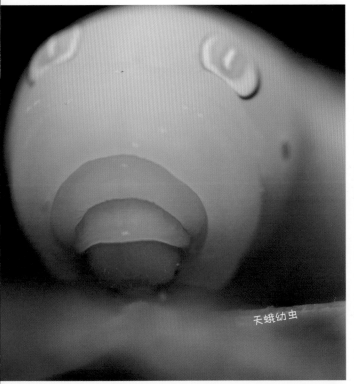

天蛾幼虫

如果你手里拿着一条大毛虫，兴高采烈地喊："快看！我抓到了一只蝴蝶！"人们一定会投来惊异的目光。蝴蝶是毛虫变成的，大多数人都知道，但当他们近距离看到这些"丑陋"的家伙的时候，还是不愿意相信那么美丽轻盈的翩（piān）翩仙子却有着这样"不堪"的童年。

其实毛虫的世界一样精彩，它们都是些充满个性的小家伙，如果仔细看看它们身上的色彩和花纹，你会发现这些美丽而精致的图案一点都不比蝴蝶翅膀上的图案逊色呢！

大肉虫的身世之谜

  记得小时候，每逢过年，外婆就会买一大盆柑橘树，树上挂满了黄澄澄的果□看起来特别喜庆。到了春天温度升高了，果子也掉得差不多了，这时候外婆就□我帮忙，一起把柑橘树抬到阳台晒太阳，顺便给它施点肥料，有了阳光和肥料的□柑橘树很快就枝繁叶茂，一树的叶子都变得油光锃亮。可是过不了多久，就□很多叶片都被吃掉了，花盆边还掉落了一堆堆的黑色小圆粒儿。正当我感到奇□时候，突然听到叶片上沙沙作响，凑近一看，哇！是一条翠绿色的大肉虫，足□拇指那么粗。外婆听见我的叫声，过来一把捏起肉虫就扔到了楼下。

  那时候我总是想，这笨笨的肉虫是怎么爬到楼上来吃叶子的呢？外婆只是□可能树上本来就有小虫，只是慢慢长大了，但我并不相信。直到有一天下午，□在阳台窗边写作业，隐约觉得有东西飞过来，那是一只巨大的黑黄色蝴蝶，它□绕着柑橘树转了几圈，然后用足轻轻地在叶片上踩了几次，最终停落在叶尖的位□翘起尾巴点了几下，就轻快地飞走了。我走过去仔细查找，发现叶尖上留下了□淡黄色的小圆球，这一定就是蝴蝶卵了！大肉虫的身世也算是搞清楚了。

  现在想来，那种黑黄色的大蝴蝶应该就是柑橘凤蝶。

伸出"臭角"的柑橘凤蝶幼虫

毛虫 = 蝴蝶?

肉虫一定会变蝴蝶吗?

自从知道蝴蝶是肉虫化蛹后羽化而成的,看到各类肉虫时就会多了几分好感。面对一条胖乎乎的肉虫,你也许会想:哦,这家伙一定会变成漂亮的蝴蝶吧?想捉只蝴蝶仔细观察下多难,不如把这个笨虫捉走养成蝴蝶,那该多好!

于是你把从土里刨出来的大白肉虫拿回家养,它不吃你给的叶子,在玻璃瓶里钻到土中后就不再出来了,等过了好几个月你几乎已经把它遗忘的时候,一只簇新的独角仙出现了。原来那只白色的大肉虫是独角仙的幼虫,几乎所有金龟科的幼虫都是这个模样,胖胖的身体弯成字母"C"的形状,只有胸部有3对足。

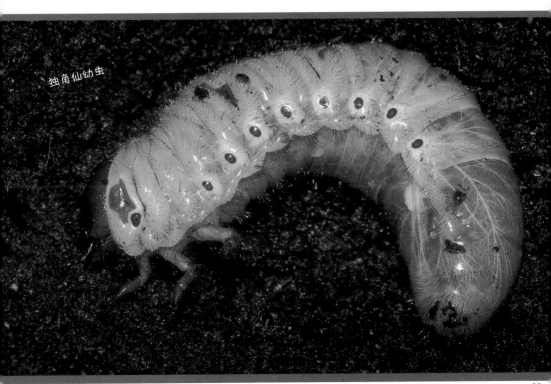

独角仙幼虫

异色瓢虫幼虫

在土壤里找蝴蝶幼虫太离谱了吧？蝴蝶幼虫都待在植物叶片上啊，叶子是它们的餐桌和床铺，是它们离不开的家。叶子上有只虫在快速爬动，它近乎黑色的身体两侧点缀着橘红色的斑块，胸前的3对足长而强壮，所以动作非常敏捷，它很快就捉住一只蚜虫大吃起来。蝴蝶幼虫可没它这身手，原来它是异色瓢虫的幼虫。

除了蚜灰蝶幼虫也吃蚜虫外，大多数蝴蝶幼虫都是以植物为食的，我们还是专心找寻素食主义者吧。就在不远处的马铃薯叶片上，一只长满尖刺的小毛虫正在大啃叶片，它看起来就像一只贪婪的小刺猬，很快就把叶片啃出一条条网格。

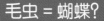

马铃薯瓢虫幼虫

我小心翼翼地把它翻过来，它也只有3对胸足，和刚才的异色瓢虫几乎一样，原来它也是瓢虫的一种，只不过是植食性的马铃薯瓢虫。

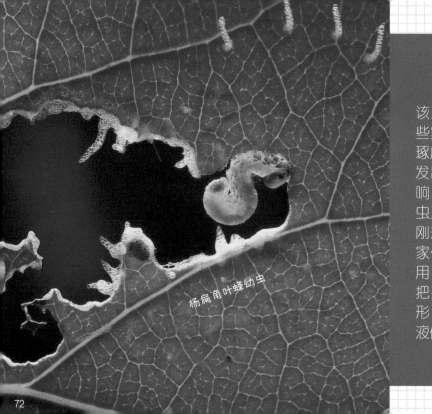

杨扁角叶蜂幼虫

蝴蝶幼虫的身体该更修长一点，不像些家伙这么短粗吧？琢磨着，头顶的树叶发出"咔嚓咔嚓"的响，抬头观望，一群虫正大口咀嚼着叶片刚想靠近点观察，这家伙突然紧张起来，用3对腹足抱住叶片把整个身体扭成"S"形，体表还分泌出一液体。

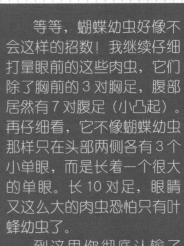

毛虫 = 蝴蝶?

等等，蝴蝶幼虫好像不会这样的招数！我继续仔细打量眼前的这些肉虫，它们除了胸前的 3 对胸足，腹部居然有 7 对腹足（小凸起）。再仔细看，它不像蝴蝶幼虫那样只在头部两侧各有 3 个小单眼，而是长着一个很大的单眼。长 10 对足，眼睛又这么大的肉虫恐怕只有叶蜂幼虫了。

到这里你彻底认输了吗？其实下面才是真正的考验呢！

叶蜂幼虫

73

蝶蛾幼虫，难"解"难"分"？

　　对于初级爱好者，想要分清蝶与蛾的幼虫，几乎是不可能完成的任务。蝶与蛾同属于鳞翅目，它们的幼虫极为相似！首先我们要搞清楚，蝴蝶幼虫一共有8对足，胸前是3对较为细小的胸足，这3对胸足也被称为真足，是蝴蝶成虫将来羽化后的6只脚。腹部是5对比较粗壮的腹足，主要用来攀爬，最后1对腹足也被称作尾足，抓握能力很强。

　　现在，你搞清楚鉴别蝴蝶幼虫的主要特征了吧？

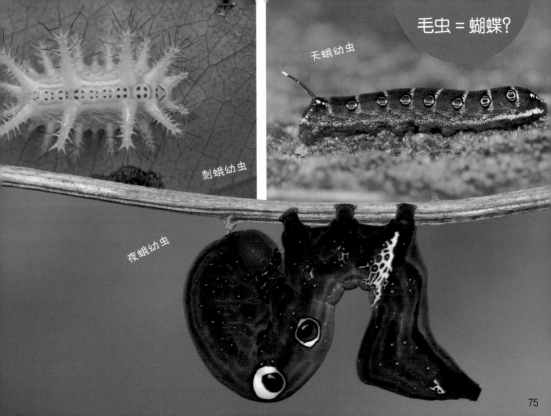

毛虫 = 蝴蝶?

天蛾幼虫

刺蛾幼虫

夜蛾幼虫

75

黑脉蛱蝶幼虫

毒蛾幼虫

舟蛾幼虫

记住，它们一共有 8 对足！不过……很不幸的是，很多种类的蛾类幼虫也是 8 足哦！先不要激动，我们至少可以用排除法去掉一部分可疑对象！

首先是尺蛾科的幼虫，它们整个童年都在模拟各种枝条藤蔓，所以必须保持苗而光溜的身体，在漫长的进化道路上，这些家伙干脆舍弃了多余的腹足，只在身末端保留了 2 对腹足，再加上胸前的 3 对胸足，一共只有 5 对足。再比如舟蛾科夜蛾科的幼虫，它们的腹部的第 1 对腹足已经退化，只剩下 4 对腹足。而刺蛾科虫的足几乎完全退化成吸盘状，它们借助身体的扭动起伏来移动，那感觉有点像蜗牛或者蛞蝓（kuò yú）。

除了通过计算幼虫足的数目之外，我们也可以记住一些蛾类幼虫的典型特征来除。例如：天蛾科幼虫个头较大，尾部末端长着向上的尖利尾角；灯蛾科幼虫全长满了浓密的长毛；毒蛾科幼虫体表会有成簇的长毛，色彩比较鲜艳。

蝴蝶的童年写真

为了利用排除法，之前说了那么多蛾类幼虫的特征，如果你实在不喜欢蛾类，那我就来讲讲各科蝴蝶幼虫的特征吧。肉乎乎的幼虫行动能力有限，而且大多数看起来还肥美诱人，所以它们只能想尽一切办法保护自己。就像是帮派里的老大，也许没什么真本事，但至少看起来要高大威猛，有一张狠角色的脸。于是，骨子里很低调的毛虫也就进化出各种奇怪甚至狰狞的面孔来吓退天敌。不过说实话，我觉得大多数脸都挺萌的……

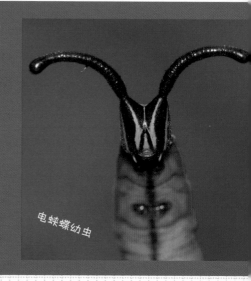

电蛱蝶幼虫

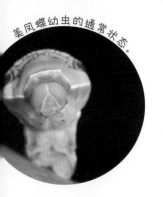

美凤蝶幼虫的通常状态。

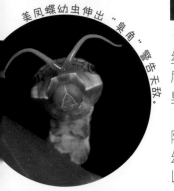

美凤蝶幼虫伸出"臭角"警告天敌。

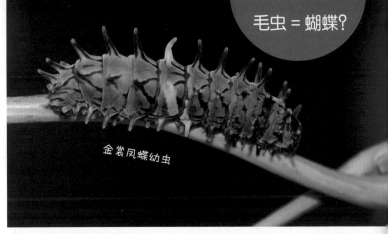

金裳凤蝶幼虫

　　凤蝶科幼虫通常都比较大，除了裳凤蝶、红珠凤蝶、丝带凤蝶、斑凤蝶等，大多数身体都比较光滑。在头壳后方，接近前胸背中间的位置，有一个可翻出的"Y"形臭腺。

　　根据不同种类，臭腺有红色、黄色和白色等。臭腺除了有形态警示作用，同时可以释放刺激性味道。由于幼虫取食植物的不同，会散发出类似橘子、花椒或者难以描述的奇怪味道。

79

夜迷蛱蝶幼虫

蛱蝶科幼虫多为中型大小，身体颜色多为深色。头壳构造通常都比较复杂，常生有很多枝刺，很多种类有明显的头角，角形变化非常多。幼虫身体上多见密集的刺状突起，但无毒。

粉蝶科幼虫为小到中型身材，身体细长，体色以绿色和黄色居多。身体看起来是光溜溜的圆柱形，仔细观察会发现很多小颗粒突起和次生刚毛，但没有明显的刺状突起和长毛。

彩蛱蝶幼虫

二尾蛱蝶幼虫

幸福带蛱蝶幼虫

波蛱蝶幼虫

素饰蛱蝶幼虫

菜粉蝶幼虫

81

白带黛眼蝶幼虫　　　　　　　尖翅银灰蝶幼虫　　　　　　　白斑眼蝶

　　灰蝶科幼虫属于小型身材，身体呈蛞蝓状，边缘薄而中央隆起，体色以黄绿色居多。整体形态看起来有些像刺蛾幼虫，但灰蝶幼虫有明显的胸足和腹足。头壳很小，常缩入前胸内，所以当幼虫趴在叶片上时，经常都看不见其头部。

　　眼蝶科幼虫为小到中型身材，体色以绿色居多，身体细长，中部膨大而两头尖细呈纺锤形，从上往下看就像一片柳叶。头壳比前胸宽大，通常会有两个短小的角。眼蝶幼虫喜欢笔直地趴在禾本科植物上，模拟叶片来保全自己。

金斑蝶幼虫　　　　　　　　　　　　　　　　　　　绿弄蝶幼虫

　　斑蝶科幼虫体型中等，头部和身体几乎都有深色横向条纹。头部较大，几乎与前胸等大。中胸和腹部第 8 节上侧通常都有一对肉质丝状突起。

　　弄蝶科幼虫体型中等，身体较为肥胖，头壳较大，整体外形比较圆润，通常有鲜艳的斑点装饰。幼虫卷叶为巢，用以躲避天敌。

　　说了这么多，如果你还是分不清，那就只能采集幼虫回来饲养。基本到了蛹期就好区分了，蝶类幼虫通常不结茧，而很多蛾类幼虫都要结茧或者钻到土层中化蛹。蝶蛹外形和色彩变化非常多，蛾蛹变化较少，看起来比较普通。

毛虫的生日

　　从卵中孵化出来的毛虫，称作"一龄幼虫"，虽然体型很小，但是食量惊人，因为它们现在太弱小了，需要迅速成长。随着身体成倍膨胀，幼虫原有的"外套"显得太小，这时，它们就要蜕皮了，成为"二龄幼虫"。以后，它们还会不断长大，不断蜕皮，每蜕皮一次，就增长一龄，直到化蛹之前的"末龄幼虫"。幼虫身体是由几丁质外骨骼包围着，有一定的延伸性，所以身体会长大。

二尾蛱蝶
各龄幼虫"大…

毛虫 = 蝴蝶？

二尾蛱蝶幼虫

旧"衣服"

旧头壳

末龄大紫蛱蝶幼虫

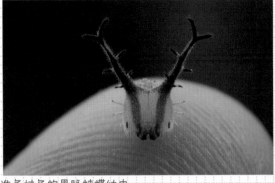

蜕下皮和长犄角，变成短犄角准备过冬的黑脉蛱蝶幼虫

　　但是，它们的坚硬头壳是不会长大的，也就是说各个龄期的头壳大小是固定的，每次蜕皮头壳几乎都会整个蜕下来。如果看到幼虫"脖子"后面鼓起一个"富贵包"，那就说明快要蜕皮了，那个鼓起来的位置其实就是新的头壳，最终它会从头部和身体的连接处钻出来，变成一只崭新的毛虫。

　　因为每一龄头壳宽度相对固定，所以可以根据头壳的宽度来判断幼虫的龄期。

逆袭的毛虫

天敌们，别以为看似低调的蝴蝶幼虫就是挂在枝头的肥肉，任你宰割。在漫长的进化路上，短腿、没翅膀、没有尖牙利爪，没腰、眼神也不好、不会发声……嗯，就算有这么多缺点，它们还是会想尽一切办法，随时准备来个大逆袭！

黑脉蛱蝶幼虫

大紫蛱蝶幼虫会在
叶片上吐出一个厚厚的丝
垫，让自己趴得更舒服也
更稳固。

隐身

这也许是最低调的逆袭，大多数蝴蝶幼虫身体都是绿色的，身体侧面还有叶脉状的斜条纹，就是为了让自己更好地藏在叶片间，它一定一边嚼着叶片一边想："惹不起，我躲得起。君子报仇十年不晚，等我长出翅膀，你来追我吧，累死你！"

毛虫 = 蝴蝶?

夜迷蛱蝶幼虫

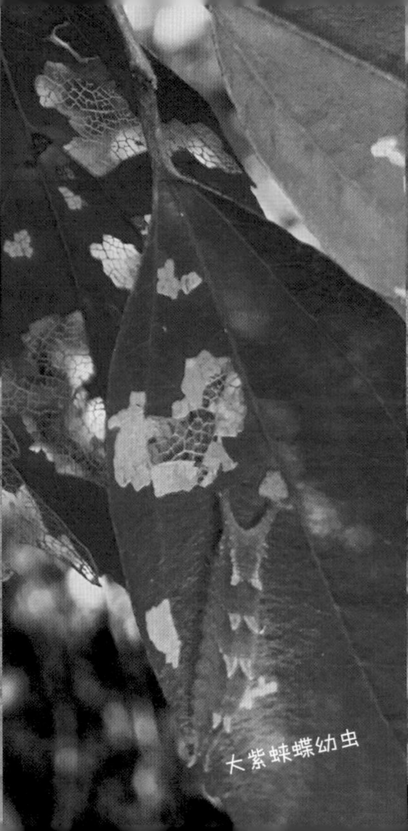

大紫蛱蝶幼虫

越冬的黑脉蛱蝶幼虫会变成棕褐色。

91

捉迷藏

弄蝶幼虫会用丝线把叶片粘成叶卷，它们平时就藏在里面，要吃东西的时候才会爬出来，吃饱了又钻回叶巢。这是挺高明的办法，估计也让那些不会织巢的蝴蝶幼虫心生羡慕吧。这种方法可以有效地躲避捕食性天敌，同时能很好地防范寄生性天敌。

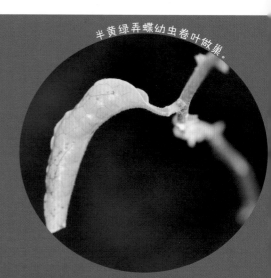

半黄绿弄蝶幼虫卷叶做巢。

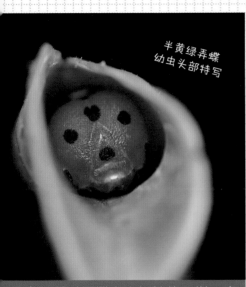

半黄绿弄蝶
幼虫头部特写

我也曾看过弄蝶宝宝纠结的囧样，寄□物已经被吃光，只剩下藏身的叶卷。□饿极了，这家伙开始犹犹豫豫地吃□己的"帐篷"，嗯，终于饱了，为啥□身上凉飕飕的？

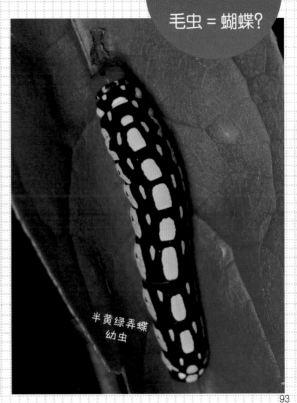

毛虫 = 蝴蝶？

半黄绿弄蝶
幼虫

装屎

你没看错，我不是要说装死或者假死，就是要说装屎。你正在吃午饭？你觉得这个很讨厌？很不幸，大多数凤蝶幼虫在末龄之前都喜欢装屎。我必须说明一点，这里指的不是那种普通的大便，而是湿润的新鲜鸟粪。

低龄幼虫趴在叶片上，假装一坨鸟粪，这看起来是否有点悲哀？但你想想它们最终化蝶的情景——鸟粪化蝶！这可比丑小鸭变天鹅更让人震撼……

器 凤蝶
令幼虫

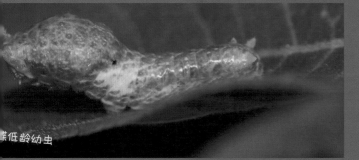
蝶低龄幼虫

凤蝶
力虫

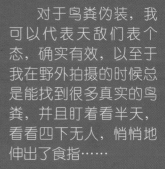

对于鸟粪伪装，我可以代表天敌们表个态，确实有效，以至于我在野外拍摄的时候总是能找到很多真实的鸟粪，并且盯着看半天，看看四下无人，悄悄地伸出了食指……

真屎

　　希望看到这儿，你已经吃过午饭了，那么，请忍住！如果说凤蝶低龄幼虫只是用色块和斑纹来模拟鸟粪，那笨拙的穆蛱蝶幼虫可就是真正的重口味了。没有天生的"屎相"，就只好靠后天的勤奋来弥补了。低龄幼虫会用丝线把便便缠绕起来连成一串，而它就藏在便便中间，看看"便便串"，再看看穆蛱蝶幼虫的色彩和身上那些突起，这下终于明白它为啥长这样了！

穆蛱蝶幼虫
头部特写

毛虫 = 蝴蝶?

穆蛱蝶幼虫
整理粪便伪装。

蛱蝶幼虫

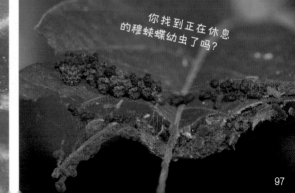

你找到正在休息
的穆蛱蝶幼虫了吗?

97

怒视

　　什么？你说一条毛虫正趴在树叶上瞪你？难不成是一条卡通版毛虫？要知道，就算你用鼻尖贴着它盯着看，都很难看到毛虫的眼睛，通常那几颗比小米粒还小的单眼就分布在头壳两侧。

98

鹤顶粉蝶
幼虫

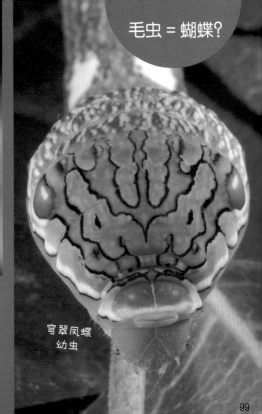

宽翠凤蝶
幼虫

　　所以，你看到的大眼睛不过是一些假眼斑，而最善于利用假眼斑的就是凤蝶末龄幼虫了，人家之前一直假装鸟屎也怪不容易，所以见到了多少也装作害怕配合一下吧。仔细观察，假眼斑甚至会分布一些白点或者线条，似乎是在模拟眼球鼓起的高光效果。

吐舌

　　同样还是凤蝶的独门秘籍，如果眼斑无效，就会使出必杀技——吐舌！除了用餐时间，达摩凤蝶幼虫总是一动不动地趴在叶片的丝垫上打盹儿。寄生蜂悄悄停落在它身旁，想找个柔软的地方产卵。作为一只笨重的毛虫，它不可能逃走，更没有反抗的武器。在危急时刻，它突然翘起身体，从头部后方伸出一个红色的分叉腺体，同时散发出浓烈的味道。寄生蜂一见这阵势，便灰溜溜地逃走了。看似低调的毛虫被惹急了也会变得如此暴怒。

　　有意思的是，"吐舌"是凤蝶幼虫天生的本领，从卵壳里刚孵化出来的一龄幼虫就会。不过想想，低龄幼虫是鸟粪模样，然后鸟粪吐舌，是不是也挺惊悚的呢？

达摩凤蝶
幼虫

尖刺

很多蛱蝶幼虫都喜欢用尖刺来武装自己，浑身裹满了尖刺，这让捕食者很难下嘴。而且很多带刺的蛱蝶幼虫都喜欢群居，它们趴在一起就像一个大刺团，让人望而生畏。即使不怕刺，那种密集的感觉也是够恐怖的了。

好消息是，蛱蝶幼虫不像有毒的刺蛾幼虫，它们是完全无毒的。如果你能分清这两类幼虫的话，在野外看到蛱蝶幼虫时，你可以摸摸看。

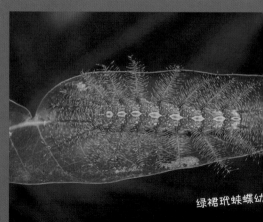

绿裙玳蛱蝶幼

蛱蝶蝶
幼虫

毛虫 = 蝴蝶?

孔雀蛱蝶
幼虫

大网蛱蝶
幼虫

味道

说实话，个人感觉蝴蝶幼虫吃起来的味道都不会太好。它们吃的叶子味道清新一点，幼虫本身的味道也会清新一点。反之，如果是吃重口味叶片，它们的味道自然也就比较重口味。

例如取食马兜铃的丝带凤蝶、红珠凤蝶幼虫，它们身体里就充斥着难闻的马兜铃味道，这些长相怪异的幼虫会用一些醒目的色彩来点缀身体，目的是警告天敌："我很难吃，不要吃我！"

多姿麝凤蝶
幼虫

毛虫 = 蝴蝶？

红珠凤蝶
幼虫

丝带凤蝶
幼虫

105

毒药

在各类蝴蝶幼虫中，下手最狠的要数金斑蝶了，那可真是下毒手啊。金斑蝶幼虫主食有毒的马利筋，它们能够把毒素聚集在体内，让天敌望而生畏。它们就像森林里的毒蘑菇，用鲜艳而醒目的彩色条纹装扮自己，时刻警告天敌："吃我？纯粹找死！"

金斑蝶幼虫

毛虫 = 蝴蝶?

异型紫斑蝶
幼虫

107

磨牙

　　很多蛱蝶幼虫都会"磨牙"，这里说的不是做梦的时候磨牙，而是一些蝴蝶幼虫受到惊扰后恐吓天敌的方式。

　　黑脉蛱蝶幼虫平时都趴在叶片上不动弹，它们翠绿的身体可以很好地模拟叶片。一旦被天敌发现，黑脉蛱蝶幼虫也不可能快速逃跑，这时候它会高高昂起头部，不断地开合蓝色的口器，借着摩擦发出声响，想要吓退天敌。个头儿更大的大紫蛱蝶幼虫就更厉害了，它黑色的口器更为尖利，摩擦出的声音更响。

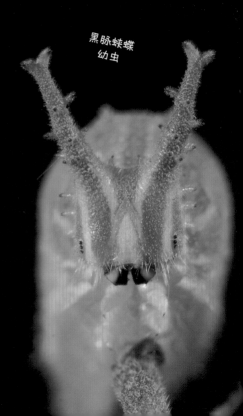

黑脉蛱蝶
幼虫

毛虫 = 蝴蝶?

大紫蛱蝶
幼虫

109

朴树公寓里的房客

　　大多数蝴蝶都有比较专一的寄主植物，只要季节合适，找到这种植物就一定能发现某种蝴蝶的幼虫。在这方面，朴树似乎很受欢迎，因为有好几种漂亮的蝴蝶都喜欢吃朴树的叶片，而它们的幼虫也都长得十分可爱。

　　在朴树上能够找到的蝴蝶幼虫有：大紫蛱蝶、黑脉蛱蝶、拟斑脉蛱蝶、明窗蛱蝶、猫蛱蝶、朴喙蝶等蝴蝶幼虫。在北方，山林里没有太大的朴树，而这些蝴蝶也多选择一些 2～3 米高的小树，这么多蝴蝶聚集在一棵小树上，会不会经常碰面发生冲突呢？那幼虫数量太多的时候会不会导致叶子不够吃呢？

　　其实不必担心，虽然都生活在一种树上，但不同种类的幼虫会选择不同的位置，合理分布的生态位能让幼虫们避免栖息地和食物的竞争。

毛虫 = 蝴蝶?

111

公寓顶层的租客

大紫蛱蝶幼虫

朴树最上面住着大紫蛱蝶幼虫，它的成虫算是大型蝴蝶，所以大紫蛱蝶幼虫的个头儿也是十分巨大的，到了末龄的时候差不多能有成人大拇指那么粗。

大紫蛱蝶通常会在一个位置产下很多卵，初孵的幼虫是棕黑色的，浑身长小绒毛，经过第一次蜕皮之后就会长出犄角了。大紫蛱蝶多以三龄幼虫越冬，小的毛虫会由翠绿色变成黄褐色，然后从大树上爬下来，躲藏到地面的落叶层过冬。到了来年的春天，它们会早早地爬回原来那棵大树上，在枝头静静地等朴树发芽。咬几口嫩芽之后，它就会蜕下黄褐色的旧皮，换上春天的彩装。这候它的饭量会变得巨大，每天不是在吃叶子，就是在找更好吃的叶子的路上，过再次蜕皮之后，它就变成真正的大肉虫了。之前身材娇小的时候，它只需要在一片叶子上，现在一片叶子可托不住这个大块头了。于是，它把很多片叶子织在一起，然后在上面不断吐丝，形成一个厚厚的丝垫软床，这样睡起来很舒服，睡觉的时候紧紧抓住丝垫，就再也不会从光溜溜的叶片上滑下来了。

毛虫 = 蝴蝶?

公寓中下层的"双胞胎"

黑脉蛱蝶幼虫

    在朴树公寓中下层的位置，住着一对"双胞胎"，它们外表看起来很像，从卵、幼虫、蛹，一直到成虫都长得很像。黑脉蛱蝶幼虫头更大，"身材也更魁梧"，看起来更像大哥。而拟斑脉蛱蝶幼虫就是小弟了，它名字的意思就是在模拟黑脉蛱蝶。

    拟斑脉蛱蝶幼虫所处的位置只比大紫蛱蝶幼虫矮一点点，而黑脉蛱蝶幼虫更喜欢个儿小的朴树，更低的位置。这对双胞胎有着几乎和大紫蛱蝶幼虫一样的习性，它们秋末也会爬到树下落叶层中过冬，只是有时候它们会特别留恋朴树，即使在晚秋气温很低的时候，它们依然待在树上，它们会用丝线把叶柄固定在枝条上，防止大风吹落叶片。每天就这么静静地趴在叶片上享受短暂的暖阳，直到冷得实在受不了了，才会爬下树，钻到落叶层中。

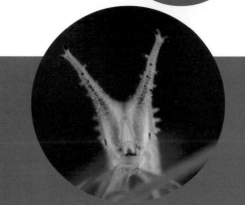

拟斑脉蛱蝶幼虫

同样是长着一对犄角的绿色肉虫，乍一看确实很像，但稍微仔细观察，就能发现其中的区别了。

通常，黑脉蛱蝶幼虫背上有 2 对大"翅膀"，2 对小"翅膀"，从头到尾的顺序是大一小一大一小分布；而拟斑脉蛱蝶幼虫几乎只能看到 1 对大"翅膀"和 1 对小"翅膀"，按小大顺序分布，但背上的"翅膀"分布有时候也会有偏差。最后来告诉你一个快速辨别二者的方法，那就是看幼虫的尾部，尾部闭合为一个尖的是黑脉蛱蝶幼虫，尾部呈 30 度角分叉状的是拟斑脉蛱蝶幼虫。

黑脉蛱蝶幼虫尾部

拟斑脉蛱蝶幼虫尾部

神秘怪房客

明窗蛱蝶幼虫

　　和"双胞胎"住得最近的，是最神秘的房客，它很少露面，总是把自己关在密室里，一定是个害羞的家伙。

　　这个神秘房客就是明窗蛱蝶幼虫，它的外号叫"小龙人"，因为它头上顶着短小圆滑的犄角，再加上浅蓝色的小脸蛋，看起来就是一副很萌的模样。它的密室是把两片叶子叠在一起，用丝线把边缘粘合起来，平时它就躲在密室里睡大觉，饿了就钻出来在附近吃些叶子，吃饱了再回去继续睡。

如果你悄悄地从
片叶子的缝隙看进
一定会大吃一惊!
真是只怪虫,它没
垂在松软的叶床上,
然趴在密室的天花
上睡觉,下面那片
子到底是干吗用的
难道是为了怕梦
卓下来而准备的安
气垫吗?
　不过说实话,明
夹蝶幼虫躲在密室
确实是安全多了,
够逃过寄生性或者
食性昆虫的追捕。

毛虫 = 蝴蝶?

117

恐高症患者

猫蛱蝶幼虫

　　猫蛱蝶的幼虫讨厌"高楼大厦"，不爱在高处看风景，偏偏喜欢低矮的"陋室"，过着低调的小日子。当然，也说不定它是因为有点恐高，所以才这么低调的。

　　你很难在大树上发现猫蛱蝶幼虫，甚至连超过 1 米高的小朴树上都很难找到它们的身影，反倒是那些山路边被人为砍伐修剪后，留下的低矮树桩冒出的小枝杈上，总能找到它们。尤其是那些垂下来几乎贴着地面的枝杈，轻轻掀起来，你就能在叶片背面看到猫蛱蝶幼虫滑稽的小脸了。

　　猫蛱蝶幼虫和明窗蛱蝶幼虫一样肚皮向上趴在叶片背面，只是没有下面的"安全气垫"。它的身体两头尖，中间胖乎乎的，小脑袋上顶着一对像是鹿角一样充满立体感的犄角。受到惊扰后，这个小家伙就会颤颤巍巍地爬起来，有趣极了。

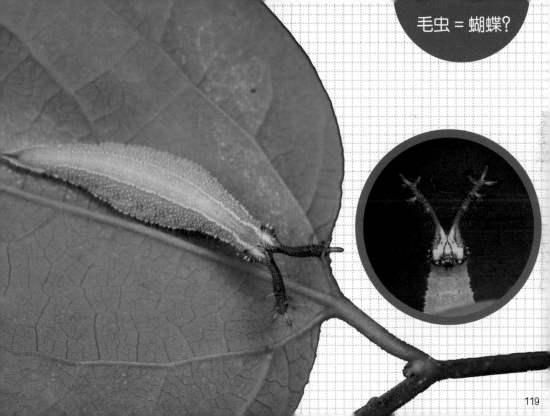

毛虫 = 蝴蝶?

低调而朴素

朴喙蝶幼虫

如果说猫蛱蝶幼虫已经很低调了，那么朴喙蝶幼虫就更加低调了，它不像大紫蛱蝶幼虫那么喜欢高层，也不会像明窗蛱蝶幼虫那样搭建密室，大多时候它都是静静地趴在叶片上，任由风吹雨淋。

这些还不算，前面我们介绍过的朴树公寓里的房客都有着很夸张的头壳，头上长着各种犄角，而低调的朴喙蝶幼虫只有一个很小的圆头壳，没有任何装饰，它穿着一身翠绿的外套，身体侧面的浅黄线条是唯一的装饰，看起来还真是朴素。太过普通的样貌让它看起来有点像是蛾类幼虫：没有任何纹路，也没有引人注目的头壳，这样倒是更容易把自己隐藏在叶片中。估计它也会想："现在还是安全第一吧，等我变成蝴蝶之后再好好嘚瑟一把也来得及呢。"

毛虫 = 蝴蝶?

　　蝴蝶幼虫并不是随意选择住处，这些喜好都是经过多年的进化演变而来的。大紫蛱蝶幼虫只喜欢较高的位置，黑脉蛱蝶幼虫总是趴在叶片正面，明窗蛱蝶用上、下两层叶片筑巢，而猫蛱蝶只选择最低矮处的叶片，这些习性都是不会轻易改变的，是我们去找寻这些蝴蝶幼虫的准确线索。

叶片搭建的小屋

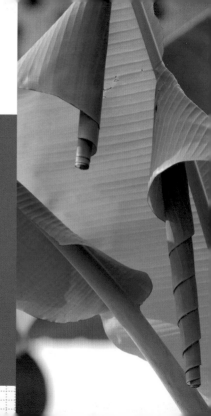

前面我们说过，弄蝶幼虫会用丝线做出叶卷，但都是狭小局促的空间，几乎只是刚好包裹住身体，有时候从叶卷的一头露出个小脑袋，看起来很萌。

黄斑蕉弄蝶（香蕉弄蝶）是中国最大的弄蝶，它的幼虫个头儿也很大，这种白色的大肉虫藏在巨大的香蕉或者芭蕉叶片做成的叶卷里，每天都在大量地啃食叶片，吃得多，排泄的粪便也很多。但是把大量的粪便撒落出来肯定会引来天敌，所以香蕉弄蝶会把叶卷底部用丝线封起来，粪便就会顺着垂直的叶卷滚落到底部堆积起来，让叶卷上半部分保持干净。

毛虫 = 蝴蝶?

藏在芭蕉叶卷里的黄斑蕉弄蝶幼虫十分肥大。

榆树是大红蛱蝶幼虫的寄主植物，它们会编织叶巢藏身。

　　大红蛱蝶幼虫显然喜欢更宽敞的空间，所以它用很多片榆树叶来搭建叶包，这种叶包有点像帐篷。叶包并不是完全密闭的，它更注重的是形态，而忽略了细节，看似随意，却也是用心之作。因为榆树喜光，通常长在阳光充足的地方，大红蛱蝶的叶包在正午时分能起到很好的遮阳作用，而叶片间的空隙又能够让风穿透，不至于被大风吹落。就像是弄蝶幼虫一样，大红蛱蝶幼虫也会在叶包中化蛹，这让完全静止毫无抵抗能力的蛹期变得更加安全了。

毛虫 = 蝴蝶?

藏在五叶地锦
"庇护所"里的大红
蛱蝶蛹

　　特别要说明一下大红蛱蝶幼虫的厉害之处，大红蛱蝶有时候会离开榆树化蛹，即使不用熟悉的榆树叶片做建筑材料，用其他或大或小的树叶也能够搭建出完美的隐蔽所。蝴蝶成虫只有吸管一样的口器，在完全封闭的叶片巢里羽化后是没办法打开的。

　　超级厉害的大红蛱蝶幼虫在搭建隐蔽所的时候，就会留下安全出口，这不，五叶爬山虎又叫五叶地锦，大红蛱蝶幼虫把 4 片叶子完美黏合在一起，留了一片作为安全出口。

第五章

蛹期
梦见飞行

蝴蝶的幼虫一从卵中爬出，就会抓紧时间用自己的咀嚼式口器取食，积蓄能量，慢慢长大。随着一次次蜕皮和成长，它们最终会化成蝶蛹。

蛹期可以说是蝴蝶一生中最危险的阶段，蝶卵很微小，容易隐藏；幼虫可以爬动，遇到危险还会发出警告；成虫就更不用说了，有了翅膀就能快速飞行，这就安全多了。而蝶蛹在羽化成为蝴蝶之前，一直都被固定在叶片、枝条或者墙壁上，遇到危险也只能靠原地扭动来示威。

蝶蛹从外观上来看是静止不动的，其实内部正在发生着剧烈的变化，幼虫时期的旧器官全部被打散，同时生成成虫的新器官，华丽的翅膀也是在这个时期诞生的。

看不见的蝶蛹

如果你以为在野外能轻易找到蝶蛹，那可就大错特错了。前面说过蛹期是蝴蝶一生中最危险的阶段，对于蝴蝶来说，只要安全地度过这个几乎不能动弹的时期就可以展翅高飞了。

所以，大多数蝴蝶化蛹时，会绞尽脑汁地把自己隐藏起来，它们甚至会爬行很长一段距离，到远离寄主植物的隐蔽地方去化蛹。它们通过蛹身的色彩、质地来让自己融入环境，或者通过形状来模拟其他物体。总之，就是要想尽办法让自己"消失"，让天敌难以发现。

电蛱蝶蛹

在北方，只要有花椒树的地方就能看到柑橘凤蝶。早春，总能看到柑橘凤蝶成虫围着刚刚冒出嫩芽的花椒树翻飞，也很容易在这些嫩芽上找到一粒粒像小米一样圆圆的金黄色卵粒。接下来的一段时间，花椒树上到处都是大大小小的幼虫，数量十分可观，这种情况一直可以延续到秋天。

一年中，柑橘凤蝶可以完成两代繁殖，也就是说在盛夏，大量的幼虫会化蛹，然后羽化成蝶，繁殖出第二代幼虫，但我们却很少能在花椒树上找到蝶蛹，偶尔在树杈上发现的蝶蛹也都是被寄生后羽化失败的，那么多蝶蛹到底去哪儿了？

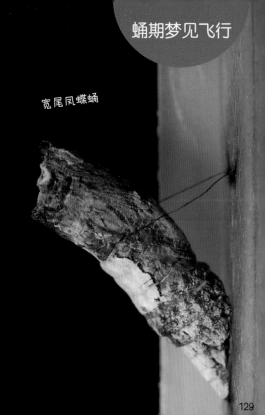

宽尾凤蝶蛹

129

蜘蛱蝶蛹

　　直到有一次，我在距离花椒树数米远的墙根发现了一条正在爬动的幼虫，它爬一会儿就会抬起上半身好像在找寻什么，我一直盯着它，直到这家伙爬到了一块水泥板下面，我赶紧趴在地上往水泥板里看，哇，水泥板下面居然挂满了蝶蛹，足有几十个，而且还有数不清的空蛹壳。

　　原来这里是它们的秘密化蛹基地，这地方既能保湿又很安全，真是难得的理想场所！在靠近墙根的灌木丛里，靠近地面的枝条上也挂着不少蛹，不同枝条上面的蛹，色彩和质地都与垂挂的枝条非常接近，真是些聪明的家伙。

　　大紫蛱蝶和黑脉蛱蝶的蛹都是形状如同叶片一样的翠绿色蛹，它们绝不会到地面或者光秃秃的枝条上化蛹。即使远离寄主植物，它们还是会爬到其他植物上，选择繁茂的叶片之间化蛹，这样才能更好地隐藏自己，当风吹动叶片的时候，这些叶片一样的蛹也会不停地晃动起来，模拟风吹叶片的效果。

　　二尾蛱蝶的蛹也是翠绿的，圆滚滚的蛹几乎看不出蛱蝶蛹的形态，吊在枝条上很像是植物结出的果实。

不同色型的柑橘凤蝶蛹

绝不隐藏

也有一些蝶蛹天生高调，它们有着非常奇特的造型，色彩也十分惹眼，完全没有把自己隐藏起来的意思。这类蝶蛹在幼虫期通常都取食有刺激性味道或者有毒的植物，所以它们会用鲜艳的色彩警告天敌："吃我，绝对让你后悔一辈子！"

麝凤蝶从小就吃味道怪异的马兜铃。它们的蛹是粉红色的，非常漂亮，形状有点像海螺，经常能轻易地在寄主植物上找到。这样鲜艳的色彩和复杂的构造都是在警告天敌："我可不是一般的角色，别惹我！"

灰绒麝凤蝶蛹

斑蝶蛹是圆滑光溜的，通常都是很醒目的色彩上点缀着金属斑块，最漂亮的要数幻紫斑蝶的蛹了，我至今都记得第一次在海南的山林里找到这种蝶蛹时的情景。那是在山谷里的一条溪流边上，我当时坐在水边的大石块上休息，看到溪流另一侧的山坡上有东西闪闪发光，随着风的摇摆，那束光线变得越来越刺眼。

我跳过溪流，顺着光点找到一个挂在树叉上的幻紫斑蝶蛹，它就像吊在圣诞树上的银色彩球，还点缀着咖啡色的条纹。近点看，它居然可以清晰地反射出我的身影，其实蛹身反射周边环境也可以形成很好的隐藏效果。

几乎所有斑蝶蛹的色彩都十分鲜艳，不象其他蝶蛹那样想方设法把自己隐藏起来。斑蝶科的蛹几乎都是这样吸引眼球的家伙。因为斑蝶幼虫大多取食有毒植物，体内自然也积累了一些毒素。

蛹期梦见飞行

幻紫斑蝶蛹

彩蛱蝶蛹

134

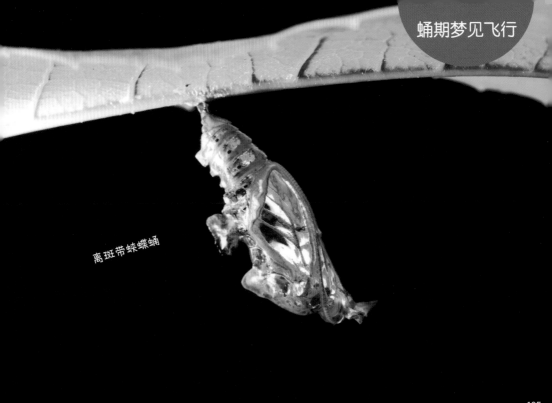

离斑带蛱蝶蛹

羽化时刻

　　如果熬过了艰难的蛹期，蝴蝶幼虫最期待、最美妙的时刻就会到来了。它们通常会选择清晨羽化，这时候太阳初升，空气中的湿度也比较大，有足够的时间钻出蛹壳，展开翅膀。如果阳光很强烈，褶皱的翅膀有可能很快就干燥而来不及完全展开。清晨通常无风，而吊在蛹壳上的蝴蝶很容易被风吹落，这时候它们的身体和翅膀都非常柔弱，如果被风吹落很容易造成永久性的伤害。

　　还有一点也很重要——这时候捕食性的天敌们还没开始活动，可以保证羽化期间相对安全。蝴蝶成虫努力挤破蛹壳背部中线靠前的位置，先把头和足伸出，然后用足抓住树枝或者叶片，最后把整个身体从蛹壳中拽出来。

刚刚羽化出来的粉蝶

这时候的蝴蝶一点都不好看，大腹便便，翅膀也皱成两团，它慢慢调整好位置，找到最舒适、安全的抓握姿势后就静止不动了。随着体液被缓缓压入翅脉中，翅膀就像变魔术一样越来越大了。翅膀完全展开了，就像打开了一幅画卷，精致的花纹和艳丽的色彩尽现眼前。稍后，翅脉内的体液又会回流到蝴蝶体内，蝴蝶逐渐排出多余的体液（蛹便），大肚子也不见了，终于变成了苗条的翩翩仙子。

苎麻珍蝶

黑脉蛱蝶（春型）

灰绒麝凤蝶

138

蝶

羽化失败的
菜粉蝶

蝶蛹之美

　　孕育生命变化的蝶蛹，外表由柔软而富于韧性的外骨骼包裹，并装饰着众多斑纹和线条，如果你仔细观察它们就会发现：无论是棒状的触角还是发条状的虹吸式口器，无论是地面爬行的步行足还是翱翔蓝天的四片翅膀，都已经出现在蝶蛹之上，就像一些精美的浮雕蚀刻在它们光滑的表面，分置在略显肥胖的身体两侧。

绿裙玳蛱蝶蛹

孔雀蛱蝶蛹

大网蛱蝶蛹

猫蛱蝶蛹

二尾蛱蝶蛹

　　其实，就是在它们那个不断进食、不断成长的幼虫阶段，这些只有成虫时才会出现的特有器官，早已在它们体内慢慢成长，就像植物萌发出的嫩芽一样，等待破土而出。随着幼虫的不断成长，这些娇嫩的"器官芽"逐渐发育完全，虽然此时它们还是那样小巧，但其内部已经具备了所有成虫器官的结构和功能，只需要挣脱束缚，就能够像绽放的花朵一样展现在我们眼前。

　　就在器官芽发育的同时，随着幼虫进食的过程，它们体内也积累了很多代谢产物，这些食物代谢后的物质经过转化、沉积后并没有被排出它们的身体，而是作为另外一种资源保留在了它们体内一些特定的器官芽中，以备他用。

第六章

振翅高飞

红珠凤蝶

斐豹蛱蝶

　　终于甩掉了一身肥肉，可以振翅高飞了，再也不用整天趴在叶片上发呆了！在山林间穿梭，在花丛里翻飞，想去哪儿就去哪儿。其实，蝴蝶并没有我们看到的那么轻松，它们还肩负着更大的使命。如果说蝴蝶幼虫的使命是猛吃后飞速成长，那成虫期唯一的使命就是求偶交配和繁衍后代了。

蝶翅调色板

　　我们知道，由于蝴蝶的翅膀上覆盖着不计其数的细小鳞片，它们和蛾子一起被划分到鳞翅目。这些由单个特化的真皮细胞延伸形成的细鳞，有着不同的色彩，这主要是由蝴蝶体内的化学物质形成的，被称为化学色。其中，黑色素呈现出由黄褐色到黑色的一系列色调；"蝶呤素"呈现白色、黄色、金黄色、红色；花红素和红色素都呈现出红色。

　　有趣的是，这四种形成颜色的主要化学成分，竟都直接或间接来源于蝴蝶幼虫的食物——各种花木的叶子！

　　与这种单一颜色的化学色不同，还有些种类的蝴蝶，翅膀表面能够呈现出很特别的金属光泽，而且这些在阳光下光彩熠熠的表面，还可以随光线照射的不同角度变幻出不同的颜色来！

比如荧光裳凤蝶的雄蝶，它的后翅由正面看呈黄色，从其他角度看则呈现出明黄、橙黄、橙红、草绿、蓝绿、天蓝等不同的颜色。其实，这主要是因为在它后翅的鳞片上有许多纵行的脊，当光穿行其间会发生多次复杂的物理变化，呈现出变幻不定的色彩，这种颜色称为物理色。

大多数蝴蝶的鳞片都有这样的脊，只是它们的数量或多或少，呈现出的物理色也就有了明显的区别。美洲闪蝶科种类的每片鳞片上竟有1400多条这样的脊，让阳光能在上面尽情地游戏，通过一系列复杂的反射、折射和衍射后，将各种不同的色彩光波送入我们眼中——难怪它那蓝宝石般的翅具有非凡的诱惑力！

统帅青凤蝶

彩蛱蝶

除了上面两种源于代谢产物的化学色和来源于光线变化的物理色以外，还有一种被称为"混合色"的色彩。

例如，蛱蝶科中闪蛱蝶属的种类，翅膀上的鳞片由于代谢产物的聚集，呈现出黄褐色，但在阳光下这些鳞片也能通过改变光线的角度将自己的翅面变换成蓝紫色。于是在光线和代谢产物的共同作用下，一只在阴暗处呈现黄褐色而在阳光下又散发蓝紫金属光泽的蝴蝶出现在我们眼前。这种由化学色与物理色结合而形成的独特色彩就被称为"混合色"。

群集吸水的粉蝶。

　　不难看出，蝴蝶翅膀上的斑斓色彩，无论是稳定不变的化学色，还是变化多端的物理色，抑或它们互相结合形成的混合色，是蝴蝶利用周围自然环境产生出来的色彩效果，也是鲜花与阳光的杰作。

迁徙的蝴蝶

　　蝴蝶经过 3000 万年的演化，获得的这两对美丽翅膀，虽然是昆虫界最为精致的"艺术品"，但并不只是华而不实的装饰——蝴蝶就是凭着两对纤弱的鳞翅适应了周围的环境，并且还创造了一个个奇迹！其中，最为突显它们翅膀美丽背后强大力量的，就要数那些迁徙种类所带给我们的震撼了。

　　斑蝶科、粉蝶科和蛱蝶科中的一些种类为了繁殖或越冬，每年都要进行大规模的迁飞。每到此时，数量众多的蝴蝶就会聚集在一起，向同一个目标飞行，浩浩荡荡，景象极为壮观。

　　甘肃省 1988 年就曾记载过一次蝴蝶的大规模迁徙。据报道：当时是 7 月，成千上万的粉蝶摆出 5000 米长的"蝶阵"，如同夏日的飞雪，纷纷扬扬，充斥了 100 米宽的峡谷！这个蝴蝶军团足足用了 3 个多小时才通过整个峡谷，有人用草帽一下子就捕获了 10 多只蝴蝶。

振翅高飞

蔷青斑蝶

蔷青斑蝶

150

振翅高飞

　　在海南的霸王岭，我曾偶然遇见蔷青斑蝶群集越冬的壮观场面。1月的北方早已是冰天雪地，海南霸王岭还是炎炎夏日，正午的太阳把花丛照得暖洋洋的，很多蝴蝶都在忙碌着采食花蜜。数量最多的是蔷青斑蝶，它们几乎占据了整片花丛，而且越来越多。

　　临近黄昏，这些蝴蝶依依不舍地离开花朵准备休息时，它们会全部朝着一个方向飞去。你可以在这个时候观察它们的动向，如果顺利的话，就能找到一棵巨大的壳斗科树木，那上边已经停落了一些蝴蝶，更多的正在聚拢过来。成千上万的蝴蝶都聚拢在大树上休息，场面非常壮观。

第二天清晨，在没有光线的时候，满树的蝴蝶都像是叶片一样挂在那里。当第一缕阳光出现的时候，那些死气沉沉的"叶片"像是被施了魔法一样开始动了起来，所有被阳光照射到的蝴蝶都打开了翅膀，轻轻地抖动着，它们是想尽快地吸收到足够的热量。光线越来越充足，"蝴蝶树"则变得异常活跃，因为它们很快就要展开一天的飞行了。

其实，早在公元 800 多年，孟琯就在他的《岭南异物志》中写道："尝有人浮南海，泊于孤岸，忽有物如蒲帆，飞过海，将到舟。竞以物击之，如帆者尽破碎坠地。视之乃蛱蝶也。海人去其翅足秤之，得肉八十斤。噉之，极肥美。"

像这种蝴蝶飞越大海迁徙的现象在国外也有发生，其中以美洲的斑蝶最为著名。美洲的君主斑蝶翅膀为橙红色，黑色的翅脉之间点缀着乳白色的斑点，身体大而美丽。它们春天由墨西哥集结成多达数十亿只的蝶群出发，浩浩荡荡地飞越墨西哥湾，来到美国的得克萨斯、佛罗里达，在这里它们会停下来繁殖自己的后代，而后就会死去！

不过，它们的后代会继续先辈的旅程：羽化后的新生一代会继续向北方的新英格兰、明尼苏达挺进，甚至会一直飞到加拿大。同样地，这些后继者在旅途中也会死去，然后将自己的事业传给后代。到了秋天，君主斑蝶的新生一代已经羽化，成长为强壮的旅行者。它们虽然从未见过先祖们生活过的墨西哥山谷，但是一种未知的力量会让它们集结，养精蓄锐，准备完成一个自然界的奇迹。

傍晚，蔷青斑蝶群
集在枝条和叶片间休息。

山野飞花的浪漫之旅

有了美丽的翅膀，蝴蝶不仅能完成惊人的奇迹，也能谱写出浪漫的故事。雄性蝴蝶一旦羽化长成，拥有了这对美丽的翅膀，就会马上开始寻求伴侣的浪漫旅程。它们穿梭在山谷、花丛，流连于小溪、草地。一旦发现雌蝶就大献殷勤，围绕雌蝶上下飞舞。

正是由于看到这样的场景，我们才会惊叹它们优雅的姿态，并被它们曼妙的舞姿所打动；也正是这样美丽的场景，才让夏日的山野成为"无处不飞花"的人间仙境。

蜜蛱蝶

黑纹粉蝶

老豹蛱蝶

　　每年春夏之交，无论你身在北方还是居住在南方，只要你走到山野中，就能从山中盛开的野花身上感受到山林中的生机，感受到那种在纷繁的社会生活中难得的质朴。

无论是那些水边朴实柔弱的瓶草，还是鲜艳而招摇的红旱莲；论是贫瘠（jí）土壤中的野百，还是高山之巅的野罂粟（yīng），它们都能让我们在一瞥（piē）下感受到其中业已存在的和谐哲理。而与这些烂漫山花相映成的，则是那些嬉戏于花丛之上、发在绿叶之间，情意绵绵、形影离的各色蝴蝶。

然而，与我们看到的表面现象司，这些正在忙于求偶的蝴蝶，论雌雄都并非我们想象的那样意，它们都在体验着一场"成长痛苦经历"。

求偶的小环蛱蝶

157

"守株待兔" 寻伴侣

在这场华美的生殖竞争中，那些雄性蝴蝶虽然不是主角，但绝对称得上 "最为卖力的配角" ——它们施展出各种手段，使出浑身解数来讨雌蝶的欢心。"守株待兔" 就是它们常用的伎俩。

蝴蝶在炎热的阳光下飞行，自然会消耗大量的体力，它们只有取食那些富含能量的食物才能满足体力的支出，完成各项生命活动——甜美的花蜜就是它们的重要选择之一。

东亚豆粉

虽然与膜翅目的蜜蜂类似，蝴蝶也会通过花朵的色彩寻找自己的食物，但它们的取食方式却和其他昆虫大为不同——特有的虹吸式口器让它们的进食过程成为一种极为优雅的表演。

蝴蝶的上颚和下颚经过漫长的进化，已经变形成为合并在一起的细长管道。平时，这个管子就像钟表内部的发条一样，一圈圈盘旋收紧，仅在头部形成一个小巧的环状突起，在它们飞行和停歇的时候避免不必要的麻烦。一旦蝴蝶停落在食物表面，它们就会用带有味道感觉的前足小心地踩踏，"品尝"一番，只有在确认是美味的时候，它们才会在嘴部肌肉的控制下，将那组"发条"慢慢打开，让它的尖端在食物上面来回移动，并从那里的一道缝隙中，将流体食物仔细吸进体内。吃完自己的宴席后，它们会将清洁好的喙管重新盘卷，收回备用。

正是由于它们口器的特点，花蜜这种流体食物便成了它们的最爱。而雄性蝴蝶停落在盛开的花丛中，也就成为既有盛宴又能遇到众多前来进食同类的绝佳选择。灰蝶科和凤蝶科的很多种类都是采取这种方法，利用鲜花盛开的空地作为它们的"社交舞场"，一边享用免费的午餐，一边等待着不期而遇的"梦中情人"。一般情况下，只要阳光充足，天气晴好，这样的舞会都很成功，无论是哪个种类的个体都乐意到这样的地方停落，于是我们就可以看到天上的"飞花"彼此追逐、翩飞起落，地上的"山花"摩肩接踵、争芳斗艳的奇景。

大部分蝴蝶还是最爱吸食花朵的蜜露。

不过，来到这里的雌性蝴蝶虽然少，但等待机会的雄蝶往往更多，好几只雄蝶追求同一雌蝶的现象时有发生。此时，面对众多热情的追求者，雌蝶一般先在空中上下翻飞，与它们周旋，试图用自己纯熟的飞行技巧甩掉雄蝶，这样就可以将那些体力不好的衰弱个体远远地抛在后面，让它们知难而退，或在竞争中被淘汰。

假如最后只剩下一只能紧紧跟随在雌蝶身后的胜利者，雌蝶就会缓缓飞到草丛中与之交尾。如果经过紧张激烈的求偶赛跑后，还是有多个竞争者，雌蝶就会毫无征兆地突然夹翅急落，消失在树丛深处，一走了之；而那些不相上下的竞争者们在失去目标后，将不知所措地在空中盘旋。

振翅高飞

花朵上聚集
蝶、灰蝶和
方花昆虫。

红珠灰蝶

161

"独霸一方"觅知音

与这种"守株待兔"式的"公平竞赛"不同，一些蛱蝶科和弄蝶科的种类虽然同样依靠自己的实力来赢得雌蝶的欢心，却选择了"独霸一方"的竞争手段。

这些种类的蝴蝶大多会选择一处地点落脚，或是山谷隘（ài）口边的灌木，或是阳光照耀下的山石，并将此地作为自己地盘的中心区域加以保护。

捷闪蛱蝶

大紫蛱蝶

这些雄蝶，只要一发现有同类飞过，就迅速飞上前去；如果是雌蝶，它们就会穷追不舍，频频示爱，希望得到交尾的机会；若是雄蝶，自然没有什么好说，马上就兵戎相见，追逐着用翅膀扑打对方，直到将对手赶跑才罢休。战斗之后，又飞回到原处，停歇下来，再碰一次运气。如此这般，周而复始。

这样的"武装割据"除了要求雄蝶有充足的体力迎接其他雄性的挑战之外，还要求它们有更多的经验才能成功。首先，它们选择的地点一定得是同类喜欢经过的地点，否则虽然不会有什么竞争对手出现，但与佳人相会的机会也将明显减少；其次，占据地点的时机要把握好，这样才能带给自己最大的利益。

二尾蛱蝶

研究表明，闪蛱蝶属的一些种类
会在傍晚时分选择一处同类常常经过
"关隘"把守。它们一般会停落在距
地面1.2—2米的树林边缘，并调整自
己身体的角度，而后才会沉沉睡去。

第二天清晨，它们前一天晚上的选
择得到了回报：当清晨的第一缕阳光洒
下的时候，它们就被阳光所包围，让
冻僵的身体迅速温暖起来，僵硬的翅膀
也恢复了飞行的能力，这样一来就不会
错过任何眼前的机会。当其他同类也能
够飞行，并从它们这里经过时，因为停
落的高度正好与飞行高度一致，从而能
更加清晰地观察到同类的动向。

只有在这样的巧妙安排之下，在这
种锲而不舍的寻觅过程中，雄蝶才会如
愿以偿，得到与雌蝶交尾繁殖的机会。

振翅高飞

夜迷蛱蝶

肉眼难见的紫外线色彩

从这些不同的求偶策略中，我们不难看出，视觉在此过程中所起的作用。但是，作为视力不佳的昆虫种类，蝴蝶又是如何分辨自己的同类，乃至雌雄个体的呢？难道它们的复眼真能够分辨出翅膀上那些复杂多变的色彩吗？

其实，蝴蝶的复眼与其他昆虫的复眼相比，虽然能够简单地区分一些色彩，但远不能达到区分翅面花纹色彩细微差别或者雌雄性别的程度。它们之所以能够在彼此追逐的时候判断出对方的种类和性别，依靠的并不是我们人类眼中的那些色彩，而是它们翅膀上反射出来我们无法看到的紫外线的色彩。

东亚豆

早春出现的
绿带翠凤蝶

不同种类的蝴蝶，翅面反射和吸收紫外线的能力不同，这些我们称之为"不可见"的光，在蝴蝶复眼中却是明亮异常；而例如斑缘豆粉蝶这样雌雄体色在我们看来非常相近、难以区分的种类，在同类眼里却是泾渭分明，绝不会混淆的。

环带迷蛱蝶在阳光的照射下，反射出漂亮的金属光泽。

　　另外，除了通过紫外线辨别出同类和雌雄以外，一些蝴蝶还在翅膀上、腹部末端进化出具有不同气味的"第二性征"，并凭借触角的嗅觉和特有的行为让自己的同类感知自己的特点，进一步确认彼此的身份。

豆粉蝶求偶，白色的雌蝶翘起腹部表示拒绝。

　　就这样，在翅膀的运动功能的支持下，在翅膀反射的不同紫外线以及上面发香鳞片的多重物质基础的前提下，这些如花般美丽的昆虫飞向了天空，并且为我们上演了一幕幕精彩纷呈的"爱情悲喜剧"。

重口味蝶餐

　　蝴蝶成虫的大部分能量，包括蝶卵的孕育其实都是靠幼虫期所积累的营养完成的。成虫吸食各种汁液主要是为了补充求偶飞行所消耗的能量。蝴蝶的"嘴"称为虹吸式口器，是由两根长长的吸管组成的，平时盘卷在下唇须间几乎看不到，进食的时候才会伸展开。蝴蝶吃什么？

　　我们经常见到蝴蝶停落在花朵上，把脑袋拼命扎进花芯，用"吸管"吸食花蜜，有时候会蹭一脑袋花粉。你一定认为蝴蝶这么漂亮就应该在花丛中吸食香甜的蜜露吧？其实有很多种类的蝴蝶，都喜欢比较重口味的食物呢。

小红蛱蝶

　　凤蝶和粉蝶比较喜欢在河滩边的湿地上吸水，经常会聚集成片集体用餐，它们主要是为了吸取一些矿物质。尤其是一些凤蝶，它们经常可以持续很长时间一直不断地吸水，留下有用的矿物质，然后把水从尾部排出。

玳蛱蝶吸食腐败发酵的果实。

很多种类的蛱蝶喜欢吸食树液（树木受伤后流出的汁液），还有些偏爱腐烂的水果，更有甚者专门喜欢粪便的味道，我们曾经在西双版纳的野象谷用大象粪招引蝴蝶，效果十分明显。各种哺乳动物的粪便，包括人类的粪便，都能吸引蛱蝶前来光顾，真是够重口的。

除了蛱蝶，弄蝶也是粪便爱好者，不过它们更喜欢吸食鸟类的粪便。新鲜的鸟粪很少看到弄蝶光顾，反倒是那些在向阳叶片或者岩石上被晒干的鸟粪备受弄蝶的青睐。

◄ 尾蛱蝶和吸食树汁。

不过这么干的"点心"让没有牙齿只有吸管的弄蝶怎么吃呢?

弄蝶通常会"以便制便",它会在干燥的鸟粪上排出体液(蝶便)让鸟粪软化,然后再慢慢吸食双重粪便,真是超级重口啊。

弄蝶吸食用自己体
液融化的鸟粪。

174

金凤蝶吸食
农家的堆肥。

第七章

城市蝴蝶
小记

菜粉蝶

记得我们小时候，胡同里经常能看到飞舞的柑橘凤蝶和各类昆虫，随着我们的城市一天天繁荣、现代化，以前长满野草的土地，现在已经难以找到——或变成高楼大厦，或被绿化草坪和行道树所取代。只能偶尔见到菜粉蝶在车流中艰难地飞行，美丽的柑橘凤蝶越来越少了。

其实，我们只要对蝴蝶多一些了解，有意地为它们留下一片没有污染的寄主植物，让它们能够顺利地繁衍，这群美丽的精灵就会回到我们身边，在我们周围尽情"绽放"，给我们一个"繁花似锦"的"蝴蝶花园"！

菜粉蝶

蝴蝶没了"托儿所"

　　城市早已变成了高楼林立的水泥森林，虽然为我们提供整洁舒适的居所，但同时破坏了蝴蝶和其他昆虫原有的家园。以前蝴蝶幼虫喜欢取食的植物，或者被当作杂草铲除，或者逐渐从我们周围消失，没有了这些，蝴蝶就像没有了"托儿所"，面临着很大挑战。柑橘凤蝶和丝带凤蝶就是这些失去"托儿所"的蝴蝶种类。

　　在公园中或马路上，我们有时会看到一种体型较大的凤蝶，它们拖着长长的尾带，扑动带条纹的大型翅膀，快速飞过，总会让我们眼前一亮。这就是柑橘凤蝶，也是我们在市区中能见到的最美丽的蝴蝶之一。

　　在北京，柑橘凤蝶主要以黄檗（bò）和山花椒等树木的叶片为食，而这两种植物在北京郊外的山中都有分布，尤其是山花椒的数量更是不少。每到花椒树发芽的时候，特殊的香气会飘散开来，让路过的人们驻足观赏，也让飞过的柑橘凤蝶"激动不已"！雌性柑橘凤蝶先是围绕树冠飞行几圈，观察一下有没有捕食者，而后会飘落下来，用前足扒住嫩芽，弯曲腹部，轻轻一点，产下一粒蝶卵。如此这般，雌蝶会在一株树上分散产下近 10 粒蝶卵后，才会离开。

柑橘凤蝶卵

柑橘凤蝶

179

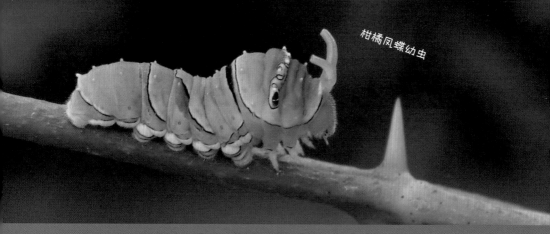

柑橘凤蝶幼虫

　　花椒树作为既可以观赏也可以食用的树种，曾经在老北京的四合院中扎根生长。但是，随着居住条件的改善，高大的楼房拔地而起，四合院已经不多见，花椒树也成了庭院中的稀罕树种。

　　现在还有一些怀旧的居民在新建的小区和楼群中，种植一两株花椒树，也能为肥胖的柑橘凤蝶幼虫提供可口的美食和安全的居所，让它们安安稳稳度过幼体的生长阶段，在树上安全化蛹、羽化成蝴蝶。但是这样的环境实在太少了，这种被人称为"花老道"的蝴蝶数量正逐渐减少，在城区中已经不易见到了。

丝带凤蝶（雄）

与柑橘凤蝶的遭遇类似，丝带凤蝶也失去了原有的产卵地和取食的植物。

同为凤蝶科种类的丝带凤蝶，体型要比柑橘凤蝶纤弱得多，无论白色的雄蝶还是黄色的雌蝶，都不能快速飞行，而是像花瓣一样随风飘飞。由于雌蝶和雄蝶有着不同的色彩，而且飞行时的姿态非常优雅，人们经常羡慕地称它们为"梁山伯与祝英台"。

丝带凤蝶卵

丝带凤蝶幼虫

丝带凤蝶（雌）

　　丝带凤蝶幼虫的食物是一种匍匐（pú fú）生长的"杂草"——马兜铃。本来，这种植物在北京城的周边是随处可见的，但是，由于马兜铃长势很盛，蔓延得到处都是，经常被作为铲除对象成片地消灭，数量大不如以前了。再加上丝带凤蝶通常在一片叶子上产下多达几十粒的蝶卵，黑色的幼虫也喜欢聚在一起取食，每当一片马兜铃被铲除，附近的幼虫就会大量死亡，与天空无缘。

　　看来，蝴蝶幼虫的生活环境对于蝴蝶的数量非常重要，缺少蝴蝶"托儿所"的城市中，"会飞的花"也自然不会很多了。

群集的丝带凤蝶

成为"害虫"的陪葬

与那些失去口粮的蝴蝶种类相比，一些蝴蝶似乎要幸运些：我们清除一些植物的同时种植了新的植物，为那些"幸运儿"提供了充足的食物。柳紫闪蛱蝶就是这些"幸运儿"中的成员。

柳紫闪蛱蝶是一种飞行迅速、异常机警的蛱蝶种类。它们虽然能够长距离飞行，但是总喜欢在潮湿的地面上停歇不动，伸出发条状的黄色虹吸式口器试探取食。但是，稍有风吹草动，它们就会马上起飞，而后在不远处再次停落。

与到处飞舞、引人注意的成虫不同，它们的幼虫身体绿色狭长并有多道白色斜纹点缀，摇摆着头上的一对犄角，在柳树枝条间爬动觅食，很少露面。现在，柳树作为城市水道两旁一贯使用的栽培树种，数量很多，这就为柳紫闪蛱蝶幼虫的生存提供了诸多好处。

柳紫闪蛱蝶

柳紫闪蛱蝶卵

柳紫闪蛱蝶一龄幼虫

　　柳紫闪蛱蝶的成虫也从人类活动的结果中有所收获。比之香甜的花蜜，它们更偏爱发酵、腐烂的食物。因此，每到夏日，我们在城市的很多角落，甚至是蚊蝇成群的垃圾堆中，都能看到它们美丽的身影，或是在树干的伤口处品尝汁液，或是在烂泥地中吸取矿物质，它们退化的前足像一对毛刷一样蜷缩在胸前，后面的两对足将身体高高支撑，在阳光的照耀下，时不时展示一下闪烁蓝紫色光泽的翅面，显得悠然自得。

可是，柳紫闪蛱蝶的"幸福生活"也并非毫无风险，杀虫剂就是它们的噩梦之一。

柳树上一般没有太多的虫害，但是如果遇到适宜的天气，可恶的蚜虫就会迅速繁殖，群集在柳树嫩绿的叶芽上，贪婪地吸吮甜美的汁液，它们数量之多，足以用细小无翅的身体将叶芽完全覆盖。如此庞大的蚜虫大军，不久就会繁殖出更多带有翅膀的后代，漫天飞舞，骚扰路人，让人们应接不暇，心烦不已，所以它们也被称为"腻虫"。

为了消灭这些恼人的害虫，人们会使用大量的杀虫剂喷洒柳树枝条，清除隐患。此时，柳紫闪蛱蝶的幼虫就和蚜虫一起被毒杀，成了无辜的受害者。

柳紫闪蛱蝶末龄幼虫

力虫会遇到这样"不公平"的
　成虫也不能逃脱"厄运"。
喜欢在垃圾堆附近觅食的习
　及它们的生命。
生活垃圾是柳紫闪蛱蝶的美
　也吸引了苍蝇、蚊子等令我们
痛绝的害虫。于是，人们使用
　招数，用杀虫剂扫荡一番：
比地的苍蝇、蚊子尸横遍野，
比地的馋嘴食客也不能幸免，
柳紫闪蛱蝶就这样不明不白
在它们的"餐桌"旁。
卵紫闪蛱蝶的群体由于人类的
　而没有退出城市，是人们无
对它们的"恩惠"；也正是
无意中的行为，将这种美丽且
　的昆虫与其他害虫一起从身
除。

柳紫闪蛱蝶幼虫
就这样趴在柳树树皮
的缝隙间越冬。

难寻一片清净地

云粉蝶

在城市中生活的蝴蝶有太多的困难，也有很多的危险，这种情况让许多蝴蝶退回到山中隐居，希望在那里清净无忧地繁衍生息。但是，原本清净的山林也并非"世外桃源"，同样会受到人类的打扰——毕竟，我们也和蝴蝶一样，希望"回归自然"。

云粉蝶是一种常见的小蝴蝶，现在我们看到的云粉蝶不是城市的常驻"居民"，它们或是公园中长大的个体，或是近郊山中的来访者。原因很简单，它们赖以生存的十字花科植物被当成野草清除，只有在公园和山中还有大量分布。

云粉蝶和菜粉蝶一样，都是粉蝶科[]物种，它们都拥有素雅的白色翅膀，[]是云粉蝶的后翅腹面有成片的草绿色[]纹；云粉蝶的蓝灰色幼虫身体上散布[]亮黑色的斑点，两条显眼的黄色条纹[]着身体两侧延伸。在山中，云粉蝶幼[]多以糖芥为食，它们成群地趴在植株[]美美地享用自己的大餐，不久以后，[]些不太漂亮的毛虫在成熟时会蜕变成[]头尖尖的蝶蛹，附着在牢固的表面，[]待一个晴朗的早晨破茧而出。

山中林深草密，要想发现这些幼虫[]分困难，而且这里也不会大面积地铲[]野生植物，它们本该生活得无忧无虑[]对。可是，随着游人的到来，退守山[]的云粉蝶还是遇到了大麻烦——它们[]"托儿所"也遭到了破坏！

云粉蝶幼虫

云粉蝶蛹

189

原来，糖芥是一种草本植物，绿油油地混在草丛中也不会引人注意。可是，每到<cut>
这种非常普通的植物，就会开出橙红色的小花，非常显眼。于是，那些登山的人都<cut>
足欣赏，一些人还会采上一大把，随身携带。当然，人们并不会将野花带回家中装<cut>
活空间，只是在下山时随手丢弃。也许那些很快枯萎的糖芥的确不值得带走，可是<cut>
一来，住在上面的云粉蝶幼虫即使没有被当场踩死，也失去了今年的口粮，而来年<cut>
芥也没有了充足的种子生长萌发！

　　一群美丽的蝴蝶，一丛灿烂的野花，就在人们"回归自然"的同时，告别了它<cut>
自然界。碰到这样的事情，云粉蝶的确不幸。不过，随着人们环保意识的增强，相<cut>
们的生活会越来越好。相比之下，游人增多本身对蝴蝶家族的影响更应该引起我们的<cut>

　　绢粉蝶和小襞绢粉蝶都是中型的粉蝶种类，每到夏季，它们大量羽化，聚集在<cut>
的湿地上喝水，一有惊扰，就会纷纷扑动翅膀，飘飞在天空中，酷似"夏日飘雪"<cut>
象异常壮观。人们在野外看到这样的情景，一定会惊叹不已。可惜的是，这样的景<cut>
经不是很多了。

　　其实，绢粉蝶的数量并没有因为游人的增多而减少，只是它们很少集群活动了<cut>
是因为，集成大群的蝴蝶互相影响，只要有一只蝴蝶受惊起飞，所有个体都会跟随起<cut>
四散逃跑，直到恢复平静后，再次聚集停落。如果惊扰太多，回来的蝴蝶就会越来越<cut>
群体也会越来越小。行人和车辆的频繁经过，让百只以上甚至数十只的群体无法形<cut>
也就只有三两只的蝴蝶停落在我们周围，而这些"勇敢者"还要特别小心随时碾过的<cut>

城市蝴蝶小记

初夏，群集吸水的绢粉蝶

抓住机会求生存

　　这样那样的干扰和破坏，有意无意的捕杀和伤害，让我们身边的蝴蝶越来越少，越来越难得一见。可是，蝴蝶作为进化的杰出产物，不会轻易消失，它们中的一些种类更是积极地适应人类改变后的环境，努力寻找着生存的机会。斑网蛱蝶和黄钩蛱蝶就是这样的种群。

　　随着城市的建设，人口的增长，大量的建筑垃圾、装修垃圾、生活垃圾不断地产生。虽然人们努力清除这些废弃物，但总会留下一些，占据了城市的某些区域。这些瓦砾堆土壤贫瘠，一般的植物很难生长，不过也并非"生命的禁地"：密生短刺、匍匐生长、被我们称为"刺刺秧"的葎草作为极耐贫瘠的"先锋植物"，会在很短的时间里占领这片区域，并且生长繁茂。如果对这些垃圾还没有什么更好的处理办法，人们也愿意这些绿色植物覆盖在上面，不会去清理它们。如此一来，以葎（lù）草为食的黄钩蛱蝶就有了自己的乐园。

黄钩蛱蝶的成虫体型中等，翅膀的颜色随发生季节不同从褐色到黄色深浅不一，不过它们后翅的腹面都有一个银白色的鱼钩形图案，这也是它们名字的由来。

每年早春，去年秋天羽化并在人类建筑的角落中躲过寒冬的黄钩蛱蝶，都会飞出藏身之处，出来寻找食物、交尾繁殖。它们会将蝶卵单产在葎草叶片背面的边缘，孵化出浑身刺毛的幼虫，取食叶片，并迅速成长为新一代的成虫，赶在秋天到来前再完成一个世代。

由于黄钩蛱蝶一年两代的习性，也因为它们随寄主无处不在的分布，它们成为在市区中最常见到的蝴蝶种类之一。

黄钩蛱蝶卵

黄钩蛱蝶幼虫

黄钩蛱蝶蛹

黄钩蛱蝶

斑网蛱蝶

　　而斑网蛱蝶种群的繁盛则是得益于公园中地黄的普遍生长。
　　春天，我们漫步在城市公园，时不时地可以看到地黄植株，散布在人工草坪的中央或树林的边缘。它们平铺在地面上、毛茸茸的叶片中间，挺立出一根粗壮的花梗，悬挂着粉红或深紫的花朵，鲜艳且美丽。

斑网蛱蝶

或许是因为这些美丽的花朵，让它们"幸免于难"，被园林工人保留下来；也或许是因为它们深埋地下的根系，在地上部分被铲除以后，能够再次萌发出新的叶片，不会就此消亡；总之，这种美丽且顽强的"野草"，没有从我们周围消失。当然，地黄的存在，让我们在欣赏野花朴素之美的同时，也为斑网蛱蝶提供了美食。

斑网蛱蝶幼虫

　　作为飞行能力较弱的蝶种，斑网蛱蝶的扩散能力有限，但是由于它们的幼虫成群生活，化蛹后也都分布在地黄的周围，羽化的成蝶很容易找到异性伙伴，完成交尾。

　　雌蝶交尾后，不用长途寻找，就能发现成片生长的地黄。它们会在地黄叶片背面集中产下大量的蝶卵，从而很容易地完成繁衍后代的任务。

孵化的幼虫群集在地黄上各自取食或花蕾，它们数量众多，食量惊人，的地黄肯定不能满足它们的食欲；地黄也是成片生长，吃完一株后，旁边一株就又有充足的口粮了。

在斑网蛱蝶幼虫数量过多的时候，可以在一片地黄丛中，看到被吃得秃的叶柄和花梗，一条条幼虫向周无目的地分散爬行，直到找见新的为止。新一轮取食之后，幼虫又会植物，此时又要"迁徙"！如果不吃光的地黄很快又会长出新的叶片，知道这些贪吃的幼虫如何生存。

长达半年的取食以后，幼虫面临的冬的考验，它们会四散爬到周围的下和草丛中静静地躲过寒冷，在来春时，地黄早早萌发的新鲜叶片和又会成为它们的美食。

斑网蛱蝶蛹

斑网蛱蝶在交配。

第八章

赏蝶秘籍

在花椒树上采集到的各龄柑橘凤蝶幼虫

　　在野外拍摄蝴蝶并不容易，这些善飞的家伙可没那么容易接近，我来教你几招拍蝶秘籍吧。本章介绍的赏蝶，说的是从多方面来欣赏蝴蝶。我们不单单欣赏花丛中飞舞的蝴蝶成虫，也去饲养和观察除了成虫之外的其他虫态，包括卵、幼虫和蛹，随着对蝴蝶了解的深入，你会更爱这些会飞的"花朵"。

蝴蝶"泼水节"

　　8月的西双版纳酷热难耐，走在雨林里几乎一点风都没有，汗水不停地往外冒，全身的衣服早就湿透了。鸟儿没了声音，虫子们也都躲到了叶子背面，就连喜欢晒太阳的变色树蜥也爬到了阴凉处，几只胖乎乎的螽斯挤在叶片上睡大觉。大中午的，要不咱也回去睡觉吧？这可不行，西双版纳是个神奇的地方，只要你细心找寻，总会有新奇的发现。继续在雨林里穿梭，偶尔能看到几只眼蝶在林下追逐，那些漂亮的大型蝴蝶都去哪儿了呢？

　　雨林里枝叶太繁茂，一些大型蝴蝶不喜欢飞进来。如果见到山谷里突然出现一处开阔地，那通常都是蝴蝶钟爱的场所，它们会在这里飞行追逐，争夺领地，找寻配偶。如果还有流水，哪怕只是一些湿润的泥土，都会引来无数蝴蝶停歇、吸水。当你看到大量的蝴蝶聚集在一起的时候，千万别太激动，通常就算你特别小心地靠近，这些敏感的家伙也会"一哄而散"。不用灰心，先别去理会漫天飞舞的蝴蝶，找到刚才蝴蝶聚集的地方，选好拍摄角度，然后就趴下来耐心等待吧！不一会儿就会有蝴蝶再次停落在你面前了。

燕凤蝶吸水收集盐分，同时把多余的水分排出体外。

终于成功地接近蝴蝶了，这么一大群蝴蝶都在拍摄范围内的感觉太好了。拍了几张后，突然发现蝴蝶尾部有亮闪闪的东西，好像是水滴。我说这些家伙怎么能一直趴在这里喝水呢，原来一边吸取水中的盐分，一边把多余的水排出体外。同时让"凉水"流过身体降温，这可真是一举两得。

灰蝶个头儿太小，吸进去的水很少，只能看到尾部有些小水滴。一些大型的蛱蝶和凤蝶很强壮，喷射的水流还不错，可是似乎一点规律都没有，很难拍摄。正发愁，一个轻巧的小黑影快速地停落下来，这是中国最小的凤蝶——燕凤蝶。它舒展了一下筋骨，找准位置就开始吸水了，凭借着粗壮的口器，小家伙每隔两秒钟就喷出一股水流，绝佳的"模特"终于出现了。

绿凤蝶正在喷水。

204

潮湿的沙地上聚集了一小群凤蝶

　　最好来点侧逆光来突出水流，注意背景不能过亮，深色的背景可以让水流更突出。尽量不要穿亮色的衣服，用相机挡住脸部，接近成功的机会更大，脸部的反光会给蝴蝶造成恐慌。在拍摄之前，可以先观察蝴蝶喷水的规律，然后默念数字规律来找寻节奏，这样拍摄的成功率会更高。

春日蝶影

　　刚刚进入3月，北方的山里还略显萧瑟，除了几朵早开的迎春花，几乎还感觉不到春天的气息。对于热爱摄影的人们，这种等待是最难熬的。与其等待，不如先去南方找寻春天，然后在月中回到北方继续寻找春天，一年享受两个春天该是多么美妙啊！

　　一路向南，来到了南京紫金山。天气微凉，树枝上刚刚冒出细小的嫩芽，地面上的草丛已是一片新绿，各色野花点缀其间。有花就有虫，各种蜂、蝇和蝴蝶在花朵周围飞舞，找寻最可口的蜜露。

橙翅襟粉蝶

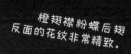

橙翅襟粉蝶后翅反面的花纹非常精致。

这才是生机勃勃的春天！正在我感叹的时候，突然觉得身边有一束橙黄色的亮光闪过，赶忙追过去，它停落在地上的枯叶堆里就不见了。找了半天，终于发现了一只蝴蝶，但它的翅膀明明是绿色的，哪儿来的橙黄色呢？正在这时，一束阳光透过树干枝条的缝隙投射下来，正好照到"绿蝴蝶"的身上，它毫不犹豫地打开了翅膀，前翅上那抹橙黄色在光线的透射下越发夺目，原来这是一只橙翅襟粉蝶！

先远远地拍一张记录照，这样即使在接近过程中飞走也不会太过遗憾。拍摄距离在半米左右，动作一定要非常轻缓，慢慢地接近，因为脚下都是枯叶，动作太大会产生"联动"效果，吓跑蝴蝶。看来蝴蝶是想在枯叶堆里休息一会儿了，只是偶尔扇动几下翅膀。趴在厚厚的落叶上拍摄还是蛮舒服的，可以先预拍几张看看效果。通常情况下，如果蝴蝶平展翅膀，应该从上往下拍摄展翅的最大面。如果蝴蝶将翅膀完全竖起收拢，就要选择侧面拍摄。

不同于其他蝴蝶，橙翅襟粉蝶比较羞涩，它最喜欢半张翅膀。选择逆光的方向，低角度从侧面拍摄，光线穿透翅膀后，橙黄色的前翅就会更加突出。尽量选用较小的光圈，在保证蝴蝶头部清晰的同时，更多地表现翅膀的细节。

我们在早春能看到崭新的蝴蝶，也能看到一些很"破旧"的蝴蝶，这是有原因的。通常崭新的蝴蝶多数都是以蛹的状态过冬的凤蝶或粉蝶，它们的蛹在早春羽化成崭新的蝴蝶。而"破旧"的多数是蛱蝶，它们以成虫的形态顽强过冬，难免造成破损。在紫金山，还可以看到很多早春的蝴蝶，运气好的话还能看到珍稀的中华虎凤蝶！

赏蝶秘籍

经历了寒冬后，黄钩蛱蝶出来晒太阳了。

早春出现的中华虎凤蝶

夏日花丛打"飞蝶"

拍摄飞行的蝴蝶并不容易，因为它们不像蜻蜓、食蚜蝇和长喙天蛾那样喜欢在空中悬停飞行，能有足够的时间对焦拍摄。蝴蝶，都是些自由散漫的家伙，要么在花丛中大吸花蜜，要么就在空中追逐嬉戏。就算是停落着的蝴蝶都很难靠近，拍摄飞行的蝴蝶看起来似乎是不可能完成的任务。

其实，这么想是完全错误的，停落在叶片上晒太阳的蝴蝶十分警觉，反倒是那些在花丛中吸蜜的蝴蝶只知道埋头大吃，才顾不上那么多呢。

赏蝶秘籍

钩凤蝶

飞向花朵
的麝凤蝶

虽说有花的地方是拍摄飞行蝴蝶的
佳地点，但也并不是所有花丛都适合拍
飞行中的蝴蝶。花蜜太少，蝴蝶轻点一
就飞走了；花蜜太多，蝴蝶会干脆停落
花朵上一吸就是半天。我们应该选择蜜
适中，花朵又比较密集的花丛，这样即
一次拍摄失败了，很快又会有新的机会
以继续拍摄。

找到了靠谱的地方，先不急于拍摄
要仔细观察。如果看得多了，积累一些
验，通过飞行姿势就能够确定蝴蝶的大
种类。例如，眼蝶总是一抖一抖地飞行
凤蝶飞行的时候很飘逸，蛱蝶飞行快速
敏捷，弄蝶总是横冲直撞地乱飞等。下
上山，你可以指着很远很远的一个蝶影
把它的种类和以上理论告诉你的同学，
一定会对此惊讶不已！最重要的是，那
远的蝴蝶谁也无从考证究竟是什么种类

其实我们很难拍到蝴蝶飞临花朵的瞬[间]，倒是蝴蝶吸饱了蜜露，离开花朵的时候[更]容易拍摄，不管是来还是走，拍出来的画[面]看起来其实没什么区别。看到蝴蝶飞到花[朵]上就可以慢慢靠近了，它会把长长的虹吸[式]口器插入花朵中吸食蜜露，这时候可以试[拍]几张，顺便调整到更适合的拍摄参数，通[常]选择蝴蝶的翅膀侧面拍摄。

如果蝴蝶正慢慢把口器从花朵里抽出[来]，这时候一定要做好拍摄准备，它已经准[备]起飞了。对准蝴蝶预先对焦，当它加速扇[动]翅膀的时候，马上按下快门，通常都可以[拍]到蝴蝶从花朵上起飞的一瞬间。如果想要[记]录下比较清晰的飞行瞬间，快门速度最好[保]持在 1/200 秒左右。

统帅青凤蝶婚飞求偶。

寻找枯叶传奇

走在山脚下的土路上，看见一只大蝴蝶从山坡上的林子里飞了出来，它不停地绕着一丛灌木打转。它飞行速度很快，翅膀上似乎有蓝色和橘黄色的斑块，在光线的照射下闪耀出梦幻般的金属光泽。

枯叶蛱蝶

我想要凑上前去看个究竟，大蝴蝶突然飞入灌木丛就没了踪影，我找了半天也没有找到，正有些失望的时候，这家伙又突然出现了，居然在我面前来了个"大变活蝶"。它在树丛周围转了几圈就再次消失不见了，这回我可要仔细找找看了。没有风，一片"枯叶"却不自然地颤动着，原来这就是传说中的枯叶蛱蝶，它停落的时候闭合翅膀，藏起了翅膀正面艳丽的色彩，让自己变成了一片不起眼的枯叶。

停落在叶片上休息的枯叶蛱蝶，很难被发现。

215

晴天，枯叶蛱蝶喜欢张开翅膀享受日光浴。

枯叶蛱蝶喜欢在林地边缘活动，千万不要想着去寻找停落着的枯叶蛱蝶，那几乎是不可能完成的任务。只要留意那些飞起来翅膀有明显蓝色和橘黄色斑块的蝴蝶，一般都不会错。在植被繁茂的林地边缘，枯叶蛱蝶通常不会长距离飞行，它会不时地停落休息或者找寻植物产卵。

用视线追踪蝴蝶的飞行轨迹，一旦停落，就要锁定目标慢慢靠近了。可以先远距离拍摄一张蝴蝶藏在环境里的照片，既然是让大家"找找看"的照片，主角当然不能太突出，尽量不要把枯叶蛱蝶放在画面正中间，有少许的叶片遮挡就更好了。但不管怎么"藏"，焦点必须在枯叶蛱蝶身上。环境照一定不能用闪光灯，否则光线会让蝴蝶更加立体，一下子就会暴露了。

停歇的枯叶蛱蝶会轻轻扇动翅膀，蝶翅上的金属蓝色在阳光下闪闪发光。

　　拍好环境照，我们就可以慢慢接近了。不用太担心，通常善于拟态的昆虫对自己都很有信心，只要动作轻缓，即使靠得很近，它们也不会轻易逃跑。当枯叶蛱蝶完全收拢翅膀的时候，它的翅膀侧面就是最大的焦平面，当镜头平面和翅膀侧面完全平行的时候，整片"枯叶"就会清晰地呈现在画面里了。

家有小蝶初长成

柑橘凤蝶又名花椒凤蝶、黄檗凤蝶等，"花椒""黄檗"都属于芸香科，是这种凤蝶幼虫最喜爱的食物。柑橘凤蝶广布全国，大多数地区一年发生两代，所以每年从早春到夏末都能见到它们的身影。

每年春夏，很多学校都会开展养蚕活动，让同学们观察了解蚕的生命历程和生活习性。不过说实话，养白白胖胖的家蚕实在不够有趣，它们整天闷在盒子里，除了大嚼桑叶就是发呆，然后吐丝结茧，最后羽化成一只土里土气的连飞都不会的蛾子。

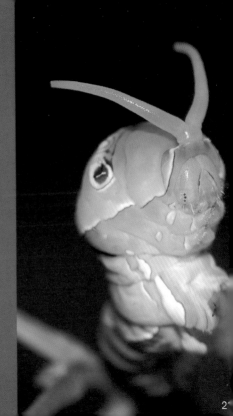

　　什么？你说你养的是五颜六色的彩蚕？给人家喂添加色素的饲料多不好啊，就算是虫子，也要注意食品安全哦！总之，不管是白蚕还是彩蚕都太普通了。养蚕的同时，顺便跟我们一起养蝴蝶吧！对比一下就知道，类似的生命历程，精彩程度可是有天壤之别。

　　没错，就是那些在画中翩翩飞舞的彩蝶仙子，平时我们想要看清楚它们都不那么容易。现在，你有机会超近距离地观察一只蝴蝶的成长。等你拿着蝴蝶到野外放飞的时候，让那些养蚕的同学羡慕去吧，要是有人不服气，就让他们也拿着蚕蛾放飞吧……

我很早就开始养蝴蝶了，最多的时候同时养十多种蝴蝶幼虫。因为每种蝴蝶幼虫吃的植物都不同，每次上山就好像到了天然菜市场，每种叶子都要采一点，不一会儿就装了满满一大包。每天早晨一起床，就要给它们清理饲养盒，换上新鲜的叶子。要是赶上出远门，还要把叶片分门别类，贴上数字标签，让家里人帮忙照顾。

　　经过类似蚕宝宝的几次蜕变，最终，精心照料的幼虫就会化蛹成蝶了。成虫放飞的感觉特别美妙：一只毛毛虫在自己的照料下变成了美丽的蝴蝶，然后从指尖轻快地飞走，一种成就感油然而生。对于山区分布的蝴蝶种类，最好还是去它的原生地（虫卵的采集地）放生。记得有一次，放出去的二尾蛱蝶刚刚起飞，两只灰喜鹊就突然展开了追击，急得我大喊大叫，就差扔石头了，还好最后蝴蝶飞到了树丛躲过了一劫。

　　从那以后，放飞之前我都会仔细观察周围的环境，以保证蝴蝶的安全。对于一些城市常见的种类，可以在家里直接打开窗子放飞。那时候住在胡同里，左邻右舍都知道我养虫子，所以，放飞出去的蝴蝶经常被他们抓回来还给我。我只能假装惊讶并且充满感激地收下，然后骑着车到稍微远点的地方再次放飞。

柑橘凤蝶
求偶飞行。

寻找蝴蝶卵（幼虫）

　　因为不像养蚕那么普及，想养蝴蝶几乎不可能直接购买到，所以一切只能靠自己啦！蝴蝶属于完全变态类型的昆虫，一生要经过卵、幼虫、蛹和成虫4个阶段。蝶蛹通常都隐藏得很好，不易找到，而捕捉和饲养成虫都有一定的难度，所以我们主要去找卵或者幼虫来饲养。

　　如果认识相应的寄主植物找起来就容易多了，当然，不认识也没关系。蝴蝶通常都喜欢在花丛中采蜜，所以总是围着鲜花飞舞。如果有蝴蝶围着没有花朵的植物打转，那么十有八九是要产卵了。蝴蝶选好产卵的植物后，通常都会用足在叶片上轻点几下，确认无误后，才将尾巴在叶片上触碰一下，产下一粒卵来。而它选择的植物，就是幼虫最爱吃的寄主植物。

　　我们这次要养的柑橘凤蝶，是城市中比较常见的大型凤蝶，能找到花椒树、柑橘树的地方，几乎都能看到它们的身影。实在找不到，种棵柑橘或者花椒树苗放在露台上，就会有柑橘凤蝶飞来产卵了。

即使在北京的二环里，
只要有花椒树的地方，就能
看到飞舞的柑橘凤蝶。

怪味儿肉肉虫

在饲养过程中你会发现，幼虫除了猛吃树叶之外，多数时候都安静地趴在叶片上打盹儿养膘。看着它胖乎乎的身体，忍不住用手去捅了一下，小家伙马上从头壳后边伸出一对儿黄色的"犄角"，同时散发出浓烈的气味。

在野外，这样剧烈的变化加上怪异的味道，通常都能吓跑天敌。不过在我看来，只要不是靠得太近，味儿并不难闻。有意思的是，柑橘凤蝶可以取食很多种芸香科植物，根据食物不同，散发出来的味道也不一样，吃柑橘树叶的最好闻，吃花椒树叶的比较难闻。

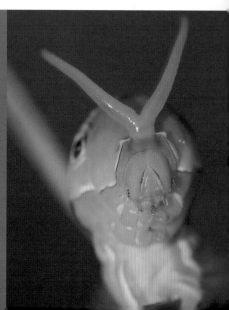

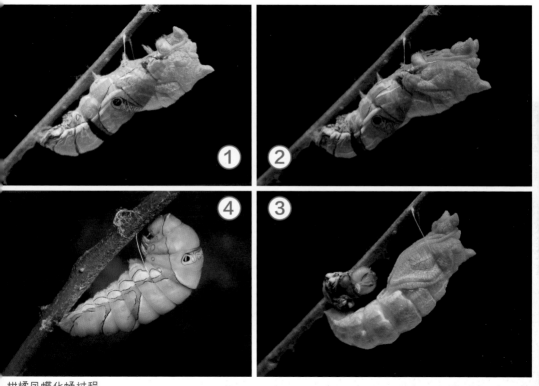

柑橘凤蝶化蛹过程

成长吧，"小绿猪"

　　刚刚从卵里孵化出来的柑橘凤蝶幼虫，会把卵壳当作自己的第一顿大餐，然后才开始吃叶子。幼虫期一共要蜕4次皮，小个儿的幼虫总是趴在树叶上，把自己伪装成鸟粪。长成的大个儿幼虫就变成绿色了，这个阶段是它最能吃的时候，俨然变成了一只趴在树枝上的"小绿猪"。

　　长到小拇指那么大的时候，它就会爬上枝条化蛹了，最终羽化成一只漂亮的大型凤蝶。整个周期大约一个月，幼虫期需要不断提供新鲜的叶片，化蛹阶段提供可以攀爬悬挂的枝条就好。刚刚羽化的蝴蝶比较虚弱，不要急于放飞，最好调一些蜂蜜水或果汁，让它进补一段时间再放生。柑橘凤蝶在城市中就可以成长繁殖，其他山区种类一定要到当初的采集地点去放生。

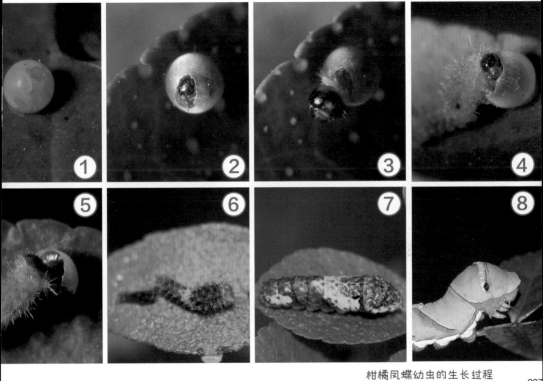

柑橘凤蝶幼虫的生长过程

227

刚刚羽化的柑
橘凤蝶成虫

228

后记

我的童年是在北京的胡同里度过的，那时候没有这么多高楼大厦和柏油路，也没有大面的人工绿地，只有一些大大小小的胡同，坑洼的小路两边长满了杂草，看似荒凉，却充满勃勃生机。那时候没有手机和电脑，各式各样的昆虫随处可见，它们自然成了我童年里最的"玩具"。中午顶着大太阳，用放大镜烧蚂蚁；爬到柳树上抓大天牛，用它尖利的牙齿"剪切"各种东西；在榆树上抓金龟子，然后在它背上插一根大头针，金龟子就会拼命扇翅膀变成一个小型风扇。到了夜晚，路灯一开，各种大蚂蚱和螳螂就出现了，把它们关在起，看它们斗个你死我活；墙上落满了各种飞蛾，壁虎早就吃得肚子滚圆了……

随着年龄的增长，昆虫从"玩具"变成了"玩伴"，我不再去玩弄它们，而是更喜欢去察它们，用相机去记录它们的种种精彩。我把这些"精彩"汇集到了这套书中。它是微型册，用最精美的图片吸引你，让你不再惧怕昆虫；它是图鉴，让你辨识并且记住各种昆虫；是故事书，让你了解昆虫们的喜怒哀乐，进入它们的世界。你可以去大自然中寻找本书中现的这些昆虫，也可以通过本书中介绍的各种"线索"去发现属于自己的昆虫。

本书的出版感谢这些好友的帮助：温仕良、刘广、孙锴、李超、王江、罗昊、陈兆洋、祖齐。

博物大发现
我的 1000 位昆虫朋友
蜻蜓家族

唐志远　陈　尽　编著

北京联合出版公司
Beijing United Publishing Co.,Ltd.

序 言

  这套书半翅家族分册的文字部分是我 2014 年写的。从文字角度来说，它是我的第一本书。当然，书中的主要亮点是唐志远老师的精彩图片，我只是给他的图片配文。

  唐老师是我博物学的启蒙者之一，把我这个只会玩虫子的小孩儿带上了昆虫观察者的路。初中时，我不知多少次点进他创立的北京昆虫网和绿镜头论坛，认识昆虫的种类，学习拍摄昆虫的技巧。我还喜欢阅读他幽默的拍摄笔记。后来我读了昆虫学的硕士，乃至现在做昆虫学科普，很大程度要归功于唐老师的影响。再后来与唐老师成了同事，一路合作到今天，令我感慨人生的神奇。

  此书缘自我刚工作没多久，唐老师跟我说想出一套书，收录他拍摄的各种昆虫，其中半翅家族分册想让我来配文。因为我硕士研究的就是蝽类，所以我很荣幸地接受了这个任务，并且把我当时所知都写进了书里。但是这套书当时发行量不大，很快就卖断货了，所以我之后也极少提起这套书。现在它再版上市，自然是一件大好事。

  这套书很适合用来培养对昆虫的兴趣，学习昆虫的习性，也是一套简单的常见昆虫种类图鉴。错过第一版的读者们，这次要把握住机会！

目　录

第一章

中国 20 种
会飞的宝石

蜻蜓自古以来深受人们喜爱，"蜻蜓点水""蜻蜓是益虫""小荷才露尖尖角，早有蜻蜓立上头"等有关蜻蜓的习性及行为的俗语和诗句家喻户晓，这种古老而特化的昆虫在几乎有淡水的地方都能见到，它们那七彩的身影给我们的童年带来了像梦一样自由的时光。

化石证据表明，蜻蜓出现在 3.5 亿年前的古生代石炭纪，这个时期的蜻蜓体型巨大，其中一种翅展可达 75 厘米。经过漫长的进化及自然选择，现在的蜻蜓小了许多，世界上最大的种类其长度也不过人类手掌大小。但此类昆虫演化出的物种多样性令人叹为观止，迄今为止，全世界的蜻蜓已被科学记载的近 6000 种，我国已记录 20 科 650 余种，而且随着研究者及爱好者对蜻蜓世界的不断深入研究，这些数字每年都在被刷新。

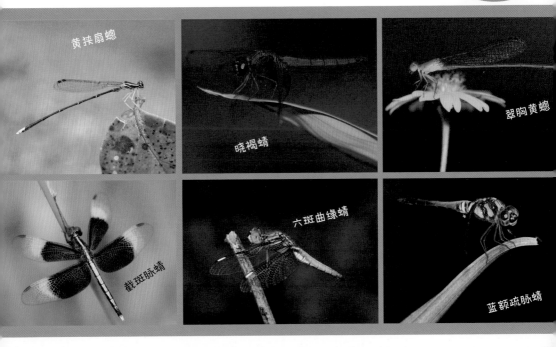

中国 20 种
会飞的宝石

黄狭扇螅

晓褐蜻

翠胸黄螅

截斑脉蜻

六斑曲缘蜻

蓝额疏脉蜻

差翅亚目的头部正面观

束翅亚目的头部正面观

　　分类学上将蜻蜓目昆虫分为三个亚目，包括差翅亚目、束翅亚目和间翅亚目。与其他昆虫类似，蜻蜓成虫的身体由头、胸、腹三部分构成，巨大而圆鼓的复眼几乎占了头部的一半以上，集合成复眼的小眼数量达 1 万—2.8 万个，每个小眼的视野角度为 2°—3°，加之蜻蜓的头部能灵活转动，这造就了它近 360° 的视角。

　　与一般昆虫不同，蜻蜓并非近视眼，它能够分辨出远达 40 米的运动物体。具有强大影像系统的复眼不仅为蜻蜓提供了特技般的生存本领，也为辨认蜻蜓提供了帮助——若两眼间的距离大于复眼的宽度则为束翅亚目，反之则为差翅亚目。

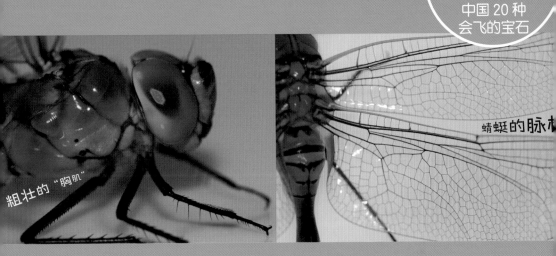

粗壮的"胸肌"

蜻蜓的脉相

　　两复眼间近头顶处，是三个微小的仅有感光功能的单眼，单眼旁生有刚毛状细短的触角，头部最下方则是具有锋利上颚的咀嚼性口器。与头部连接的前胸较小，可转动，后面是由中胸及后胸愈合成的健壮的"合胸"，这是蜻蜓飞行的动力源泉，它侧面的斑纹则是辨认种类的主要参考特征。六足及四翼分别生于胸部的腹面和背面，足的步行功能在蜻蜓中几乎丧失，代之以空中杂耍般的捕食技巧，两对窄而长的膜翅翅脉密布，交织如网，如蜻蜓的"手相"。

蜻蜓翅脉具有增强
稳定性的网状结构。

翅痣

翅脉与翅室的分布及走向成了人们分辨蜻蜓科属类群的主要依据，也因此诞生了有"活化石"头衔的"间翅亚目"。

此外，在近翅端缘处有一加厚不透明的斑纹，为蜻蜓的另一显著特征，即"翅痣（zhì）"，这一形态因种类而有长形或方形等变化，并依据翅痣中翅脉的有无分为真翅痣和假翅痣。多数蜻蜓都属真翅痣，少数种类如南北常见的透顶单脉蟌，雌虫有假翅痣，雄虫则无翅痣。翅痣是众多蜻蜓飞行必不可少的结构，因为它可以消除在高速飞行时翅膀出现的"颤震"现象。

人类为解决这个不利于飞行的空气动力学问题，最终从蜻蜓身上得到了启发，进而在当今飞机机翼前缘端部增加了一个加重装置。

高速飞行的黄蜻

　　蜻蜓的腹部纤细而长，由10腹节组成，略似"尾巴"形态，内含众多脏器。雄虫腹部末节尾须状的构造称为"肛附器"，依位置不同分为上肛附器与下肛附器，部分种类会特化成钩状、环状等，在交配时具有能"夹住"雌虫的功能。雌虫腹末节腹面则有产卵器，部分类群特化成产卵刺。区分蜻蜓雌雄最简单的方式是观察蜻蜓第二和第三腹节腹面有无凸起的"交合器"，有则为雄。

除了精妙的外形，蜻蜓迷人的色彩和特殊的习性更引人入胜。随着数码相机的普及，这些会飞的"宝石"正不断被我们以全新的方式探寻、观察、拍摄、辨认，甚至去回忆，它们那令人心动的生态影像不仅增加了我们对大自然的理解，也改变了我们对大自然的态度。蜻蜓的种类与数量，甚至能映射出我们身边水陆环境的优与劣。

正在产卵的
白扇蟌

正在交尾的
透顶单脉色蟌

纤细的飞行器

束翅亚目的成虫俗称"豆娘"，多数种类体型较差翅亚目的小，却很精致。它们的复眼相隔很远，如哑铃状，多数种类翅膀的基部较窄，似船桨的"柄"。前后翅形相似，休息时一般将翅膀合拢立于胸部上方，少数类群则会张开。豆娘一般不善飞，仅在低空活动，而且领域极小，守着一两个池塘就能度过一生。豆娘雄虫的腹部末端有上肛附器

褐斑异痣蟌（雌）

和下肛附器各一对，这一构造特征是鉴别色彩近似种的最佳依据。所有雌性豆娘腹部末端的产卵器都特化为产卵刺，因此常附着在水草或挺水植物上产卵而无"点水"现象。除了丽蟌、大溪蟌、丝蟌、综蟌及部分山蟌，豆娘一般分雌雄二色。

豆娘稚虫体纤细，显得很柔弱，腹部末端有三个螺旋桨状的尾鳃，具有辅助游泳功能，但在水中前进主要则靠身体的左右扭动。

雨林隐者——丽蟌科

此科品种并不丰富，仅出没于热带或亚热带森林的溪流环境，在中国的广西和云南可见"杜德丽蟌"。它的体型稍显粗壮，体呈蓝黑色，稍带金属光泽，翅端缘黑褐，整体显得十分低调。它在林中踪影不定，不与其他种类争强好胜，过着隐居的生活。它的警戒性较高，与人相遇时会保持一定距离，在野外很少见。

笔者原本在野外发现了一只杜德丽蟌雄虫，想缓慢靠近尝试拍摄时，却被某只鸟抢先一步夺了去。为了救下这难得的标本，我不得已赶忙去追鸟。在我的大声呵斥及乱石攻击下，鸟惊慌失措，长鸣而去，杜德丽蟌随即飘落，但不知伤及何处，最终一命呜呼了。

杜德丽蟌雄虫

溪流炫色——色螅科

　　色螅是一种中至大型且较苗条的豆娘，生活于溪流环境，南北均有分布，雌雄二色，雌虫呈灰暗或暗褐色，雄虫身体带金属光泽，或绿或古铜色。除了闪色螅翅膀具"柄"状结构，其余翅膀宽阔部分还富有色彩，如透顶单脉色螅雄虫，它那一抹诱人的蓝在中国许多地区都能欣赏到；云南绿色螅的雄虫则将黑与白的故事写到了翅膀上，也许这对早春发生的它来说是别具一格的保护色；享有"东方宝石红"美誉的赤基色螅和"蓝紫色白玉"的霜基色螅，将溪流点缀得熠（yì）熠生辉；最有炫耀资本的是一种生活于亚热带及热带的华艳色螅，雄虫前翅透明，后翅会反射出绿色的金属光泽，它时而将闪耀的翅膀张开追逐雌性或相互争斗，时而一张一合地宣告着自己的领地范围。

　　总之，色螅那修长的身躯加上夺目的外衣，可谓是溪流边一道亮丽的风景。

透顶单脉色螅（雄）

透顶单脉色蟌（雌）

华艳色蟌（雄）

华艳色蟌（

暗黑色蟌（雌）

云南绿色蟌（雄）

赤基色蟌（雄）

透顶单脉色蟌稚虫

　　除了翅膀的色彩，还可从有无翅痣判断色蟌的常见类群，单脉色蟌属及艳色蟌属的种类，其雄虫无翅痣，雌虫则有白色的假翅痣，细色蟌雌雄虫以及部分暗色蟌雌雄虫皆无翅痣，其余属种则具有真翅痣。

　　色蟌稚虫体型与足一般较细长，部分种类较短粗，如绿色蟌属种类，有三片尾鳃，呈长棍形，常合拢，中尾鳃较两侧短，整体色彩灰暗，似小枯枝，常攀附于溪流中的水草或落叶层上。

暗黑色螅（雄），
无翅痣。

云南绿色螅稚虫

闪色螅（雄），
具真翅痣。

溪流舞者——隼螅科

隼（sǔn）螅体型较小，但显粗壮，仅栖息于亚热带或热带森林溪流环境。用于识别它们的最佳特征为成虫有突出如"鼻"状的额，且腹部明显短于后翅。多数种类的雄虫都有色彩斑斓的翅膀和体色，翅膀某些区域会在不同角度下折射出多种金属耀斑，而各种类的雌虫在体色斑纹上较接近，不易分辨。

三斑鼻螅（雄）

三斑鼻蟌（雄）

向雌虫展示感足部的雄性黄鼻螅

线纹鼻螅（雄）

三斑鼻螅（雄）的头部背面观

黄脊鼻蟌（雄）

　　倘若同一种类的两只雄虫在溪边相遇，它们会做较长时间的悬停并展示各自的色彩，或相互追逐，偶尔用足蹬踏一下对方，如同两架在空中做表演的直升机。飞行求偶时，雄虫会在雌虫上空盘旋，翩（piān）翩起舞，以展示它那华丽闪耀的身体及性感的足部。

　　在中国常见的种类有三斑鼻蟌、黄脊鼻蟌、线纹鼻蟌等，它们的稚虫腹部末端具三根刺状尾鳃，与色蟌栖于同一环境，但身体强烈的保护色使它们难以被发现。

溪流黑影——溪螅科

溪螅有时也被称为"幽螅"，体型中等，稍显粗壮，翅膀较宽阔，很少具有"柄"状结构，翅痣狭长。它们无一例外地生活于溪流环境，集中分布于亚热带及热带，且许多品种的雄虫体色十分幽暗。

翅膀上的颜色与图案是分辨它们最简便的方法：方带溪螅翅膀中间具一条黑方带；黄翅溪螅翅脉呈暗红色，且翅面染有金黄色带；透顶溪螅除半透明的翅端部外乌黑一片；在溪流边飞行的褐翅溪螅，仿佛刮起的一阵黑旋风。

潜水产卵的透顶溪螅（雌）

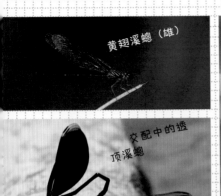

黄翅溪蟌（雄）

交配中的透
顶溪蟌

褐翅溪蟌（雄）

　　溪蟌属各品种的雌虫极其相似，与雄虫交配时的画面才是确认其身份最简单有效的方法。它们有时会奋不顾身地攀爬水草，潜入急流内产卵。溪蟌科在中国分部的类群还有异翅溪蟌属、尾溪蟌属、暗溪蟌属等。

　　溪蟌属的稚虫一般藏匿（nì）于溪流石下，颜色多为暗褐色，体型较为扁平，腹部侧方有气管状的外鳃，腹末尾鳃似拉长的心形，边缘多纤毛。

净水长老——大溪螅科

　　此科在中国仅发现两个种，族群基因渊源古老。它们的成虫体型在豆娘里属于健壮的，约与蜓科的中型品种相当，其翅膀透明且狭长，非常近似船桨，停息时会张开。与其说它们偏爱人类的水源保护地，不如说它们守护着洁净溪流。

　　它们虽然外表看似年迈，但飞起来却异常轻盈，警觉性较高，常孤独地停息于溪流静僻处，给人高深莫测的印象。尤其是壮大溪螅，它们在安徽北部山区发生一周后就不知去向了，简直是谜一样的物种。其稚虫在野外更难寻觅，据说它们能从溪流爬到几米高的垂直石面上进行羽化。

壮大溪螅稚虫

壮大溪螅

柔术为道——螅科

螅科种类在中国南方尤其丰富，它们多栖息于静水环境，如水稻田、鱼塘、荷花池等。螅的体型较细小，色彩多样，翅膀透明，翅脉较稀疏，翅面后缘上的翅室多呈五边形，腹长与后翅的比例几乎都小于1.5:1，其中包含了中国最小的蜻蜓——杯斑小螅，其腹部仅约18毫米。

此外，部分同属不同种的雄虫颜色出奇地相似，如东亚异痣螅、长叶异痣螅和褐斑异痣螅。腹部末端蓝色斑纹的分布情况，是从外观上辨别它们的最佳特征。

交配中的
赤异痣螅

蟌科稚虫的一般形态

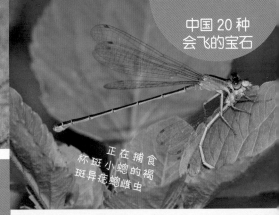

正在捕食
杯斑小蟌的褐
斑异痣蟌雌虫

杯斑小蟌，老熟雄虫

　　千万别被蟌柔弱的外表欺骗，其实它们都是纯肉食主义者，和体型硕大的蜓科种类一样拥有凶残的内心。东亚异痣蟌取食蜉蝣（fú yóu）的姿态，就像人类抱着烤鸡腿啃得嘴直冒油似的，甚至褐斑异痣蟌雌虫还捕食杯斑小蟌等同类。

　　蟌的稚虫细长，多为绿色，格外娇嫩，常攀爬于水草上，腹部末端尾鳃形状的差异是辨别各品种的重要特征，有扇形、条形、椭圆形等。

拳击手——扇螈科

　　此科外表与螈类似，翅后缘的翅室多为四边形，在中国常见的有四个属：扇螈属、狭扇螈属、长腹扇螈属和丽扇螈属。除了前两个属的个别种，其余成虫多栖息于山区溪流环境。

　　其中，扇螈属种类雄虫的中足和后足部胫节膨大似扇状，最容易被识别出来。雄虫在争夺领地时，就像戴着拳击手套互殴，败北的一方可能就会缺胳膊断腿。狭扇螈足部胫节膨大程度稍逊一些，而腹部略狭长，北方湿地分布的黑狭扇螈如今在野外已难觅踪迹。

串联中的白扇螅

朱腹丽扇螅（雄）

产卵中的黄脊长腹扇螅

　　长腹扇螅腹部十分修长，几乎是后翅的 1.5 倍，体色多以黄、蓝为主，此属在亚热带及热带森林溪流有着异常丰富的种类。丽扇螅的各品种都以"红"作为自己腹部的主打色，虽在灌木中格外醒目，却易混淆，部分品种是近年来才被科学记载的新种，它们仿佛让人重返工业文明初期物种大发现的冒险时代。

　　扇螅的稚虫与螅科形似，只有尾鳃较为膨大，常附着于水草上。

比例失调——扁蟌科

原扁蟌属是此科常见的种类，栖息于未经人类开发的亚热带或热带森林溪流环境，体型小，多有白斑，翅膀较狭窄，其雄虫有超乎寻常的腹部，长度约为后翅的2倍或以上，而且十分纤细。拥有如此不当的身体比例，真不知它们在空中飞行时该怎样保持平衡。其黑褐的体色与阴暗潮湿的热带森林正好融为一体，稍不留神就会从人眼皮底下溜走。

在云南"醉蝶乡"里的种类有假死性，一旦被捉立刻缩手缩脚。如果被放在花上，它会躺上一刻钟也不动声色。

具有假死性的原扁蟌（雄）

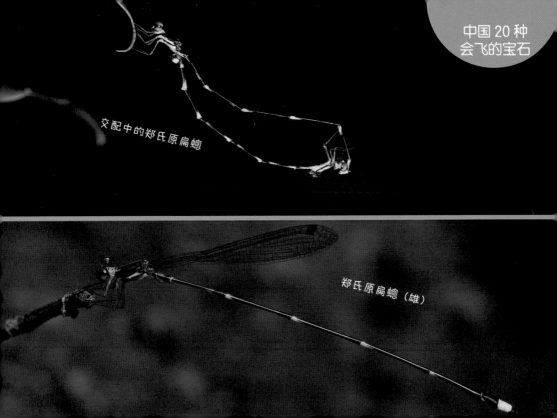

交配中的郑氏原扁蟌

郑氏原扁蟌（雄）

翅脉进化——原螅科

此科种类因后翅后缘近翅柄溢（yì）缩处有一条横脉弯曲成弧形或消失，从而建立起自己的一个小"国度"。在中国仅发现微桥原螅一属，它们体型小而修长，翅脉简洁，多为黑色，有的种类合胸背部具金黄色，腹长与后翅长比例接近 1.5:1。

原螅科一般出没于亚热带、热带森林溪流环境，偏好悬停，行动敏捷。在夏季蜻蜓爆发的浪潮中常被人忽视，然而其悬停的姿态是练习拍摄飞行蜻蜓的理想对象。

乌微桥原螅（雄）

串联飞行的乌微桥原螅

冰寒意志——丝螅科

　　丝螅毫无疑问是蜻蜓里耐寒能力极强的类群，体型为小至中型，它们集中分布于中国东北及西部的中高海拔地区，中原地区虽然也有零星分布，但接近晚秋时才有发生。有时，你会因快入冬时见到鲜活的豆娘而惊讶不已，它们正是丝螅科种类。

　　丝螅属的品种多有绿色金属光泽，在休息时翅膀完全张开或半张开。印丝螅属的种类体多褐色，停落时将翅膀合拢单搁在腹部一侧，据说还会藏在树皮下冬眠。如果幸运的话，在云南热带雨林里还能邂逅丝螅中的另类——巨型的长痣丝螅，单凭它腹部那淡蓝的肤色及富有色彩变化的翅膀，就足以让人领略此地的奇幻。

三叶黄丝螅（雄）

黄面印丝螅（雌）

浆尾丝螅（雌）

长痣丝螅（雄）

与"重"不同——山螅科

山螅是一类少见的大型豆娘，体色并不鲜艳，只有走进深山密林有溪流的地方才能一睹其芳容。在亚热带丛林中隐藏着多种极稀少的种类，它们不甚善飞，也许是因为身体粗壮过重。受到惊吓时仅会在低空短距离飞行一段就停下休息，停落姿态与丝螅类似。

藏山螅、杨氏华螅和扇山螅都要张开较大的翅膀以平衡身体，尤其是藏山螅休息时的姿态更像趴着，有时腹部也会接触叶片。

扇山螅（雄）

扇山螅（雄）

红尾黑山螅稚虫

藏山螅（雄）

海南家园——拟丝螅科

全世界此科仅含一种，它就是来自中国海南的丽拟丝螅，它的特殊不仅在于分布上的局限性，而且在于形态上的另辟蹊径。丽拟丝螅的前后翅大相径庭，前翅狭长透明，后翅稍短小，却富有太阳般的金黄色。这个标志像蕴含着某种上天赋予的使命，它们代代相传，像卫士一般守护着海南独特的森林清泉，愿与自己的家园共存亡。

丽拟丝螅（雄）

正在交配的
丽拟丝螅

蓝色的小面
罩也是丽拟丝螅
的重要特征。

青铜圣衣——综蟌科

此科在中国仅发现两个属：绿综蟌属和华综蟌属，它们都是身体修长的大型豆娘。尤其是绿综蟌属的品种，全身反射出夺目的青铜金属光泽，这不禁让人想起那不灭的神话。没错，它们是一群生活在森林溪流里的斗士，守护着甘甜的山泉，被雅典娜称为"青铜圣衣"。

在大别山区出没的黄肩华综蟌曾被誉为"中国珍稀昆虫"之一，其体色一般从青铜渐变为黄金色。此种展翅飞行时正好春暖花开，雌雄交尾的姿态更展现出一个完美的"心"形。

黄肩华综蟌
（上雄，下雌）

绿综蟌（雄）

综蟌的稚虫在溪流枯水期的夜间并不难发现，其形态轮廓与蟌科种类相比，好像被高科技修正了一番——复眼突出而圆滑，腹部柔韧而灵活，尾鳃形状更精致，常呈螺旋桨状展开。

综蟌科稚虫的一般形态。

翅膀的过渡

纤细的豆娘，粗壮的蜻蜓，它们之间有明显联系吗？究竟是从谁进化到了谁？它们那错综复杂的翅膀结构里似乎隐藏着深奥的遗传密码。

以赤基色蟌、透顶单脉色蟌宽大翅膀为代表的色蟌类群，与其余豆娘如壮大溪蟌、鸟微桥原蟌船桨似的翅膀截然不同，介于它们之间的溪蟌翅脉则简单化，而鼻蟌出现了船桨形翅膀的雏形，且余留着色蟌翅膀上那斑驳的色彩。过渡的阶梯一步步明朗起来，从翅膀的相貌即可对豆娘类群加以区分。

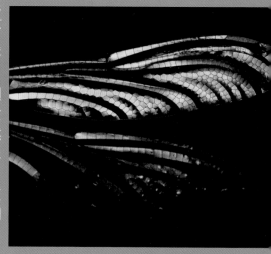

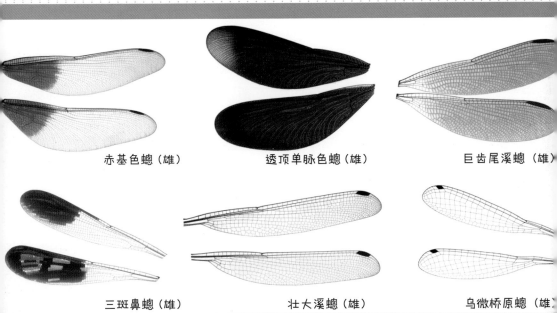

赤基色蟌（雄）　　　　　　透顶单脉色蟌（雄）　　　　　巨齿尾溪蟌（雄）

三斑鼻蟌（雄）　　　　　　壮大溪蟌（雄）　　　　　　　乌微桥原蟌（雄）

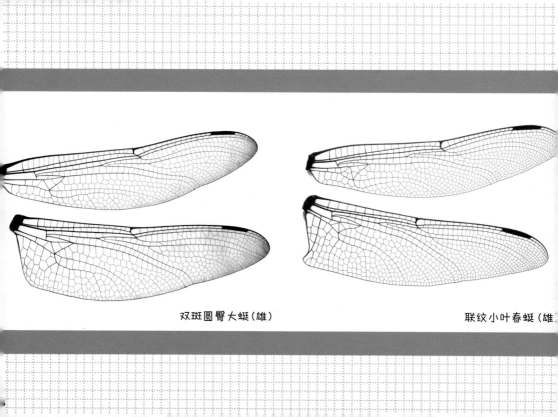

双斑圆臀大蜓（雄）　　　　　　　　　　联纹小叶春蜓（雄）

　　在第三节登场的差翅类群中，大蜓、春蜓的翅形与色蟌颇为相像，而恰巧它们都以生活在溪流环境为主，用分子的手段也许可以弄清楚它们之间的亲缘关系。

　　值得注意的是，对雄虫而言，春蜓、弓蜓后翅基部的"臀三角"（红色区域）比大蜓的明晰许多，而与大蜓体型相当的碧伟蜓却毫无此特征。但在溪流中生活的黑额蜓、头蜓等中又复见此特征，也许这正是溪流型蜻蜓共有的标志。栖息于静水池塘的碧伟蜓在进化路上突破了臀三角对后翅的束缚而使后翅稍显宽大，可能正是这细微的改变，使得碧伟蜓飞行力得到加强，从而能定居于更宽广的天地。相比局限于生活在溪流的蜓，它获得了更强的环境适应力。

　　下文将提到的翅膀上的"三角室"，是辨别蜓与蜻的主要特征。另外，弓蜓后翅中离臀三角不远的区域特化出一个名为"臀套"（蓝色区域）的圈形结构，因此，以弓蜓为代表的伪蜻科自然成了蜓与蜻间的过渡物种。

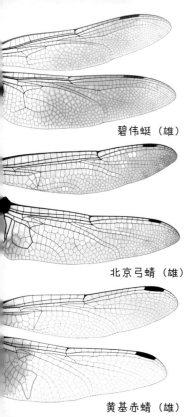

碧伟蜓（雄）

北京弓蜓（雄）

黄基赤蜻（雄）

蜻科种类与碧伟蜓如出一辙，也摆脱了臀三角的"紧箍咒"，多数定居于静水池塘，无论雌雄在翅膀上皆无臀三角，而对应臀套的位置则特化成足的模样，因而称为"臀足"（绿色区域），体型及翅膀精简、缩小化的它们表现得更加适应复杂多变的环境，且出现繁多的分化。

从翅膀的外形可以分辨蜻蜓与豆娘，豆娘的翅膀有两种类型，而蜻蜓仅有一种。两大类群在各自的群内物种间都有过渡迹象，那是否也存在船桨形翅膀的蜻蜓呢？答案是肯定的。这个类群被称作间翅亚目，仅含昔蜓科，全世界发现了四种，其中两种来自中国，另外两种分别来自印度及日本，它们是蜻蜓中最稀有的"宝石"。

昔蜓兼具差翅类与束翅类的特征，体型粗壮，形似春蜓，体色黑黄，斑纹相间如大蜓，有的还具有绿金属光泽，后翅宽于前翅，且近翅基部有豆娘一样的柄状结构，使得翅略呈船桨形，停息时会将翅膀合拢，完全一副蜻蜓与豆娘间的过渡模样。然而它们对现生环境的适应力不强，随时有被吞没的危险，但这也造就了其稀有的身份。中国的两种昔蜓，至今皆无有关成虫生态图的任何报道，拍摄它们成了一项奢侈的挑战。

蜻蜓的进化态势似乎与人类对电子产品的改造道路完全吻合，都在不断微型化、精简化，让人不由得想起蜻蜓的食物——苍蝇。它用一对微小的翅膀就能在空中肆无忌惮地飞行，这也许就是未来物种的进化方向，而并非"高大上"。

翱翔天际

　　差翅亚目就是广为人们熟知的蜻蜓，但在分类学上却将"蜻蜓"一词拆开使用，从而出现了蜻与蜓之分，蜻的体型一般较小，腹长2—4厘米，腹部前两节少有膨大，体色丰富多彩，前后翅上"三角室"的最小锐角指向不同；而蜓的体型较壮硕，活像一架波音747，腹长5—7厘米，腹部前两节膨大，体色以绿、黑、黄为主，前后翅上"三角室"的最小锐角指向相同。此外，蜓雌雄色彩斑纹相似，而蜻多雄艳雌暗。

赤褐灰蜻（雄）

总体而言，蜻与蜓都拥有近全景的视角，翅长善飞，后翅宽于前翅，在休息时张开翅膀，翅上网状的结构让轻盈的膜翅刚柔并济，雄虫都只有一对上肛附器和一个下肛附器。

除春蜓科外，其他类群的复眼都是相连的，这些特征都有别于豆娘。蜻蜓的稚虫较粗壮，一般近圆筒形，受惊扰时会从腹部喷出水柱逃避敌害。

蜓的代表，浅色长尾春蜓（雌），所示三角室指向相同。

差翅亚目种类停息的一般姿态——褐带赤蜻。

飞龙再现——蜓科

蜓科的成虫非常引人注目，不仅因其体型巨大、色彩鲜明，而且常与我们互动。任意一个人工湖畔基本上都能见到一种广布中国的绿色碧伟蜓，它通常沿湖边迂回飞行，在寻找食物的同时，对出现的雌性配偶有着强烈欲望，一旦发现则奋力追赶，直至将其降服。黑纹伟蜓和日本长尾蜓在这方面都更为暴力，它们追逐到雌虫后，会将其按于水中强行施压直至同意交尾。

利用这个特性，人们突发奇想地创造了一种"钓蜻蜓"的游戏。相信很多人小时候都玩过这个游戏，偶尔会被蜓锋利的上颚咬破手指而痛苦万分。然而随着城市的发展，这一游戏已渐渐淡出大众的视野。

交配中的碧伟蜓

在山中溪流间巡飞的头蜓（雄）

　　蜓科雌虫与豆娘一样有发达的产卵刺，通常附着于水面水草、浮木或挺水植物上产卵。不过，有一类生活于森林溪流环境中的蜓则会在苔藓上产卵。它们的体色颇为相近，都以黑绿相间的斑纹为主，并都装饰着蓝或绿水晶般迷人的复眼，在林间上下疾飞时，这种色彩确实让人眼花缭乱。常见的有黑额蜓属、头蜓属及佩蜓属的品种，其中中国的黑额蜓、头蜓新种近年来不断被报道。

浅色佩蜓（雄）

悬停的雄性日本长尾蜓

蜓科种类一般采取"吊"着的停息姿态，此为雄性黑额蜓。

碧伟蜓稚虫

串联产卵
的碧伟蜓

黑额蜓稚虫

蜓科稚虫像拉长的圆筒形，表面光滑，多数种类即将羽化时可达 5 厘米长，喜攀爬，并在沙砾或泥沙中活动。性凶猛，蚯蚓、蝌蚪、小鱼甚至体型小于自己的同类都是它们眼中的猎物。溪流里的蜓虫也懂得像其他种类那样用喷射式推进法逃避敌害，但它们还是惯用假死的方法迷惑天敌。它们会把脚紧紧收缩，保持完全静止，加上暗褐的体色，使其看上去俨然一小块朽木。

统一着装——春蜓科

　　春蜓的体型中等至巨型，腹部较粗壮，在中国发现了约 160 个品种。与大多数差翅亚目的蜻蜓不同，春蜓的复眼是分开的，但没有豆娘那样相隔甚远。春蜓的色彩以黄黑或绿黑相间的迷彩为主，同种雌雄虫色彩斑纹分布相似。所有春蜓雄虫的第二腹节侧面都具"耳状突"，雌虫则无。蜓科里仅有部分类群存在此特征，如头蜓属、佩蜓属。某些同属的春蜓种类在外观上非常近似，只能通过检视雄虫肛附器进行分辨。

双鬓环尾春蜓（雄）

联纹小叶春蜓 (雌)

悬停的海南环尾春蜓 (雄)

春蜓一般在春季羽化为成虫，有的发生期较短，如栖息于静水塘的野居棘尾春蜓仅享受一段温暖明媚的春天，而生活于同一个池塘的大团扇春蜓则较迟出没并持续活跃至盛夏。大部分栖息于溪流的春蜓在5月即羽化为成虫，接着便散入离其羽化地点不远的森林继续成长，至老熟阶段再回到出生地，等待雌虫出现，交尾后的雌虫排出的卵块会大量地粘于腹部末端，之后以点水的方式产卵。

弗鲁戴春蜓（雄）

扁平的艾氏施春
蜓稚虫

春蜓稚虫

　　春蜓的稚虫一般呈纺锤形，头部
有棍棒形较粗的触角，而有的膨大呈
扁圆形，多生活于水中泥沙或淤泥中。
它们的前足较宽而有力，以便在溪流
泥沙沉积处挖掘洞穴，白天潜伏于其
中，晚上则像推土机一样翻开泥层寻
找美味的摇蚊幼虫。

　　小叶春蜓属的稚虫身体椭圆，而
施春蜓属的稚虫身体则较扁平，触角
扁圆，这两种形态使它们能在流速较
快的溪流的石块下生活。

显春蜓（雄）

高空领主——裂唇蜓科

裂唇蜓因成虫下唇中叶开裂的独有特征而被归为单独类群。它们与大蜓科的品种可视为姊妹群，一样的巨型，具黄黑相间的虎纹，霸气外露，因复眼仅以一点相接而异于其他类群。但与大蜓不同，裂唇蜓偏爱低海拔地区的山地溪流，后翅较为宽阔，非常利于高空滑行，有的品种翅膀甚为华丽，如蝶裂唇蜓。在云南某沟谷雨林里出现的品种更令人惊叹，似乎刚从琥珀化石中苏醒过来，全翅金黄。

吃小鱼的裂唇蜓稚虫

裂唇蜓稚虫

裂唇蜓稚虫会选择与自己体色近似的泥沙，将整个身躯埋于其中，头部微露伺机捕食。栖于同一条溪流内的虾虎鱼是其至爱的美味，每吃饱一顿它就完全潜入沙中，待饥饿时再将头部探出水面。裂唇蜓的生活环境多为热带或亚热带森林的洁净溪流，这种环境恰恰造就了异常丰富的生物多样性。因此，只要有它们生存的地方，都显得弥足珍贵，是生态摄影的"圣地"。

溪流霸主——大蜓科

大蜓科与裂唇蜓完全是"一山不容二虎"的真实写照，一个走向温凉高地，另一个则走向炎热低地。

不过也有例外，处于安徽大别山的低矮山区的巨圆臀大蜓和裂唇蜓居然共栖于一条溪流，可两者的发生季节完全错开了，直至8月还能看见巨圆臀大蜓雌虫在"插秧式"点水产卵，而裂唇蜓早于6月就销声匿迹了，看来"二虎"也有达成同盟协议的时候。

北京角臀蜓（雄）

大蜓科稚虫

大蜓科种类复眼背面仅以一点相接。

大蜓的分布范围跨越了中国黄河，体色都是黄黑条纹相间。即使在北京山区也能见到两种大蜓品种——北京角臀蜓与双斑圆臀大蜓。后者与中国现生最大的蜻蜓——巨圆臀大蜓极为相似，其雄虫腹长约 70 毫米，雌虫腹长约 80 毫米。

在外观上除了体型大小，没有更好的分辨它们的方法了，就连雄虫的肛附器也极为近似。大蜓与裂唇蜓的稚虫都有潜伏于泥沙中生存的习性，且体态相似，但从它们的头部特征即可容易区分，大蜓的额头上留有一排整齐的刚毛，如"平头"一般，且"腿毛"极发达，裂唇蜓却是超帅的"光头"形象，整体则光滑许多。

北京角臀蜓（雄）

诡秘世界——伪蜻科

伪蜻科成虫头部侧缘的凸起破坏了头部完美的弧线，因而自立门户。它们的翅脉基部存留着蜓的特征——臀三角，所以可将其视为蜓和蜻的过渡物种。多数伪蜻的复眼都似翡翠般通透，胸部则有深绿金属光泽及黄条纹，腹部呈黑色具黄斑点。栖息于静止水域，且广布中国南北的闪蓝丽大蜻，就有着这样一种典型的伪蜻色彩。与此相似的弓蜻属品种体型粗壮，此属在华南地区森林溪流间的分化异常多样，其稚虫都有细长的足，有点像六条腿的蜘蛛。

在空中悬停的半伪蜻（雄）

闪蓝丽大蜻（雄）

弓蜻（雄）

　　除了这些大型伪蜻，中型伪蜻的行为及分布也非常出人意料，在平原地区的湖泊中就栖息着早春发生的缘斑毛伪蜻，北京山区溪流中则有格氏绿金光伪蜻，云南温凉的山谷中还有多分布于澳大利亚的半伪蜻，而被称为"黄昏幻影"的异伪蜻则神出鬼没，我多年在野外观察都未拍摄到其交尾场面，它们或许有另一番不可告人的诡秘天地。

弓蜻稚虫面部

弓蜻稚

7

夺目的色——蜻科

　　它们是蜻蜓中最为常见且演化最为成功的类群，几乎占中国的蜻蜓品种的三分之一。它们中的黄蜻广布于全世界的热带及温带地区，它们的体色是对生物多样性最好的诠释，其中不难发现太阳的七色光芒。斑丽翅蜻更是将翅膀的色彩演绎到一个新的高度。在蜻的世界里，我们能以"色"辨别种类，它们的名字几乎都与色有关。

　　红色作为昆虫界的主打色，在蜻科品种中也有不少。红蜻雄虫除了翅膀，从头至尾如辣椒般火红，包括复眼，在野外醒目易识。其分布范围正如中国红的色彩遍布大江南北，但其刚羽化时却如雌虫般黄嫩。

斑丽翅蜻（雄）

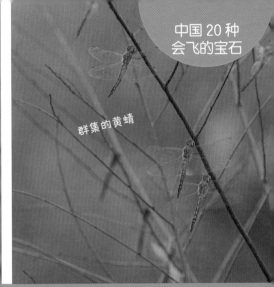

群集的黄蜻

　　与红蜻相似的品种有华丽灰蜻、赤斑曲钩脉蜻、网脉蜻及赤蜻属的部分种类，它们在华南地区可能与红蜻共处一个池塘，然而面部都没有红蜻那么"害羞"。华丽灰蜻像是被造物主重新定义过色彩布局，红色仅出现于额头与腹部；赤斑曲钩脉蜻除了后翅基部的大块红褐斑可作为辨认的"胎记"外，与红蜻在体型、行为、色彩上都颇为相像；网脉蜻那如诗画般的翅膀让人过目不忘，任红蜻再怎么使劲把脸憋得通红，也只有羡慕的份儿了；赤蜻只有等到秋天，其腹部才有霜叶般的美艳色彩。

7

红蜻 (雄)

红蜻（雌）

黄翅蜻（雄）

狭腹灰蜻（雄）

红蜻小两口对红黄色彩的搭配做出了感性的诠释，也对蜻蜓里雌雄二色进行了阐述。黄与橙是蜻科品种中雌虫的传统色，近 80% 种类的雌性与鲜亮的雄性相比，常被误认为他种。

当然，也有部分品种雌雄穿着相似的情侣装，黄翅蜻、半黄赤蜻、云斑蜻都很顾及另一半的感受，雄虫仅化了淡妆，但它们的名字皆源自雄虫那一抹淡妆。

自蜓科品种演化出以绿为主的体色后，许多蜻科品种对此色很少问津。之前只有身着迷彩情侣装的部分狭腹灰蜻符合要求，而且其第一、第二腹节膨大如蜓，这种"脱蜻人蜓"的体态模仿也造就了其好斗的性格，它甚至会捕食同体型大小的其余灰蜻属种类。但美洲的一些灰蜻属种类的基因似乎发生了突变，表现出了蜓科的翠绿色。

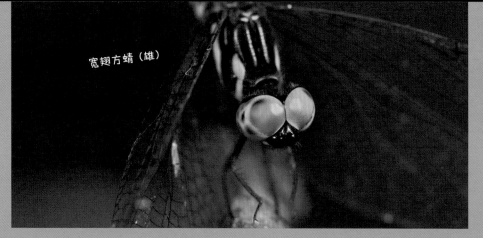
宽翅方蜻（雄）

锥腹蜻（雄）

庆褐蜻（雄）

　　与蜓科占据绿色情形如出一辙，蓝色多为蟌科品种所有。异色灰蜻、黑尾灰蜻、吕宋灰蜻的蓝灰体色及锥腹蜻的淡蓝体色，在蟌的蓝精灵世界里完全不值一提，只有热带雨林中的宽翅方蜻蓝水晶般的复眼能与之相比，蓝色在雄蜻的眼里成了件奢侈品。

晓褐蜻（雄）

　　介于蓝和紫之间的靛（diàn），这种在自然界并不多见的色彩集中于庆褐蜻这种亚热带品种雄虫身上，逆光时它往往呈乌黑色，但在微弱的闪光灯下自然的魔力就被开启了。而同属的晓褐蜻为吸引雌虫，打扮得更加妖娆，与它那姹紫嫣红的着装相比，斑丽翅蜻精美的翅膀瞬间黯然失色。面对激烈的色彩竞争，截斑脉蜻雄虫另寻了一条朴素的道路，体色漆黑，翅膀由黑与白构成，在人类的眼里远不如其雌虫出彩。

　　蜻科种类体小至中型，有时小到螅科的级别，稍显粗壮的，有侏红小蜻。大部分种类喜欢在静止水域繁殖，如鱼塘、人工水池、灌溉沟渠及溪流中水流缓慢的区域。它们栖息时会张开翅膀保持水平，有的种类在烈日下会将腹部垂直抬高以降低体温，如红蜻和晓褐蜻。

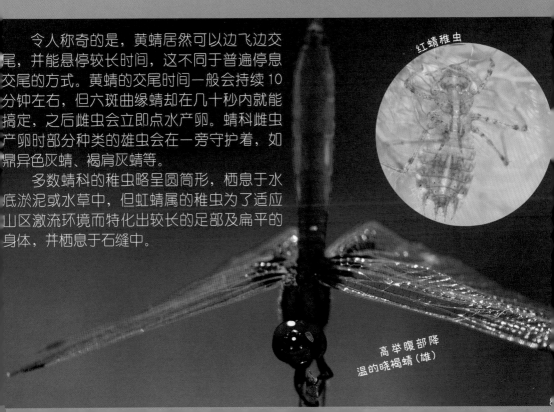

令人称奇的是，黄蜻居然可以边飞边交尾，并能悬停较长时间，这不同于普遍停息交尾的方式。黄蜻的交尾时间一般会持续10分钟左右，但六斑曲缘蜻却在几十秒内就能搞定，之后雌虫会立即点水产卵。蜻科雌虫产卵时部分种类的雄虫会在一旁守护着，如鼎异色灰蜻、褐肩灰蜻等。

多数蜻科的稚虫略呈圆筒形，栖息于水底淤泥或水草中，但虹蜻属的稚虫为了适应山区激流环境而特化出较长的足部及扁平的身体，并栖息于石缝中。

红蜻稚虫

高举腹部降温的晓褐蜻（雄）

第二章
蜻蜓天堂

在叶尖小憩的
蓝额疏脉蜻（雄）

　　蜻蜓对生境的选择在很大程度上依赖稚虫的需求。以色螅科为例，其稚虫需生活于高含氧量的淡水环境中，因此成虫选择了动态水域（河流、溪流，即"活水"）作为栖息地，而蜻科种类则选择了静态水域（池塘、湖泊）。

　　生境内的很多因素都会影响到蜻蜓的分布，如水体的流速、温度、洁净度、pH等，池塘、溪流或河流的宽度及深度，水环境周围的植被、光照，食物的丰度及天敌的多寡（guǎ）。

　　根据水体特征和海拔不同可将蜻蜓的栖息环境分为七个类型：池塘、水田、湖泊、水库、江河、山林溪流及雨林瀑布。每个环境内的大部分蜻蜓品种一直遵守着"互不往来"的生存法则，这恰恰降低了不同种间的生存竞争，让一些稀有种类得以延续"香火"。

池塘

水田

　　蜻蜓与水如影随形，多数种类因为人类的扩张早已隐居山野。记得22年前在云南随处可见会模仿蜜蜂飞行的六斑曲缘蜻，如今却要驱车到数十千米外的荒野寻觅。然而生活于人类涉足甚少的"圣地"中的蜻蜓也危机四伏，面对着悄然无息的气候变化，它们也许会在某一天退出历史的舞台。

湖泊、水库

江河

山林溪流

雨林瀑布

池塘

    中低海拔地区的池塘，水域面积多在100平方米左右，水生植物丰富，栖息的蜻蜓群落以蜻科及蟌科品种为主。它们在亚热带及热带地区具有较高的多样性，同时此生境也容易被忽略甚至毁灭。

    在广州华南农业大学的树木园中心地带有个巴掌大的池塘，雨水成了这儿的主要补给，但就在这样一个不起眼的地方却栖息着多达30种的蜻蜓，当然它们不会在一个季节同时出现。惊蛰的春雷还没响起，广布南北的苇尾蟌就出水羽化了，一周后即开始生儿育女。因为南方良好的温湿条件，它们的生活史加速了，可以一年两代。

截斑脉蜻（雄）

翠胸黄蟌（雄）

截斑脉蜻（雄）

　　然而，它们会在初夏瞬间失去江湖老大的地位，翠胸黄蟌、褐斑异痣蟌、毛狭扇蟌、黑背尾蟌会陆续占领池塘边的各个避风港。它们中的褐斑异痣蟌对水体污染具有一定忍耐力，因而它的领地范围能超出树木园边界。

　　蜻科品种在盛夏前夜似乎突然爆发了，红蜻、黄蜻、锥腹蜻、玉带蜻、黄翅蜻、蓝额疏脉蜻、狭腹灰蜻、华丽灰蜻等在雨后阳光下欢呼雀跃着，似乎在为蜻科国度的成立而庆祝。碧伟蜓及闪蓝丽大蜻绕池一圈后毫无兴趣地飞走了。临近傍晚，欢乐的气氛渐渐散去，绿眼细腰蜻充当起国度保安的角色，不断围绕着池塘巡逻。其实这是它的一种生存策略，灰暗的体色可以让它在这段时间随心所欲地捕食蚊虫。

气温不断攀升，在接近40℃时池塘恢复了春天般的平静，难熬的暑气使得诸多种类练习起了能静心的瑜伽（yú jiā）术。斑丽翅蜻停在鲜嫩的荷叶上，随着清风摇曳着，享受短暂的宁静；截斑脉蜻选择了一根草做平衡木，左右翅的状态时刻在细微地调整着；晓褐蜻背对着光源并将腹部高高翘起，尽可能减少太阳直射。这是拍摄它们的最好时机，但需做好大汗淋漓的准备。

初秋，空中漫游者华斜痣蜻又回到最初的起点，开始点水产卵。

华丽灰蜻（雄）

水田

　　池塘周边的水田无疑是人类与野生动物和谐相处的区域，面积也相对较大，白鹭、泽蛙、鲫鱼和蜻蜓组成了一个简单的生态系统。

　　六斑曲缘蜻（以下称为"小六"）是一种常见于南方水田中的小型蜻蜓。其腹部短小、较宽而显臃（yōng）肿，雄虫腹部蓝灰色，雌虫腹部黄色具黑纹。它的奇特之处在于前翅前缘略有弯曲，也许正是因为这样，小六总偏爱保持停息的姿态。但在领地意识极强的霸王叶春蜓的强势追逐下，它总会在狭小的空间里灵巧地旋转飞行躲避，面对喜食蜻蜓的蜂虎也毫不畏惧，反而是霸王叶春蜓却常入"虎口"。

可以拟态蜜蜂颜色的六斑曲缘蜻

霸王叶春蜓（雄）

正在交尾的"小六"

小六的栖息范围非常广阔，从海拔 200 米的干热河谷至海拔 1900 米的温凉水田都有其踪迹。同时部分灰蜻家族也分布于此生境中，如赤褐灰蜻、黑尾灰蜻、鼎异色灰蜻和狭腹灰蜻。但在冬天经常飘雪的中原地带，主角便转化为庞大的赤蜻军团，它们都是偏好静止水域的种类，如竖眉赤蜻、小黄赤蜻、夏赤蜻、褐顶赤蜻等。

当然，还有一种会群聚于水稻田埂（gěng）边栖息，它们绝不会放过如此安逸的环境，那就是黄蜻。

正在交尾的狭腹灰蜻

赤褐灰蜻（雄）

正在交尾的东亚异痣蟌

　　豆娘对环境要求比较苛刻，水田对它们似乎无吸引力，只有少量种类以此容身，主要以异痣蟌属的品种为主，南方有褐斑异痣蟌、黄腹异痣蟌及赤异痣蟌，北方则有长叶异痣蟌和东亚异痣蟌。水田对于一个初识蜻蜓的人来说，是一个非常棒的积累经验值的地方。

赤异痣蟌（雄）

湖泊、水库

　　湖泊和水库是静态水体的另一种表现形式，水域面积广阔，分布的蜻蜓种类南北各有千秋。长满芦苇的天然湖泊无疑是众多蜻蜓的栖身之所，在这里可以发现很多令人激动的品种。栖息于北方平原湖泊的长痣绿蜓，浑身以草绿素雅装扮，它们在南方众多漂亮的蜻蜓里并不多见。

　　与长痣绿蜓同享一片蓝天的低斑蜻、缘斑毛伪蜻、黑丽翅蜻、异色多纹蜻、黑狭扇螅、七条尾螅等更是让北方的蜻蜓系列别有一番味道，但面对湖水水质自然更新缓慢的态势，它们迟早会被水稻田里常见的异痣螅及南北皆有分布的大团扇春蜓、闪蓝丽大蜻、白尾灰蜻、玉带蜻、苇尾螅等一一取代。

蜻蜓天堂

黑丽翅蜻（雄）

低斑蜻（雄）

正在交尾的白尾灰蜻

交尾中的
长痣绿蜓

白尾灰蜻（雄）

3

异色多纹蜻，褐斑型（雌）

　　相比天然的湖泊，山区的人工水库为蜻蜓提供了更为理想的栖息地。由于山地溪流不断地注入新鲜血液，其水质适宜诸多挺水植物的生长，如芦苇、香蒲等，丰茂的水边植被自然会吸引池塘、水田的部分种类前来定居及繁殖，当然也包括大量南北广布的物种。

　　四川都江堰（yàn）的山区丘陵地带，或大或小的水库星罗棋布。入秋后，数量可观的黑纹伟蜓和竖眉赤蜻都聚集到水库边，终日熙熙攘攘，直至秋末，素来喜清净的日本长尾蜓出现，才复归往日景象。

山林溪流

　　虽然水面宽阔的江河是动态水体的重要表现形式，但河岸边稀缺的植被和快速的水流限制了蜻蜓的分布。亚热带地区洪水退去后在河岸边形成的临时小水塘，会吸引部分常见的静水型蜻蜓前来繁殖，如红蜻、黄蜻、白尾灰蜻、褐斑异痣蟌等，这对它们而言是一场与气候的博弈，只要风调雨顺，它们就能完成世代的更替。

　　而真正栖息于江河中的种类以春蜓为主，因此在河岸边行走常能寻找到一些攀附于石头或水边植物上的蜕。在枯水期，少数色蟌种类也会在水缓处活动，如华艳色蟌，但到雨季它会离开混浊的河水，迁往不远处蜻蜓的真正天堂——山林溪流。

　　在山林溪流环境栖息的蜻蜓品种，会因海拔、纬度、季节的变化而大相径庭，同时此生境中也存在诸多不确定的危险因素，具备较高野外探险等级后才能涉足。在行经的小道上可能会遭遇致命的蝮蛇，在溪流旁也许会受到蜈蚣、蝎子、旱蚂蟥（huáng）的暗算，甚至一小块苔藓都能把我们轻易放倒。如不慎被蝎子草蜇（zhē）到，那种痛将会让人记一辈子。在较原始的环境中观察蜻蜓必须步步为营，雨靴是最给力的装备，经测试，它足以秒杀一切户外用品。

卡萨印隼蟌（雄）

林间缅春蜓（雄）

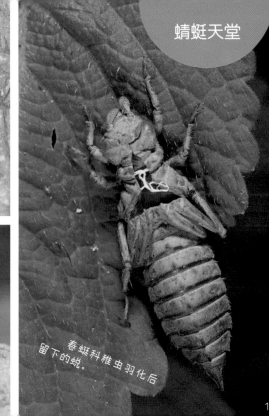

春蜓科稚虫羽化后
留下的蜕。

1

彩虹蜻（雌）

绿综蟌（雄）

在云南亚热带或热带低海拔的溪流环境中，生活着异常丰富的色蟌科、溪蟌科、隼蟌科、春蜓科以及部分溪流型的蟌科、蜓科和蜻科品种。

一条长约 500 米洁净而较宽阔的溪流从春季至冬季可能有近 50 个品种出现，非常具代表性的有裂唇蜓、林间缅春蜓、间纹小叶春蜓、海南环尾春蜓、刀春蜓、钩尾副春蜓、莫弓蜻、彩虹蜻、北部湾爪蜻、华艳色蟌、多横细色蟌、霜基色蟌、方带溪蟌、透翅溪蟌、黄翅溪蟌、戴溪蟌、三斑鼻蟌、月斑鼻蟌、印隼蟌、乌微桥原蟌、赤斑蟌及数种长腹扇蟌等。

暗溪蟌（雄）

显春蜓（雄）

1

多横细色螅（雌）

　　如果时光倒流 50 年，这样的地方不仅是蜻蜓的乐土，如今多种气数将尽的"神兽"在那时也频频现身，如巨蜥（xī）、大壁虎、眼斑水龟、蟒（mǎng）蛇、绿瘦蛇、蜂猴、穿山甲、长臂猿等。

　　听着溪流旁的土著居民讲这些故事，就像回到了史前时代，这种不起眼的小山沟在那时完全不逊色于任何一个国家公园，但现在已被香蕉林侵蚀得一片狼藉，只有蜻蜓这类原始的大型昆虫仍然延续着那个时代跳动的脉搏。

赤斑螅（雄）

印尾溪螅（雄）

圆臀大蜓（雄）

　　推进香蕉林种植的步伐随着海拔的升高渐渐放慢了，海拔 1200—2500 米的森林在温凉的气候下幸免此难，同时也保护了诸多难能一见的蜻蜓。圆臀大蜓、角臀蜓、显春蜓、半伪蜻、云南绿色螅、藏山螅、绿综螅、印尾溪螅……它们将与各自守护的溪流共命运。

栖息于长白山的琉璃蜓

中原低海拔的山里有很特别的种类，如凶猛春蜓、脊纹环尾春蜓、日春蜓等，而北方山区溪流里的蜻蜓与南方温凉山区的科属比较接近。但再往北到长白山山系就完全是另一个世界了，蜓属、金光伪蜻属与绿丝螅属的品种是这里的绝对主角，它们有时像南方广布的红蜻一样在草坪上嬉戏，在雨后溪流旁的积水塘中产卵。

更让人惊奇的是，8月，这里随处都是一个蜻蜓漫天飞舞的世界！

栖息于大别山的凶猛春蜓

雨林瀑布

雨林瀑布是山地溪流的一种延续，它始终偎依在山地溪流的脚下，热带雨林丰沛的降水和瀑布的水雾让这里的一切都异常潮湿，也让这里充满生机。豆娘在这里出现了前所未有的分化，甚至有一些还未被人类记录，于是这里就成了探索蜻蜓的终极试炼之地。

长腹扇螅的多个品种在这儿交织在一起，苗条的身材画出雨林初夏自然魔力的色彩。身着荧光绿礼服的荧光长腹扇螅在阴暗的林子里光彩熠熠，其女友可谓不请自来；以蓝色为主体的金尾长腹扇螅的腹部末端搭配了一点儿柠檬黄，让人觉得这是否为绘画中虚构的物种；湛蓝的奥依长腹扇螅似乎对"飞流直下三千尺"颇有感悟，它停在瀑布边一动不动，足有两个小时。

以上这三种起初分布于越南，也许因为气候异常干旱，它们现在飞来中国定居了，与黄脊长腹扇螅分享同一片雨林。印扇螅也打着"长腹"的旗号和它们混在一起，但雄虫胸前蓝靛的块斑非常与众不同。

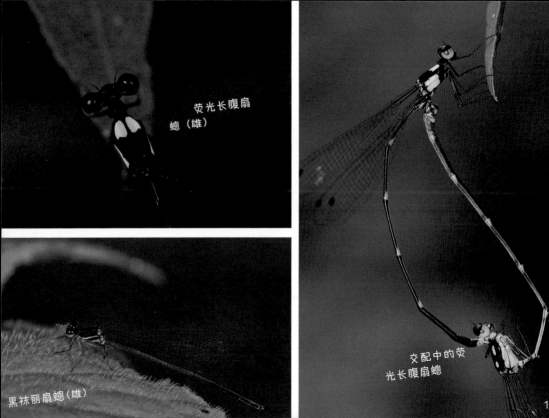

荧光长腹扇螅（雄）

黑袜丽扇螅（雄）

交配中的荧光长腹扇螅

如果运气好，还能碰到有"雨林隐者"之称的杜德丽螅，不过一眨眼工夫它又归隐山林了；腹部第 9 节背面有根小刺的扇山螅也大胆地飞到路人跟前，但总是背对着想观察它的人；原扁螅也拖着非常长的腹部在人的眼前晃来晃去。

　　热带瀑布边的豆娘都给人一种"尾巴"很长的印象，不过也有短的，如黑袜丽扇螅。"红与黑"是这个刚被定名的种类雄虫成熟时的标志，两只雄虫相遇时会短暂停留，并张开翅膀相互扇动几下。如果一方是色彩暗淡的未熟雄虫，则会立即潜入草丛深藏而退。随时可能落下的暴雨会让所有豆娘暂时销声匿迹，却养育了一种特殊的乐福宽腹蜻。据文献记载，它的雌虫会将卵产于积水的树洞中，干旱无疑成了其最致命的弱点。面对风云莫测的未来，雨林瀑布中的原生物种只能静观其变。

栖息于海南
岛的丽拟丝蟌

两只黑袜丽扇蟌
雄虫相视而斗。

高原禁地

　　蜻蜓看似分布于地球每个充斥着淡水的角落，然而随着海拔的升高，尤其在3000米以上时，它们的多样性会急剧下降，而那没有炎热感的"世界第三极"几乎可以称为它们的禁地。

　　青藏高原东麓（lù）与四川盆地相接的地方，虽河川交错、杉林密布，但3200米的海拔使得这里春去冬来、夏秋无影。溪流中为数不多的物种组成了类似人工的生态系统，独占溪流的角臀蜓稚虫一生也许仅和三四个物种打过交道，其眼里只有寥寥几道菜谱：钩虾与高原鳅（qiū）。在缺少竞争与天敌的时空中，它过着世外桃源般简单而平庸的生活，也许正是因为经历过地球的冰期才演化出这种生存策略，也许下一次冰期来袭时它仍能延续自己的DNA。

　　3600米的海拔对高耗氧量的蜻蜓来说如真空般让它窒息，但在"圣城"拉萨蓝色湿地的庇护下，仍有普通赤蜻与心斑绿螅在此定居，它们如同虔诚的朝圣者为整个蜻蜓家族的延续祈福。

栖息于高原的条斑赤蜻（雌）

第三章
飞龙炼成记

刚羽化的豹纹副春蜓（雌）

4

蜻蜓一生中需经过卵、稚虫及成虫三个时期，最辉煌的当数成虫阶段能于天地中自由自在地翱翔。但为了享受这美妙的时刻，它们必须以稚虫的形态在水下生存数十倍于展翅腾飞的时间，经过残酷的自然选择后才能真正符合"dragonfly"（蜻蜓）这个名字。

在水面活动的青鳉鱼最喜欢吃蜻蜓的卵。

雏形

蜻蜓卵的两种基本形态对应两种不同的产卵方式：以产卵刺产卵的种类其卵一般狭长，长度约1毫米，呈淡金黄色，见于蜓科及束翅类中；而点水产卵的蜻科、伪蜻科及春蜓科种类的卵则多以椭圆为主，较细微，常于雌虫腹部末端聚集成团状，落入水后则散开，色彩依种类而各异，如联纹小叶春蜓的卵呈橘黄色，而赤蜻的卵呈淡柠檬黄色。

雌虫交配后并不对卵进行受精，只有在产下卵的那一刻才赋予卵新的生命。卵的孵化依赖周围的温度，一般需1—2周，但蜻蜓中最为繁盛的种类——黄蜻在夏天仅需2—3天，这无疑将外界对卵的危害降至最低。但面对捕食者及寄生小蜂的攻击，蜻蜓的卵具有很高的死亡率，因而各种类的产卵量皆较大。

据统计，有的种类一次可产约10万粒卵。此外，色蟌科等溪流型种类倾向于将卵产于流水环境中，这是一种能有效躲避寄生天敌的方法。

集群点水产卵的黄基赤蜻

卵块遇水后则
四散开来。

附着于赤蜻雌虫腹
部末端的卵块。

劫后余生

　　蜻蜓从卵的形态开始就进入试炼模式，很可能刚入水就掉进鱼肚里。无论何种蜻蜓，在幼小的阶段都必须学会在捕猎的同时时刻提防主要天敌鱼类、伪装大师螳（táng）蝎蟪的"镰刀"，甚至是大个子同类的偷袭。

　　蜻蜓稚虫俗称"水趸（chài）"，与成虫结构相似，但头部口器前多了一个由下唇特化而成名为"面罩"的结构，这可是杀手锏（jiǎn）似的物件，有了它方能在水中立足；胸部背面的翅芽即翅翼的前身，羽化临近时其上的翅脉清晰可见；腹部在束翅类中出现了奇特构造——尾鳃，虽似螺旋桨，但多半用作呼吸器官，在差翅类中，此功能则被腹内的气管鳃代替，而腹部末端简化成粗刺棘状，若遇敌害，它们会通过气管鳃从腹末喷出水柱助力逃跑。

喷出水柱逃跑的施氏蜻蜓稚虫

水虿的"面罩"

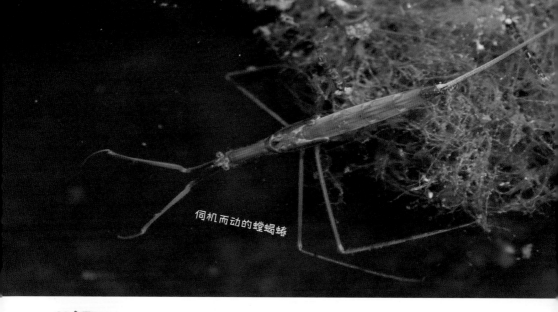

伺机而动的螳蝎蝽

小斑

　　碧伟蜓稚虫小斑刚孵化时略显透明，与多数种类一样始终过着"守株待兔"的日子，直至经过 10 多次蜕皮，约一年的时间成长后，才终于能在水中有一席之地。但每次蜕皮时，它都会因身体柔软色浅而面临来自捕猎者的威胁。

碧伟蜓稚虫守株待"鱼"。

　　当小斑长至约 5 厘米大小，蚊子稚虫或其他小型节肢动物已满足不了它的胃口，此刻贪婪的它将目光转向小型鱼类及蝌蚪，并更改生存策略，变被动为主动，采取追踪伏击的方式。而它的性别特征也渐渐出现，小斑腹部腹面末端可见产卵刺的雏形了，原来是个"女生"，它的体色变得鲜绿或墨绿，而嘴前的"面罩"也尖锐无比，完全成了水草中的隐形"杀手"。前世与鱼、蛙类结下的恩怨在今日可以了结了，但它在享用蝌蚪的美味时，却万万没想到日后也可能成为蛙的盘中餐。

只要小鱼进入捕猎范围，碧伟蜓稚虫就会迅速弹出"面罩"抓住猎物。

　　另外，蜻蜓稚虫面对人类逐年增长的消费也无能为力，在云南某地区的烧烤摊上总会出现一碟碟被油炸透了的碧伟蜓稚虫，这也许是这个种群在当地消退的原因之一吧。而西双版纳的春蜓稚虫也常被端上餐桌，碧伟蜓稚虫则幸运地躲过了这一张网。

　　经历这么多磨难莫非想登天？没错，小斑的基因此刻开始显现了，它的腹部背面逐渐出现一些红色，一直"背"着的翅芽也膨胀了起来，而捕食的工具"面罩"也长出了红褐锈斑。它完全停止了进食，并时常趴于挺水植物上，将头探出水面，好奇地体验另一个空间。

被人类处以"极刑"的碧伟蜓稚虫

基因的力量——羽化

爬出水面准备羽化的碧伟蜓

羽化完成的碧伟蜓（雄）

昆虫最不可思议的地方，就是长出了天使般的翅膀，这也许引起了人类的嫉妒之心，从而把这种发育模式称为"变态发育"。蜻蜓因没有化蛹阶段而称为"不完全变态发育"，完成发育的蜻蜓进入"成年"阶段后就很少再有改变，因而体型小的蜻蜓不可能继续朝大型化生长，小与大则代表着不同的种类。

　　羽化对蜻蜓来说是一个抗拒不了的过程，如果基因驱使成熟的蜻蜓稚虫爬出水面，恰好遇到一个沙尘滚滚的天气，那么它的一生也就结束了。华北平原上的蜻蜓近几年被气候折腾得痛苦不堪，而生活在南方的小斑在阵雨过后湿润的凌晨顺着水塘里一根较直立的枯枝爬了出来。它一边爬一边用力地甩着腹部，这可能是一种防御或是清理障碍的行为，因为腹侧有尖锐刺棘，可以刺痛妄想接近它的偷袭者或把身边的蜘蛛网捣毁。爬到适当的位置后，小斑将枯木抱得紧紧的，如僵尸一般纹丝不动。

　　突然，它的胸部开裂了，接着是头部，翅膀一点点抬升，腹部随后抽出并开始弯曲，足受重力的作用被拉了出来。这一段耗时近 15 分钟，体力快透支的它倒垂休息近 15 分钟，待足部有了知觉后就会迅速地翻腾起来，抓住空壳再把腹部剩余部分拽出，这套连贯的动作仅用约 20 秒。之后它的身体会在约 10 分钟内渐渐膨胀，并将体内多余的水从腹末端排出。拂晓，合在一起的翅膀终于张开了，"啪"的一声，非常清脆，又轻轻扇动几下，这个时刻才是真正的"天使展翼"。新鲜的翅膀在第一缕阳光到来时折射出琉璃的光影，随着气温回升，小斑的全身颤动起来，初夏的清风刚一吹过，它就冲向了无边的世界。

碧伟蜓的羽化过程。

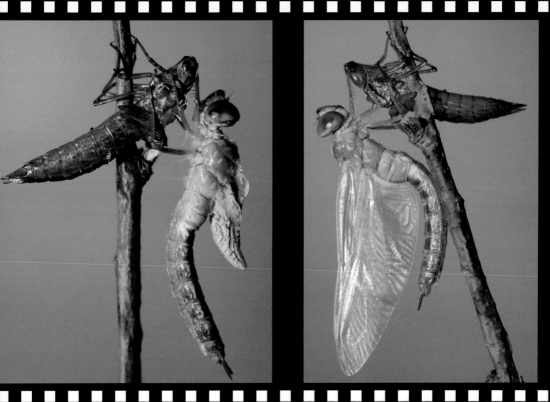

刚刚羽化出壳的豆娘，翅膀还没打开。

在小斑腾空的池塘边，一堆豆娘也悄然登陆，它们对羽化地点并不十分挑剔，浮于水面略翘起的落叶、岸边的石块、低矮植物，甚至近水旁的淤泥，都能为其提供理想的附着点。

豆娘羽化时多选湿气较重的清晨，而部分种类在雨后接近傍晚时也有一个羽化高峰，如褐斑异痣蟌。它虽在羽化过程中省略了差翅类"倒置休息立起"的动作，使所需时间与小斑相比大为缩短，但近 70% 的时间都被晾干翅膀占用，不过破壳而出的过程却相当简洁，如种子发芽的快放影片。

在晨光中舒展翅膀的豆娘

　　新躯体成形不一会儿后，它居然能短距离爬行，并爬到虫蜕前方伸展翅膀。此时若受到惊扰，它还会继续向前爬行，约 10 分钟后即可展翅飞进低矮的灌木丛中。无论是蜻蜓还是豆娘，如何用翅膀练就一身空中绝技，将关系到其日后在竞争中是否可以生存。

刚羽化的蜻蜓色彩暗淡，与老熟成虫相比，可能会被误认为是不同的种类，尤其是色螅翅膀上的色彩更让人有"士别三日，当刮目相看"的感慨。数日后，蜻蜓身体可供辨认的色彩才慢慢鲜明起来，以雄虫甚为明显。

　　2月底，漫长旱季的热度还没退去，在云南低矮的山谷里我们就能见到黑尾灰蜻雄性成虫。此时的它浑身土黄，可1—2周后就像被晒得掉了层皮，腹部出现淡蓝灰色，胸部变成褐色，可能因侧面接受光照少还保存了两条较清晰的黄纹。到7月盛夏时再看它，就好像刚从油漆桶里爬出来一样，几乎被蓝灰色包裹着，仅剩足与腹部末端是黑色的。它复眼的色彩在此时变得明亮通透，可以机敏地捕捉到从身边掠过的雌虫影像。而雌虫仅比刚羽化时的色彩加深了些，略带一点儿蓝灰。

蜻蜓羽化后并不能立即交配，体色的变化是它们逐渐性成熟的标志。在体色固定之前，它们都必须经历一场空中竞速的洗礼——瞬间起飞、降落、悬停、急转弯，等等。这是大自然给它们的必修课。

刚羽化的雄性黑尾灰蜻

羽化不久的雄
性黑尾灰蜻

4

飞龙炼成记

老熟的雄性
黑尾灰蜻

圣光下的繁衍

　　蜻蜓特殊的身体结构演化出昆虫界绝无仅有的繁殖现象。每年七八月晴朗的日子里，成熟雄虫一旦发现雌虫，就会用其特有的肛附器夹住雌虫的头部后侧，而雌虫从此刻起就在复眼后方留下一道伤痕，即"交尾痕"，这在蜓科品种中尤为明显。由于同种雌雄虫的性器官是一种如"锁与钥匙"关系的特殊结构，使得不同品种间发生交尾的概率极低。

　　至于某些豆娘出现"夹错了"的情况，则纯属巧合，也可能是由于40℃的高温导致大脑短路造成的。甚至会出现不同种类的雄虫停栖时拥抱在一起的场面，令人忍俊不禁。

在高温的炙烤下，蜻蜓也把翅翘了。

正在交尾的碧伟蜓

38

豆娘交尾时，雄虫用尾部夹住雌虫前胸背面。

蜻蜓繁殖时以奇特的心形交配进行，因为蜻蜓雄虫具两副生殖器官，一副位于腹部末端，另一副位于第2—3腹节间，即交合器。后部产生的精子经过运输后到达前部储存起来，这也是蜻蜓雄虫时常会做出甩尾的原因。交配时为了防止雌虫被其他雄虫夺去，雄虫会用其特有的肛附器夹住雌虫的头部后侧，豆娘类则夹住雌虫前胸背面。为了完成交配，雌虫则弯曲腹部以接近雄虫交合器，从而形成了"心形交配"，这种现象在昆虫中绝无仅有，且目前仍不清楚蜻蜓交配演化的机制。

在树上产卵的绿综蟌

多数蜻蜓交尾耗时很长，要经过数分钟，甚至数小时后雌虫才会产卵。而此时它们高度警觉，有时根本无法靠近拍摄。大蜓科的种类会停落于隐蔽的林中高处来完成这一过程。

产卵时，蜻蜓们可谓各显神通。碧伟蜓雌雄虫会"串联"在一起，找一个安静有水草的水域产卵，但此时水下危机四伏，某些蛙类正憋足了气等待这一时刻的到来。而蜻科品种在点水时也面临同样的威胁。大蜓产卵时却精明得多，它们一般会选择溪流浅滩直上直下的地方点水把卵产于泥沙里，产卵时呈插秧状，这样做不但能有效避开蛙的袭击，而且能给卵提供临时庇护所。山区溪流密林处的绿综蟌更是千方百计躲避臭蛙的伏击。也许看出了臭蛙不会上树，它们就把产卵地点搬到了能刺出洞的树枝上，但树枝下方必有溪流。

插秧式产卵的大蜓

关于蜻蜓潜水产卵的行为，如苇尾蟌、透顶单脉色蟌、溪蟌属的品种时而能见此现象，比较可靠的说法是这种行为可以避免卵被寄生。但我们可以有其他猜测，比如可能因雌虫特别心仪于某雄虫而攀着水草穿入水中，这样做能避免其他雄虫骚扰，从而保证所产的卵都是那只雄虫的后代。

半潜水产卵的苇尾螅

点水产卵的黄蜻

14

串联产卵的碧伟蜓

44

潜水产卵的透顶单脉色蟌

一季一生

　　秋风拂过大地，盛夏的暑气迅速消退，时间在季节的转换中悄然流逝，翱翔天际的蜻蜓也换了容颜。灌木枝头的蜻蜓，像极了一架架锈迹斑斑的战斗机，它们对外界事物那么不屑一顾，或许是因为早已厌倦了日复一日的飞行生活，甚至连膜翅也懒得动一下。

　　午间的微风带走了散发着青草味的水汽，阳光与水发生的微妙化学反应在蜻蜓身上日积月累，它们的躯干变得更加干燥，色彩则变得更为浓厚——鲜黄色变为土褐色，翠绿色变为墨绿色。在阳光的炙烤下，蜻蜓会有些反常，变得和夏日里一样活跃，只是膜翅上那层缤纷动人的虹彩不见了，而是蒙上了一层旧书般的枯黄，甚至还掺杂了一些破洞和难以清除的蜘蛛丝。

　　临近秋日傍晚，气温骤降，蜻蜓灿烂的时光一去不复返。有些蜻蜓会被蜘蛛、螳螂、食虫虻等捕食，也会不慎落入水中成为鱼儿的美食，然而有些蜻蜓稚虫却把头探出水面，期待来年的惊蛰到来。

被横纹金蛛捕
获的灰蜻

飞龙炼成记

白尾灰蜻雌虫
正在吃雄虫

被食虫虻一剑封喉的
黄纹长腹扇螅

水面漂浮的蜻蜓对水鼋而言就是天上掉下的馅饼。

霸气的大团扇春蜓生命终结得如此凄凉，被螳螂吃得仅剩腹末。

只要蜻蜓的生理机能有衰退现象，就成了众多猎手的盘中餐。

第四章

奇幻婚礼

蜻蜓的世界始终遵循着自然界优胜劣汰的法则，速度、力量及凶狠的内心成了它们克敌制胜的法宝，但高度分化的豆娘们却在某些时刻放弃了这些，表现得柔情似水，完全沉浸在一种欢乐的气氛中。

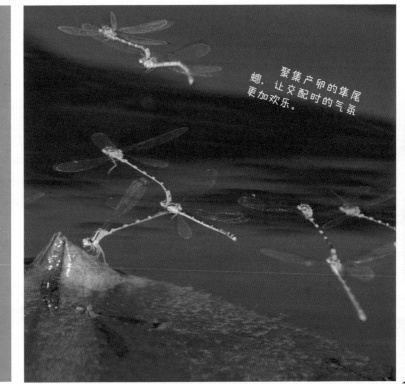

聚集产卵的隼尾蟌，让交配时的气氛更加欢乐。

三斑鼻螅的舞蹈

　　1835 年，一批西欧的冒险家在中国热带雨林溪流边发现三斑鼻螅时，肯定被迷倒了，所以将它称为"Blue Jewel"，并将其带回了法国巴黎博物馆。从香港的清澈小溪到西双版纳的野象谷，都能见到这种珠光宝气的青蓝色鼻螅。

　　刚羽化的三斑鼻螅不会飞离出生地太远，也不会飞到海拔太高的地方。成熟后的雄虫会迅速占领溪流中有枯木的位置，因为这是雌虫喜爱光顾的产卵点。为了这块宝地，相遇的两只雄虫常在空中盘旋着追逐打斗，翅膀的金属光泽在阳光下不断变换色彩，完全像在舞蹈。持续 10 分钟左右后，体力不支的一方突然停落，优胜者会跟着飞过去，在其面前悬停片刻，并伸出白色的中后足继续挑衅。如果休息者拒绝，则会迅速飞走，退出领地之争，可是一旦它养好气力，还会前来挑战。偶尔还能见到三只雄虫围着某只身强体健的雌虫呈"丁"字形厮杀，恰似三英战吕布！

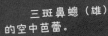

三斑鼻蟌（雄）
的空中芭蕾。

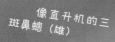

像直升机的三
斑鼻蟌（雄）

三斑鼻蟌的
"后宫"。

雄虫将雌虫
招至"后宫"。

当雄虫激战正酣时，三斑鼻蟌的雌虫会伏于溪边草丛上打量着谁是胜者。一旦某只雄虫连续击退数个挑战者，它就突然飞过去与其交尾，耗时甚短。交尾结束后，雄虫立即面对雌虫，并不时地伸出雪白的中后足，腹部朝下，而翅膀有节奏地一张一合，翅面闪烁的紫耀斑尤为鲜亮。雌虫这时就像被催眠了，乖乖地跟着雄虫飞往一个溪边被草丛遮蔽的朽木上产卵。

原来这是一个产卵集中营！看到雌虫在安心产卵后，雄虫会再次飞回刚才的领地。不一会儿，下一只雌虫也被带了过来，略显羞涩的它慢慢地向群体靠拢过去。此时雄虫不再飞走，它轮换着悬停在每位"妻子"旁边，直至夕阳西下。不过这种"一夫多妻"的关系仅维持一天，精力旺盛的雄虫到了第二天就会重新去"俘获"雌虫。

爱打扮的丽扇螅

　　蜻蜓世界里多数雄虫的色彩都比雌虫艳丽夺目。晓褐蜻的雄虫在繁殖期着一身高贵的紫色晚礼服，如同在瀑布边抚琴的紫衣仙女。朱腹丽扇螅的雄虫腹部火红如"赤兔"，每当在热带雨林里见到它，都会让人倍感气温又高了几度。因此雄虫相异的色彩是辨认众多蜻蜓种类最好的方法。2013 年才被中国的蜻蜓研究学者发现并命名的黑袜丽扇螅，其雄虫就是一种模仿人类打扮的奇特豆娘。

　　有一次，笔者在初夏雨后的瀑布边，发现时隐时现的阳光让布满草丛的水珠"动"了起来，不知从哪儿飞来几只身体上有土黄带黑纹的雌性丽扇螅，它们停落在巨大的桫椤（suō luó）叶上，随后又落到湿气浓重的草丛中。

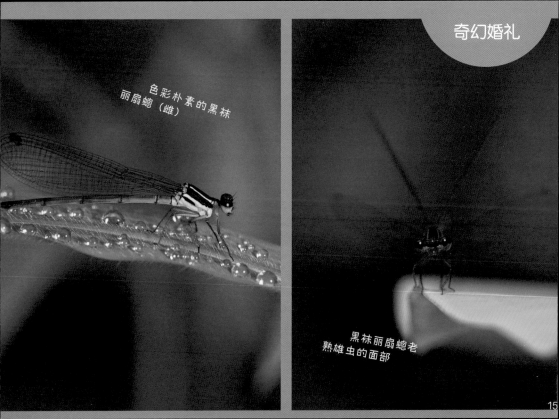

色彩朴素的黑袜
丽扇螅（雌）

黑袜丽扇螅老
熟雄虫的面部

面面相觑的黑袜
丽扇蟌雄虫，左老熟，
右未熟。

58

　　随着气温的攀升，这里立刻成为一批鲜少露脸的豆娘的集散地，霜基色螅、白尾野螅、原扁螅、扇山螅等来去匆匆。其中一只胸部黑褐、腹部暗红的豆娘似乎对正面向水珠梳妆的丽扇螅产生了兴趣，只见它慢悠悠地飞到某只雌虫身后，得意地扇动着翅膀。原来它是一只成熟的雄性丽扇螅——"小黑"。

　　在蜻蜓研究者眼里，雄性的出现为其身份鉴别提供了重要线索。不一会儿，另外一只雄虫也被吸引过来，它的胸部色彩和雌虫相像，唯腹部暗红，这是一只还未完全成熟的个体。小黑用球面复眼的余光查看了状况后，便立马掉转身体扑了过去。当两只雄虫面对面时，意味着决斗开始了。丽扇螅的决斗过于优雅，小黑抓住草茎"噗噗噗"用力拍打着翅膀，如同威吓，而另一只仅扑腾了几下就飞走了，远远地躲起来。得胜的小黑高仰着身体，将周围又扫视了一番。

　　这时，它足部的特征引起了研究者的注意，腿节以下全是黑色，以上全是红色，未熟的个体则是淡黄色，乍一看跟穿着"黑丝袜"似的，这在已有的丽扇螅数据库里绝无仅有。新物种的概念随之而出，一年后，最终被证实为新的丽扇螅种类，因其雄虫性感的特征而取名为"黑袜丽扇螅"，而它的拉丁名也有"穿着袜子"的意思。

水下进行曲

　　豆娘的高度特化程度，不仅在于品种复杂多样，而且在于其行为的变化多端完全超越了差翅亚目。苇尾螅这种栖息于湖泊、池沼边的小家伙，虽其貌不扬，但在中国广泛分布。未成熟的雄虫胸部侧面为黄绿色，第8、第9腹节背面有蓝色块斑，待交尾时则像擦了一层靛色的粉，显得沧桑许多。不过，这层粉是非常棒的"防晒霜"。

　　苇尾螅的交尾时间出人意料地长，暴晒10分钟后还能保持那个姿势。雌虫和雄虫常常串联着贴水飞行，寻找恰当的产卵地。只要有一对在某处浮水的水草上产卵，就会吸引其余个体前来，就像举行一场盛大的集体婚礼。长尾黄螅、白扇螅也会经常举办类似盛会。也许广州的气候过于酷热，苇尾螅雌虫有时会把头及身体完全没入水中，仅留翅膀于水外，享受清凉的快感。此时，习惯立于雌虫头部上方保持警戒的雄虫，会攀着水草小心翼翼地用腹部拉着雌虫，免得发生溺水事件，那层"防晒霜"也起到一定的隔水作用。

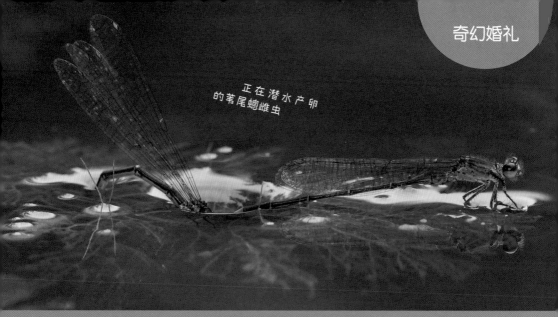

正在潜水产卵
的苇尾螅雌虫

其实，螅科部分品种在炎炎夏日也会进行潜水产卵，而且其附近也有窥视它的雄虫。生活于广东的丹顶斑螅雌虫产卵时会下潜得更深，而连接着的雄虫腹部的一半也会跟着下去。遗憾的是，天空突降暴雨，笔者无法继续观察，希望它们没有因此而殉情。

苇尾螅不知隐藏了多少故事，我每次观察都有意想不到的收获。其雄虫有时趴在浮水的水草上，像在发呆，甚至有雌虫从眼前掠过也不搭理，好像在思考"生命为何如此灿烂"。一次，我观察到一只苇尾螅雄虫（以下称为"小苇"），它整个下午都伏在水面凉爽的水绵上思考，像是睡着了。水下一只圆尾斗鱼缓缓靠近了它，可正当圆尾斗鱼要一口吞下它时，小苇却跳了起来。不过它这一跳和水下的斗鱼没有关系，而是前方有一只苇尾螅雌虫像是在产卵时被水绵缠了手脚，飞不起来了，正在水面乱扑腾，已被弄湿的前翅也被粘在水绵上了，仅后翅可以发出求救信号。小苇飞到了这位小伙伴的身后进行现场指挥，呼喊附近的小伙伴来帮忙。

　　不一会儿，五六只雄虫就排在小苇身后，准备实施救援行动。第一只雄虫飞起抱住落水小伙伴，并用腹部末端的肛附器夹住它的前胸，然后使劲往上拍打翅膀。这只没力气了，就换第二只、第三只……但终究是力小，救援行为宣告失败，集合的雄虫陆续离开了，最终谁也没如愿获得交配权。

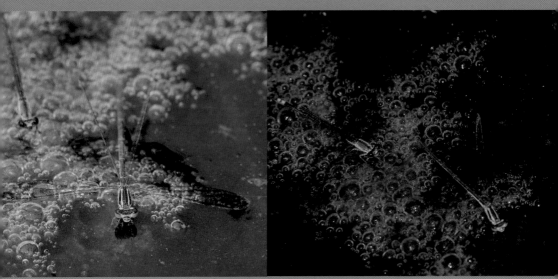

苇尾螅雌虫落水了。

雄虫正在前仆后继地营救落水小伙伴

第五章

蜻蜓军团

交配中的
海神斜痣蜻

掌握扩散奥义的黄蜻

　　黄蜻，一种最常见的蜻蜓。雨后路边的小水潭能吸引它们来产卵，海拔2500米的哀牢山上可见它们在高空展翅迁飞，甚至在城市的汽车尾气集中排放处也能见到它们的身影。其成虫是如此普遍，以至于被认为是很"菜"的品种。它们相貌平平，身材中等，体色淡黄，翅膀透明，用于撕咬猎物的上颚则出奇地短小，性情显得十分柔弱。黄蜻的装扮十分低调，只有雄虫腹部有一丝红褐色。

　　低调的它们其实身怀绝技，特别是具有比前翅宽大许多的后翅，这样的构造使得它们能轻而易举地乘着风游遍全世界。因此，它们被称作"漂流的滑翔机"。黄蜻在暴雨来临前成千上万地聚在一起朝某个方向移动，如此强大的气场堪比台风，因此被称为"台风蜻蜓"。这种景象在降雨量逐年减少的云南已不多见了。另外，斜痣蜻属的种类和黄蜻一样具有宽大的后翅，但它们只以微小种群的方式过着游荡的生活。在云南某地半山腰的水塘里时常还有海神斜痣蜻在繁殖，但如果雨季来迟，它们就会迁往别的地方。

蜻蜓军团

在空中滑行的黄蜻

从窗外掠过的黄蜻

平稳飞行的华斜痣蜻

　　笔者甚至在云南红河岸边发现过一只分布于非洲的斜痣蜻品种——海神斜痣蜻。而有"鬼蜻蜓"之称的华斜痣蜻在中国虽广泛分布，但总出人意料地孤零零地现身高空，其后翅明显的大块色斑像一双眼睛注视着地面。幸好它一般在夏季艳阳高照时出现，否则会让人觉得毛骨悚（sǒng）然。

　　据记载，最能充分利用临时水域的蜻蜓就是黄蜻，其稚虫在夏季一周内即可完成生长，然后羽化为成虫。黄蜻也因此造就了生生不息的蜻蜓军团。

9月的赤蜻军团

当蒙古寒蝉在山里唱起"秋风落叶曲"时，有一类蜻蜓正在悄然兴旺，它们的拉丁属名"*Sympetrum*"与9月的英文"September"很像，它们就是与深秋红叶一样绚烂的赤蜻。

赤蜻属于一种温、寒带的物种，在中国北方具有较多品种，仅北京就可见9种：大黄赤蜻、半黄赤蜻、黄基赤蜻、条斑赤蜻、竖眉赤蜻、方氏赤蜻、褐带赤蜻、小黄赤蜻和大陆秋赤蜻，前6种栖息于山区溪流形成的小型水库、深潭、引水渠等半静半动态水域，后3种多见于平原湖泊、水库、池塘等静止水域。

另外，竖眉赤蜻也会集中活动于南方的水稻田中。前4种及褐带赤蜻可通过翅膀明显的颜色辨认。竖眉赤蜻雌虫、雄虫的额头上都有眉毛状的两个黑斑点。小黄赤蜻的雌虫也有"眉毛"，但体型要小得多，且胸侧有黑斑，其雄虫在未完全成熟时额头是淡青色的，仿佛抹了层胭脂，成熟后则变得洁白如玉。虽然竖眉赤蜻雌虫有的翅膀端部有着较大的三角形黑斑，与分布于中原至南方的褐顶赤蜻很相似，但褐顶赤蜻胸侧有三条粗壮的黑纹，可与之明显分开。

大黄赤蜻（雌）

半黄赤蜻（雄）

正在点水产卵
的黄基赤蜻

雌雄串联飞行的
条斑赤蜻

　　至于大陆秋赤蜻，其胸侧的黑纹较细，且靠胸后方的黑纹下端突出部分不与中间的黑纹相连。虽然方氏赤蜻与大陆秋赤蜻的胸侧斑纹相似，但中部黑纹略长，且足外侧黄色，而雄虫老熟后胸侧中部出现黄纹且额头通红，凭这些特征就不会与其余品种混淆。

竖眉赤蜻（雌）

竖眉赤蜻（雄）

方氏赤蜻（雄）

褐带赤蜻（雄）

小黄赤蜻（雄）

大陆秋赤蜻（雄）

褐顶赤蜻（雌）

蜻蜓军团

旭光赤蜻（雄）

　　赤蜻虽在9月繁殖，但有的羽化得特别早，在五六月就会出现大量个体。它们呈蛋黄色或橙色，并且不在水边活动。等山风渐凉，雄虫如赤炭般火红时，才从山地林间飞回出生地生育后代。

　　在云南高原分布的旭光赤蜻就是这样一个品种，而且还是个极品，尤其在夕阳的余晖下更显得神采奕奕。成熟的雄虫胸侧仍保留着新鲜的黄斑，而其他种类都已化为古朴的褐色，鲜黄与赤红的搭配非常符合"旭光"这个名字。

　　起初被发现时，旭光赤蜻似乎向命名人展示了一种不老的色彩，总是那么充满活力。不过，它们带着雌虫产卵时会因被蛙偷袭弄丢"老婆"而急得满面赤红，这种色彩最终遗传了下来。

1

黑额蜓的"忍术"

还记得第三章中碧伟蜓稚虫小斑悄然而逝的水塘吗？离人水口不远的山谷溪流里，从7月中旬开始，有一类蜓悄然上岸，带来一个另类的暗世界，它们就是黑额蜓。多数品种额头几乎被黑斑覆盖，这是它们在外观上的共有特征，仅少数几个种的黑斑不算太明显，而呈褐色。但成熟个体黄、绿、黑的搭配始终如一，也许是因为这种配色能让在山区林地的溪流上低空疾飞的黑额蜓显得隐蔽，同时也能对在溪边苔藓上产卵的雌虫起保护作用。

黑额蜓头部乌黑的"额"

黑额蜓的分布具有局限性，许多都是当地的特有种，而与其栖息在同一溪流内且同时发生的有头蜓属品种。在北京至河南的山区中就生活着山西黑额蜓和长者头蜓，它们在深秋时仍然很活跃，而且相貌雷同，但通过翅膀基室中密集的横脉可迅速辨认出长者头蜓，它的翅膀就像渔网一样严密。

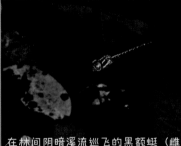

在林间阴暗溪流巡飞的黑额蜓（雌）

在北方几乎显示不出黑额蜓的暗属性，只有到了南方山区林冠遮天的溪流地带，它们才是真正的"暗之战士"。论敏捷，它们无与伦比，能在空中翻滚、急停、冲刺、俯冲，躲开各种障得，飞行毫无规律，甚至会隐身飞行。这让老一辈的昆虫学者在捕捉时吃尽了苦头，不过这可能正是此属近些年不断有新种被报道的原因吧。至于隐身的行为，则和某些电影画面很接近，它们采取的办法就是突然停到人头顶的树梢上。

黑额蜓的稚虫白天隐匿于溪流石下，而且腹部会弯曲成与石头底部相匹配的弧形，一旦石头被挪动，即刻沿着石头的表面不断爬行，选择合适的角度躲避搜寻者的目光。原来高超的"忍术"在幼时就受到了如此严格的训练。

黑额蜓稚虫

杯斑小蟌的小臭窝

　　杯斑小蟌应该是中国蜻蜓里最细小的品种，其腹长约16毫米，面对强大的自然界可以说是微不足道，可它们在面对逆境时会表现得异常顽强。

　　在海拔1300米以下的亚热带农田、沼泽或野草丛生的池塘旁边，我们都能见到杯斑小蟌，羽化不久的雄虫腹部末端为橙色，此时与其体色非常接近的黄腹小蟌雄虫也生活于同一生境内。老熟的杯斑小蟌雄虫胸部都会披上一层蜡质白粉，而腹部末端的橙色则会消失。黄腹小蟌腹末端上下肛附器的长度几乎相等，明显有别于上肛附器较长的杯斑小蟌。至于两者的雌虫则更加相似，在初熟时都呈鲜艳的红色，老熟时都转为深绿至褐绿，只能通过前胸的细微结构辨认——杯斑小蟌有四方形叶状凸起，黄腹小蟌则没有。

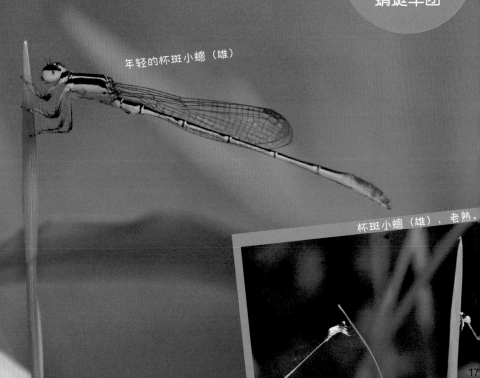

年轻的杯斑小蟌（雄）

杯斑小蟌（雄），老熟。

杯斑小蟌（雌），左为未熟，右为老熟。

虽然杯斑小蟌能随着强劲的气流扩散，但城市化却让它们进退维谷。记得有一次我去云南景东寻找黑额蟌，很晚从山上下来，因困倦而冒出抄近道的想法，于是走上一条还未铺设地砖的土路。突然听到路边一阵蛙叫，我下意识地用手电筒扫了一下路边的草丛，虽然未发现蛙，但居然在挨着脚的草上发现了六七只杯斑小蟌，前面的草上还有数只。我见到的雄虫都已完全成熟，雌虫还有部分仍然是红色的。

就在我凑近拍摄它们时，一股强烈的恶臭扑鼻而来，原来离草丛半米远的地方是条排污沟。开始我认为是天色晚了，杯斑小蟌都从农田里飞到此处避风休息。但第二天中午我再去拍摄时，发现竟有近100只在此蜗居。以前还从未见到声势如此浩大的杯斑小蟌群，然而我却发现它们是被困在了这里：排污沟再流10余米就进入地下，四周已有两面建起楼房，另一面的小山丘应该是被农田渣土堆成的，最畅通的一面却是宽广的水泥路和路旁边的楼房。

它们也许在一年后会全军覆没，但从雌虫沾染泥土的腹部可推测出，早已产下了后代的它们期望某些稚虫能适应污水缺氧的环境，顺着排污沟的水流冲出这片被侵占的家园。

尾螅的蓝精灵世界

　　中国南北不乏许多以尾螅属品种为主的豆娘，其雄虫皮肤呈幽蓝色，雌虫多呈暗绿色。比如，北京山区分布的捷尾螅，北方平原芦苇荡中的七条尾螅、隼尾螅，南方广布的黑背尾螅，栖息于云南高山湖泊的挫齿尾螅，甚至它们的旁系亲戚也来凑热闹：青海湖畔的心斑绿螅，安徽大别山的多棘螅等，它们除了腹部背面有细微的黑纹差异外，其余部分极其相似，且多数具有贴水飞行的习性。

　　这些蓝精灵家族的成员，通常会让初识者或拍摄者头晕眼花，但它们中某些在地域分布上有局限性，使得辨认课程轻松许多。个体发生期与种群数量的多寡程度也能对识别有一定的辅助作用。在广东盛夏出现的黑背尾螅，白天为躲避酷暑而无时无刻不紧挨着水面活动，多数个体常于漂浮的水草上驻足许久，似乎在欣赏自己的水中倒影，这也让它获得了"最自恋豆娘"的称号。而在大别山初夏发生的多棘螅则低调许多，不喜露面的

蓝色的隼尾蟌（雄）

分布在北京的捷尾蟌（雄）

性格使得它常深藏于溪流边的草丛中。正因如此，雄虫很难找到可交配的异性，从而导致其种群数量处于较低水平。

　　上述种类的颜色可能因腹部的黑斑而显得不够纯正。据记载，云南西双版纳的热带雨林中有种浑身几乎无杂色的天蓝黄蟌，那才是真正的蓝精灵。

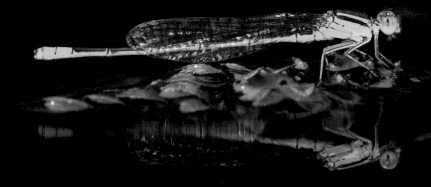

自恋的黑背尾螅（雄）

客串蓝精灵的多棘蟌（雄）

与蜻蜓共处的小伙伴们

　　肉食主义者蜻蜓会像狼一样尾随着猎物，猎物去哪儿它们就去哪儿。在山区溪流中翻开石块查看蜻蜓稚虫时，经常会遇到一些奇形怪状的小家伙，有拖着三根尾丝的、拖着两根尾丝的、像蟋蟀模样的，还有背着小石头房子的，它们都是溪流型蜻蜓的猎物：蜉蝣、石蝇与石蛾。

　　蜉蝣与蜻蜓同属一类原始的水生昆虫，但与蜻蜓相比，其体型要小得多。蜉蝣独特的形态与生活习性很早就引起了人们的兴趣，《诗经》中就出现过"蜉蝣"一词。

　　蜉蝣的生活史包括四个阶段，即卵、稚虫、亚成虫和成虫，通常一年一代。蜉蝣稚虫的水下生活期最长，稚虫羽化后成为亚成虫，亚成虫再蜕一次皮就变为能交尾产卵的成虫。蜉蝣的成虫仅有一天或数天的生命，交配后就落入其出水的水中飘然而逝。也许正因如此，蜉蝣自古就备受关注，许多文人借此咏怀。

河边夜晚聚集于灯光下的河花蜉成虫（黄色）

栖息于热带雨林溪流
环境中的扁蜉成虫

18

扁蜉稚虫

蜉蝣成虫的体壁很薄，色彩淡黄，有翅膀两对，前翅宽大，后翅较小甚至退化，腹部末端有两根或三根尾丝。成虫饮而不食，身体比重较小，所以显得十分轻盈优雅。蜉蝣羽化期一般为春夏之交。此外蜉蝣对夜晚的灯光特别敏感，因而在仲夏溪流溪川边的灯光下常能见到大批的个体。

与成虫相比，蜉蝣稚虫形态更为多样，为适应不断变化的环境，蜉蝣稚虫特化为两种类型：扁平型和鱼型。前者以扁蜉科为代表，虫体扁平，足部较为宽扁，足的关节转变成前后向，即足一般只能前后运动而不能上下运动。它们在自然状态下活动时身体腹面与底质不分开，尾丝细长，有三根，分离成一定角度，一般栖息于溪流石块下。鱼型以小蜉科、四节蜉科为代表，这类蜉蝣的虫体较厚实，呈流线型，运动时的体态类似小鱼，足一般细长，尾丝相邻且内侧密生长细毛，具有螺旋桨的作用。它们一般可用胸足自由地抓握水中的底质或水生植物，游泳十分迅速。

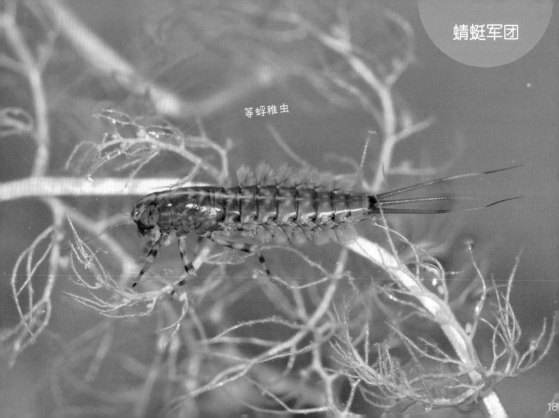

等蜉稚虫

根据水体状态，科研人员将蜉蝣稚虫的栖息环境分为静水区和流水区。静水区以湖泊和池塘为代表，并可进一步分为三类生境，每类小生境中都有不同的蜉蝣生活：静水水体中生存着短丝蜉科和四节蜉科部分种类，近水底碎屑中生存着细蜉科和小蜉科的部分种类，水底沙质中生存着具挖掘足的蜉蝣科。流水区以溪流和小河为代表，在此生境下生存的蜉蝣也有区分：流水水体中生存着等蜉科和四节蜉科的部分种类，溪流石块下生存着扁蜉科，河流石块缝隙间生存着河花蜉科。

　　由此可见，各种蜉蝣都有相对严格的栖境选择，活动区域范围狭窄，且其稚虫外部形态与它们的生活环境和生活习性有密切的关系。由于蜉蝣稚虫较长的水下生活期符合其对水质的长期监测要求，而且腐食及杂食的特性使得它们能对水中有毒物质的扩散做出敏感反应，因此，从 20 世纪 50 年代开始，蜉蝣稚虫在水质监测中得到广泛应用。此外，蜉蝣的分布范围可达海拔 4500 米左右，所以也能应用于高原湖泊的水质评价。

石蝇与石蛾

　　蜻（jī）翅目昆虫因常栖息于溪流的石面上而称石蝇，英文名为"stonefly"。成虫体长10—40毫米，体壁柔软，细长而扁平，头部复眼发达，头顶具三个单眼，位于两复眼间，触角细长，呈丝状，前后翅为膜质，休息时翅平折覆于虫体背面，腹部末端具细长尾须。石蝇稚虫为水生，体态似成虫，一般栖息于溪流石下。它们的发育非常依赖清凉且含氧丰富的清洁水体。

　　毛翅目昆虫成虫俗称石蛾，英文名为"caddishfly"，形似鳞翅目蛾类，但体与翅面多毛而无鳞片，故名"毛翅目"。体长2—40毫米，身体柔弱，头部复眼较大而左右不相接，触角呈丝状，体色多褐色、黄褐、灰色，少鲜亮。石蛾稚虫为水生，形似吐丝的桑蚕，生活于各种清洁的淡水体中，常利用溪流中的木质碎屑、细沙石筑成各式"房子"作为藏身之所，故又名"石蚕"。它们在淡水生态系统中是许多两栖动物及鱼类的食物，因此在能量流动中起着重要作用。

刚羽化的石蝇

从木质小屋中爬
出的石蛾稚虫

华南地区的一
种蝶角蛉

蜻蜓军团

石蛾翅上的茸毛清晰可见。

　　除了上述这些与蜻蜓一起长大的玩伴，还有
一类完全陆生的昆虫与蜻蜓成虫颇为相似，甚
至被人们误认为是变异的蜻蜓，那就是蝶角蛉
（líng）。它属于比蜻蜓目更高等的脉翅目，与
草蛉、褐蛉等属一类，与蜻蜓最大的区别在于具
有细长的触角且末端膨大成球状，而停息时会将
翅膀向下收拢，其飞行姿态略似蝴蝶般上下波动。
在北方分布有非常吸引人眼球的黄花蝶角蛉。

19

指示水陆环境的蜻蜓家族

　　环境指示生物指的是那些对环境干扰和环境状态的变化能够表现出预见性、易于观察和可定量测定的物种或物种群，主要用于及时监测环境变化，以便进行早期预警。昆虫历来被生态学家视为一类重要的指示生物，因为相比鸟兽而言，它们更易被观察与获得，而且对原生环境的依赖性更强。利用昆虫对生态环境状况进行评价，具有直观、低成本、周期短、综合性强、低污染消耗等优点。

　　昆虫的许多类群皆可作为环境指示生物，如蜻蜓稚虫的那些小伙伴——蜉蝣、石蝇、石蛾等的稚虫，都适合用于监测水质的变化，还有与土壤环境密切相关的跳虫、蚂蚁、步甲等，然而它们都不能如蜻蜓一样同时评价水、陆环境。

　　与其他昆虫相比，蜻蜓的多样性信息数据库与生物学研究正在日趋完善与深入，而且无论是蜻蜓稚虫还是成虫都更易获得或识别，因而在生态环境评价中具有特殊的优势。

北京角臀蜓（雄）

　　由于蜻蜓成虫大都拥有绚丽的色彩和飘逸的飞行姿态，加上其许多独特的行为，如点水、在树上产卵、交配时形成的"心形"等，十分引人注目，很多昆虫爱好者、摄影爱好者和孩子们对蜻蜓非常喜爱和关注，而且，很容易在野外观察记录和取样分析，甚至常见的种类不需要捕获便可以进行调查统计，因此，很多人加入了以蜻蜓作为指示生物的环境评价工作的志愿者队伍。

北京弓蜓（雌）

蜻蜓兼有水、陆生活史，成虫营陆生生活，它们对出生的水环境有很强的依赖性，并且对水体沿岸的环境状况异常敏感，通常终生不离开其生活的环境。雌虫一般产卵于自己幼年时生活的水体，以完成一个世代。雄虫也常在水边占据一块领地，伺机捕食或寻找雌虫交配。蜻蜓稚虫的生境基本由动态和静态水体两种淡水环境构成，前者主要有山涧溪流、瀑布、湖泊、江河和引水工程，后者有池塘、沼泽、水稻田以及树洞中的积水。

不同种类的蜻蜓对或重或轻的环境污染的敏感程度不同，因此它们在某个地区的去留可以在一定程度上反映出当地的环境质量。不同的蜻蜓类群对水质的要求及对环境因子的耐受能力存在明显差异。一些蜻蜓种类可被视为"敏感物种"，仅分布于水质好、含氧丰富的流动水体中，如在北京山区溪流分布的北京角臀蜓、北京弓蜻和透翅绿色蟌等，一旦溪流被污染，它们的种群将会锐减或消失。另一些种类仅分布于静水水体中，对污染和富营养化具有较强的耐受能力，如北京上庄水库芦苇塘中常见的长叶异痣蟌和玉带蜻，它们是敏感物种中"相对不敏感"的类群。

低斑蜻（雄）

　　然而，原本同样分布于静水水体中的低斑蜻，在水质日益恶化的情形下耐受力锐减，且很可能面临灭绝的危险，如今低斑蜻在《世界自然保护联盟濒危物种红色名录》里已被列为"极危"物种。根据不同的蜻蜓对水环境质量要求的不同，人们可以较直观地评测各种水体环境的质量或污染情况，因此几乎所有的蜻蜓种类均可作为环境指示生物。2009年出版的环境评价工具书《湿地综合评估手册》，将蜻蜓作为标准湿地环境评价工具，这是目前唯一人选该标准的昆虫类群。

在北京奥林匹克森林公园出现的东亚异痣蟌

　　蜻蜓对气候变化也会做出反应。笔者曾于 2011 年 4 月 12 日在北京奥林匹克森林公园拍到东亚异痣蟌交配的场景，根据繁殖的迹象可推测出它的羽化时间大约在 1 周前，这比以往谷雨节气记录的羽化时间提前了近 20 天。由此可见，城市热岛效应、全球气候变化的确就发生在我们身边。此外，因气候持续干旱，东南亚的蜻蜓是否会迁飞来中国这一问题，也值得持续关注。

　　中国众多的国家级自然保护区，尤其是位于热带或亚热带地区的保护区，都具有非常丰富的蜻蜓多样性，这意味着保护区的植被与水源仍处于一个非常健康的状态。

第六章

蜻蜓时令

蜻蜓时令

　　花分四季而开，因有"花信"；昆虫相时而动，故有"虫信"。不同季节活动的昆虫截然不同，尤其是某些特殊的蜻蜓品种，如果错过一季，想要拍摄或观察它们，就只能再等一年了。蜻蜓时令与自然的节奏总是那么合拍，这是它们对自然的承诺。

惊蛰——虫季的开始

　　每年2月3日前后为立春节气，它是中国二十四节气中的第一个节气，也是一年的真正开始。春季万物皆生长，北回归线以北地区仍在漫长的寒流中煎熬着，而在云南低海拔河谷早已有了惊蛰的味道，溪边的黑尾灰蜻、黄脊鼻蟌、月斑鼻蟌已陆续登陆，准备好迎接盛夏的狂欢。

　　真正的惊蛰在每年的3月5日或6日，这时气温回升较快，春雷始鸣，惊醒了蛰伏于地下冬眠的昆虫，大地万物复苏。实际上昆虫是听不到雷声的，大地回暖才是使它们结束冬眠的真正原因。惊蛰过后，中原大地的蜻蜓仍不动声色，虽气温时而升高，但干燥的空气仍不适合蜻蜓羽化，它们在等待一场大雨。此时也是观察蜻蜓稚虫的最佳时机。

异痣蟌（雌）

黄脊鼻蟌（雄）

谷雨——羽化的黎明

　　在蜻蜓祈雨之前出现了一个重要的节气——春分，古时又称为"日中""日夜分""仲春之月"，在每年的3月21日前后。春分这一天阳光直射赤道，南北半球昼夜平分，其后太阳直射位置逐渐北移，华夏大地开始昼长夜短。

　　春分时节，我国除青藏高原以及东北、西北、华北北部地区外，都已进入阳光明媚的春天。在辽阔的大地上，杨柳青青，莺飞草长，小麦拔节，油菜花香，燕子就要从南方飞来，下雨时天空便会打雷并出现闪电。正是这温和的早春气候孕育出集中分布于西南山区溪流生境下的云南绿色螳。过了立夏，它就杳（yǎo）无踪影了。每年4月初的清明节气是它们的繁殖期。

　　绿色螳雄虫具有两种形态：一是黑白鲜明，二是淡雅的琥珀色。雄虫翅膀上黑白鲜明的色彩"清洁而明净"，正好符合此时节日的氛围：冬天已去，春意盎然，天气晴朗，它们与自然的气息融为一体。然而翅膀有色的雄虫却竞争不过透明的，常被排挤到最佳繁殖点外的领地，似乎对雌虫的兴趣也不大。

云南绿色螅（雄）

交配中的华艳色螅

华艳色蟌（雌）

斑丽翅蜻（雌）

　　每年的 4 月 20 日前后，随着谷雨节气的到来，普遍干渴的大地终于迎来了雨季，不见雪花飞舞，但听春雨无声。按照二十四节气，谷雨是春季的最后一个节气，意味着春将尽、夏将至，这时田中的秧苗初插、作物新种，最需要雨水的滋润，所以有"春雨贵如油"之说。谷雨时节，南方地区"杨花落尽子规啼"，柳絮飞落，杜鹃夜啼，牡丹吐蕊，樱桃红熟，自然景物告示人们：可换上夏日的凉装了，而这正是天赐蜻蜓的羽化良机。北京的湿地公园里出现了本地一年中最早的蜻蜓种类——东亚异痣蟌。近年也许因城市热岛效应，早在 4 月初它们就活跃于芦苇丛中了。

　　谷雨时节的云南干热河谷边已然进入夏季，植被覆盖较好的溪流附近好不热闹，钩尾副春蜓、彩虹蜻、华艳色蟌、多横细色蟌、杯斑小蟌、黄脊鼻蟌等都进入了繁殖季节。如此时不趁早，待正常的夏至或小暑节气到来，这里将岚风阵阵，它们多数都选择以稚虫的形态在水中"夏眠"。

夏至——七彩盛装

　　每年5月5日或6日是农历的立夏，万物至此皆长大，这表示春天即将结束，夏天就要开始了。《礼记·月令》篇中解释立夏曰："蝼蝈（lóu guō）鸣，蚯蚓出，王瓜生，苦菜秀。"说明在这个时节，青蛙开始聒（guō）噪着夏日来临了，蚯蚓也忙着帮农民们翻松泥土，乡间田埂的野菜也都争相出土，日日攀长。清晨，当人们迎着初夏的霞光，漫步于乡村田野、海边沙滩时，会从这温和的阳光中感受到一份炙热的情怀。

　　此时，北回归线附近低地山谷溪流里渐渐冒出在高空翱翔的裂唇蜓，宽大而轻柔的后翅使其在空中潇洒绝伦。在同一生境下羽化不久的溪蟌，在夜幕降临时立于枝条上，也不禁展开翅膀模仿一番。高地山谷里的圆臀大蜓已开始沿着溪流往复飞行，寻找配偶传宗接代。这样的景象将持续一个月左右。

　　从5月开始至6月5日左右，低地池塘会不断有各种蜻蜓羽化。闷热、潮湿的夏季即将来临，华南地区池塘中，活跃着以灰蜻家族为主的蜻蜓种类：华丽灰蜻、狭腹灰蜻、赤褐灰蜻、黄翅蜻、红蜻等。而在中原地区，春天发生的蜻蜓种类将会逐渐退出舞台，曾经是野居棘尾春蜓地盘的池塘将让位给大团扇春蜓。

羽化不久的溪螅
四翼平展，在寻找平
衡的感觉。

趁着夜晚湿润的空气，蜻蜓纷纷羽化。

随着地表的热量不断积蓄，雷阵雨天数日益增多，曾被认为最"菜"的黄蜻频频出没于低空，甚至会把汽车表面的反光误认为池塘而将卵产于其上。夏至节气是每年的 6 月 21 日前后，太阳直射北回归线，是北半球一年中白昼最长的一天，南方各地从日出到日落大多为 1个小时左右，炎热夏季来临的同时，大自然也迎来了蜻蜓的七彩盛装。

春季发生的野居螅
居春蜓（雌），它的色
彩显然不符合夏日了。

立秋——远去的蜻蜓时光

　　每年的 7 月 7 日或 8 日为小暑节气，这时气温接近一年中的最高值，大地上不再有一丝凉风，所有的风中也都带着热浪。由于炎热，蟋蟀离开了田野，到庭院的墙角下避暑热；黑耳鸢（yuān）因地面气温太高，而选择在清凉的高空中活动；蜻蜓多半于午前和傍晚活动，刚羽化的赤蜻躲进了山林间严防酷暑，福临佩蜓则选择在傍晚于溪流边觅食与繁殖，直至暑气消退。

　　8 月的雨水冲散了空气中的热浪，清风渐生，到 7 日左右即为立秋，意味着秋天来了。到了立秋，蜻蜓季出现短暂的"静歇期"，5 月或 6 月曾在云南沟谷雨林中活跃的种类似散兵游卒般东躲西藏，它们的舞台已被惊艳的云南草螽（zhōng）霸占。中原山区黄昏时水面上泛起凉气，让福临佩蜓的动力装置几乎失效了，它跌跌撞撞地坠入溪流飘然而去。

交配中的福临佩蜓

傍晚在溪边觅食
的福临佩蜓（雄）

热带的华艳色蟌雄虫直至 12 月仍充满活力。

12

秋日的静谧（mì）正不断扩散，西南山地溪流边，午后的阳光让林子增色不少。两个月前大蜓留下的蜕在微光下仍显新鲜，绿综螳雄虫则在一旁欢快地扇动着翅膀，腹部还不停地上下扭动，因为过一会儿它就要去"求婚"了。如果大功告成，它们将攀附在溪流上方的树枝上产卵，这一景象将持续至10月下旬霜降前后。

入秋后的天空完全属于赤蜻军团，它们与霜叶保持一致的色调，继续演绎着生命的绚烂。清晨的露水布满了竖眉赤蜻的脸，这时气温尚低，人们可以近距离观察它有趣的洗脸动作。当金色的光影洒向其晶莹剔透的薄翼时，它像发动机似的振动起来，不一会儿，便忽地飞上枝头去寻找美味的早餐。临近午后，以红黄为主的各种赤蜻都会到湿地边集会，数量多得胜过苍蝇。

赤蜻的热情直至11月初的立冬才稍有缓减，翅膀残破的个体都被饥饿的林鸟盯上了。而伪装成小枯枝的黄面印丝螳则逃过一劫，在小雪来临前，它将在树皮下寻找一块适合的地方冬眠。至于在热带，仍然能见到以华艳色螳为代表的少量种类，它们始终过着不知冷为何物的日子。

冬季的低温与干旱迫使众多蜻蜓以稚虫形态潜藏于水底淤泥、砂石中或石下，它们如同戴上了那充满魔力的指环一样隐秘于另外一个空间。

人造时令

在中国大部分地区，一年中近 5 个月可能都不能见到蜻蜓。如果你喜欢，可以根据前面的蜻蜓故事，带上水网去大自然中搜寻稚虫，进行饲养。你可以请它们帮忙消灭更多蚊子，还可以让它们在冬天的室内羽化。当然这种做法不值得提倡，除非你是一位蜻蜓学家。

如果准备饲养蜻蜓稚虫，事先要准备好饲养设备，否则可能在等待的过程中，蜻蜓稚虫就死掉了。根据稚虫的栖息类型，可用鱼缸、玻璃缸等盛水较多的容器饲养静水型蜻蜓，如碧伟蜓、玉带蜻、红蜻等，带过滤器的鱼缸是较好的选择，这可以减少换水的次数；用高度约 20 厘米的长方形容器则可饲养流水型蜻蜓，较矮的储物箱、大饭盒都较为理想，但必须配备不可缺少的神器——电动增氧泵。

有了"硬件"后，需要对饲养环境进行造景。前者可布置少量水草、石块，再在缸底铺上小碎石即可，放水量至少离缸壁顶 10 厘米，多了的话这些稚虫可能会爬到壁外。如用自来水，则需要事先在阳光下暴晒 2—3 日，让消

捕食丝蚯蚓
的裂唇蜓稚虫

毒物质分解后方可使用。最后再在缸中间插入一根大拇指粗细、可露出水面约15厘米的木棍或沉木，这样静水型稚虫的窝就搭建好了。流水型蜻蜓的饲养缸内则要铺上一层2厘米厚的细沙。若饲养潜伏于泥沙类的品种，则无须放入石块。若是饲养黑额蜓、头蜓等潜藏型的，则需在细沙上放置三五块小石头，并将巴掌大的较扁平石块盖于其上，营造出溪流石缝的环境。石块的四周要避免接触缸壁，防止稚虫逃逸。放水量约15厘米。测试好增氧泵后，就可以去野外获取稚虫了。饲养溪流蜻蜓稚虫时，建议电动增氧泵每天工作15小时以上。

在野外采集的稚虫，最好挑个儿大的来饲养，这样日后比较容易养活。将其装入矿泉水瓶或运输鱼专用的呼吸袋中，放入刚没及虫体的少量洁净水即可，否则稚虫会因缺氧而窒息。其余杂物如沙砾、水草等皆不宜放入，以免运输途中撞击稚虫身体造成伤害。一般个体接近5厘米的蜓科种类要单独放置，防止互残，小一些的个体可混合。

　　将稚虫平安带回饲养处后，与养鱼方法类似，首先直接把装虫的瓶或袋放入容器约半小时，待两处的水温几乎一致后再开盖放虫，原生地的水也可一起混入。一天后再进行饲喂。

　　蜻蜓稚虫素来以活物为食，只要会动的物体它都会进行尝试，无论是静水型还是流水型的种类，人工饲养时其食谱相同，而且都能在观赏鱼市购买到。小型稚虫以丝蚯蚓、红虫（摇蚊幼虫）为主。若红虫是冰冻的，可在解冻后用镊子夹住在稚虫眼前摇晃以饲喂。等稚虫长到3厘米大小后，可投入食蚊鱼、蝌蚪等。每次投入活饵的数量不宜太多，以免食物残余过多而频繁使用过滤器。过滤器再好也需换水，换水时应把水抽出1/3左右后再缓慢加入新水，而无须将水全部更换。如饲养静水型的种类，可每

2周滴入2—3滴白醋，以降低水体硬度。而流水型稚虫所在容器内一旦有白色或黄色水霉，则需将水彻底更换，并把稚虫捞出将细沙搓洗一遍。

　　数月后若稚虫无心进食，且翅芽稍有膨胀，则说明临近羽化期了。静水型的蜓科或蜻科稚虫会不时把头探出水面，并寻找可供攀爬的物体，鱼缸中木棍的作用现在方能体现。而流水型且会潜伏的裂唇蜓在羽化前则将全身埋入沙中，此时需要临时搭建较高的羽化附着体，长形且厚实的沉木较为理想，需放置在水中间，以避免稚虫沿沉木爬至器壁而选择其他方向爬行摔落地面。若羽化时室内处于春末夏初的环境下，空气比较干燥，可开启空气增湿器。

　　观察羽化是需要熬夜的，有时正当人挺不住想躺下休息片刻时，它恰恰爬出水面羽化了。若天明，遇到个晴天，气温回升后，新鲜的个体稍遇惊扰会立刻起飞。若有点舍不得，可将其捉入蚊帐、帐篷或衣柜中，继续观察其体色的沉淀。但仅限一两日，其间还需用滴管喂水。此后若它再不进食，就回天乏术了。建议在羽化的当天就敞开门窗，让蜻蜓去享受生命的自由，勇往直前，去迎接生存挑战。

第七章

拍摄与观察

不用显微镜、放大镜或望远镜，想近距离观察鲜活的昆虫，目前最简约的装备就是数码相机。按照本书的拍摄进阶步骤，你也可以拍摄出像书中这样精美的蜻蜓生态图片！

作者在西双版纳野象谷的溪流中拍摄黄脊鼻蟌。

器材进阶

　　在当今数码相机市场流传着"全画幅"与"半画幅"两种机身。虽然"全画幅"画质卓越，但在拍摄警戒性颇高的昆虫如蜻蜓、蝴蝶等时，却往往让人力不从心。主体在画面中实在太小，剪裁后主体色彩不准、焦点不实，令人苦恼。

　　这时，我想起了一句拍摄箴（zhēn）言——离得不够近。可当我靠近拍摄时，却容易把蜻蜓吓跑。此刻，"半画幅"机身的威力方能体现出来，因为它能使你的镜头焦距增加1.5倍。例如，60毫米微距镜头使用在半幅相机上则为90毫米，150毫米则为225毫米，如此我们可以在较远距离而不惊扰蜻蜓的条件下，拍摄出较大主体的画面。机身选好了以后，就该选镜头了。是选价格适中的60毫米微距镜头，还是较昂贵的长焦微距镜头？与机身同理，答案肯定是长焦微距镜头。此外，值得一提的是，尼康品牌的机身拍摄出的画面十分清晰，非常适用于拍摄昆虫。

耐性进阶

在原野中拍摄自然不似登山运动，不值得开启暴走模式，但也并非越慢越好。虽然放慢步行速度能观察到更多的东西，但对拍摄蜻蜓而言，保持常速即可。

发现蜻蜓时可缓慢靠近，切忌迅速移动，因为蜻蜓对此相当敏感。接近的姿态以爬行为最佳，这招也适用于拍摄其他野生动物。此外，蹲下步行也能有效降低对被摄生物的惊扰。如果一次不行，就再试一次，越有耐性，就越能提高拍摄的成功率。

夏日里蜻蜓喜欢在晴朗风小的时候活动，正午前两小时是它们的活动高峰期。守株待兔不失为拍摄的上佳策略，蹲守的时间越长，越能获得更多拍摄机会及拍摄更多种类。低海拔地区的池塘、溪流边完全是对人耐热力的考验。然而越有耐性，越能拍摄出蜻蜓唯美或富有戏剧性的画面，如蜻蜓的不同种类会视对方为树枝，或将池塘旁的翠鸟、白鹭误认为石块而停于其上。

为了拍摄这惊人一刻，作者在暴晒的河滩上足足苦等了三个小时。

拍摄实战进阶

　　一张理想的蜻蜓身份证照以侧面为主，而且必须从头至腹末端都要清晰。这要求拍摄时将焦平面掌握准确，换言之，就是使相机的对焦平面与蜻蜓身体侧方保持平行，而且务必防止相机抖动。拍摄者稍微颤动一下，都会造成蜻蜓腹末端虚化。若还没练就出"铁手功"，建议使用三脚架进行稳定，虽然这会给操控带来极大不便。因为拍摄蜻蜓时应采取步步为营的接近策略，笨重的脚架在移动时很可能会使蜻蜓受到惊吓而飞走。可是对大部分蜻蜓种类而言，此时不必急切追赶，只要原地停留不动，过一会儿，它还会飞回停落。如果运气好，你还能拍摄到蜻蜓复眼或局部的特写画面。

拍摄蜻蜓背面可不是特别容易。有时停落的豆娘会将翅合拢，大部分蜻科及春蜓科种类会将翅向下收拢，而蜓科种类停息的地方太高，只能仰视，因此拍摄全靠机遇及抓拍的功夫了。

作者正在使用180毫米长焦微距镜头拍摄交配的碧伟蜓。

技巧进阶

　　飞行的蜻蜓给人最真实的生态感受，蜻蜓短暂的悬停也自然成了抓拍的黄金时间。此时相机的自动模式完全不靠谱，而尝试过拍摄飞行的蜻蜓后，你才能体会到拍摄的奥义原来在于传统的手动。快门速度一般达1/500秒，拍摄焦段以中长焦为佳，这是长焦微距功能的又一体现。

　　部分在溪流石块上停息的春蜓，在突然遇到某个庞然大物时会猛地起飞悬停巡视几秒，拍摄这一类蜻蜓时要预先做好思想准备，否则此良机转瞬即逝。多数蜻蜓点水产卵时会出现小范围的悬停以寻找产卵地点，这段时间比较充裕，可对拍摄参数做充分调整。对于快速飞行的蜻蜓，只要它有固定的飞行轨迹，即可在其必经路上安放广角相机，进行红外无线遥控拍摄，或像"打飞碟"一样用"点射"的方法，但成功率较低，除非你是天生的"枪手"。

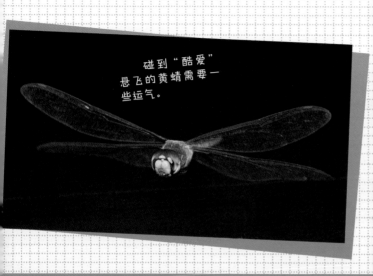

碰到"酷爱"悬飞的黄蜻需要一些运气。

最理想的拍摄对象是能长时间悬停或在高空平稳翱翔的种类，如黄蜻、斜痣蜻或寻找雌虫的长尾蜓、半伪蜻等。一旦碰到它们，请尽情练习拍摄吧。当然，从拍摄、观察蜻蜓中体会到乐趣才是最重要的。

挑战飞行蜻蜓

夏日的池塘一片喧嚣，虫鸣夹杂着蛙鸣响成一片，岸边芦苇随风摇摆，水中水草随波荡漾。睡莲的圆形叶片呈辐射状沿着主干蔓延开来，在水面形成了无数小岛，间或点缀着几朵艳丽的莲花。蜂和蝶都飞来分享蜜露，一只胖胖的金线蛙蹲在叶片上，肥胖的身体把叶片压得有点歪斜。可能是太晒了，它突然跳到了水里。晃动的水波惊扰起一只正在睡午觉的蜻蜓，它从伸出水面的枝条上快速地飞起，只是在空中转了一小圈，就又停落在原来的枝条上了。

进入夏天，好像不用刻意去寻找，只要有水的地方都会有蜻蜓出现。湖泊、小河、溪流，甚至是雨后洼地里积存的一点雨水，都是它们钟爱的场所。今天我们要选择身体强壮、善于飞行的蜻蜓做模特。首先应该分清楚蜻蜓和豆娘：通常蜻蜓个体比较大，豆娘小巧得多；蜻蜓停落的时候把翅膀平展开，而豆娘停落时翅膀收拢在后背上。当然，也会有巨大的豆娘（比如色蟌）和很小的蜻蜓（比如曲缘蜻），还有些蜻蜓和豆娘停落时并不按规矩摆放翅膀。没关系，我们还有一招可以分清楚它们——蜻蜓的两只复眼距离很近，几乎连在一起；而豆娘复眼的间距就大多了。

我们的任务不是随便拍几张蜻蜓照片，而是要拍到清晰的蜻蜓飞行瞬间，这听起来像是不能完成的任务。只要选好时间和地点，再对蜻蜓的习性有些了解，拍摄飞行蜻蜓其实并不难。

　　如果一只蜻蜓正在河岸边的枝条上休息，你非常小心地靠近，它还是警觉地飞走了。这时千万不要一走了之，蹲下来等一会儿，只要一点点耐心，那只蜻蜓就又会飞回来。因为大多数蜻蜓都有领地概念，它们会守护自己的"地盘"。

　　到了繁殖期，蜻蜓的领地概念就更强了，任何进入领地范围内的物体都会受到驱逐。如果你看到一只蜻蜓总是围着一个小范围飞行，而且不时地停落、起飞，这正是它在自己的领地巡逻。你可以尝试小心地靠近，这时蜻蜓并不飞走，而会直直地朝你飞过来。它开始围着你打转，有时候飞得很近，还会时不时来个侧翻或者悬停，炫耀自己高超的飞行技巧。

　　抓紧拍摄吧，这可是最好的机会了！请在进入领地前就设置好你的相机，尽量不要浪费每一次机会。拍一会儿就退出领地看看，得到满意的图片就尽快离开，不要过多地打扰蜻蜓；长时间飞行对它们的消耗是非常大的。

集群产卵的旭光赤蜻

串联飞行的半黄赤蜻

体色像黄蜂的六斑
曲缘蜻（雌）

34

　　六斑曲缘蜻在我国南方各省区多有分布，数量不少，想找到它们并不难。这种蜻蜓的前翅根部，从后到前，两边各有3条黑斑纹，这就是它名字里所谓的"六斑"。当然你可以把后翅的也算上，数出12条斑纹来。

　　蜻蜓的繁殖是离不开水的。大多数蜻蜓需要比较大的水域，所以不到河湖池塘的旁边，不太容易找到足够多的蜻蜓。而六斑曲缘蜻却不怎么在意水量，反倒经常出现在阳光暴晒下的开阔地。那些高高立起的干草或者枯枝，是它们最喜欢停落的地方。这些地方看起来非常干燥，其实不远处都会有很浅的水洼或者水稻田供它们繁殖。

　　在蜻蜓家族中，六斑曲缘蜻算是小个子，体长只有3厘米左右。如果它们停落在枯枝上不动，很难被发现，经常是你无意间靠近把它们惊飞。这些小家伙飞行时快捷而短促，并且伴有轻微抖动，再加上它们腹部短粗，看起来很像是大黄蜂在飞舞。黄蜂的螯针让人望而生畏，所以很多昆虫都会竞相模拟黄蜂来保全自己。

六斑曲缘蜻（雄）

六斑曲缘蜻（雌）

这是一种喜欢群集的蜻蜓，通常可以在很小范围内发现数十只。腹部蓝色的是雄性，黄色的则是雌性。六斑曲缘蜻有着很强的领地意识，它们只在一小片区域活动，绝不会飞远。在自己家，它们安全意识也挺强。即使受到惊扰，它们也只是象征性地飞一小段距离，有些甚至只是飞起来意思一下，随即重新落回到原来的枝条上。所以靠近它们一点儿也不难，你只需要手脚轻一点，稍微表示一下礼貌。

刚刚停落的六斑曲缘蜻，会保持平展翅膀的姿态，还会轻轻转动身体角度，总是用翅膀平面正对着你。这时候只要你保持不动，它就会慢慢安静下来，然后把翅膀微微向下垂一些，这说明它已经觉得很安全了。

以前我们拍其他昆虫时，大多要求平视或者低角度仰拍。但拍摄六斑曲缘蜻最完美的角度，却是要偏高一点。也就是说，要在蜻蜓的斜上方拍摄，让镜头平面和蜻蜓垂下来的翅膀平面尽量平行，这样可以更清晰地表现翅膀的细节。也只有这个角度，才能表现六斑曲缘蜻扁粗的腹部，这也是它区别于其他蜻蜓的重要特征。另外，在大太阳下，拍摄时我们可以使用微弱的闪光，这有利于减轻蜻蜓身上的阴影。

六斑曲缘蜻（雄）
头部额上有美丽的金
属色斑。

第八章

回归原点的
旅行：水虿

蜻蜓作为第一批能飞的物种，曾在远古时期的石炭纪繁盛一时，不过随着数次生物大灭绝的发生，地球迎来了最为干旱的三叠纪，那时的蜻蜓和很多昆虫一样几乎快从地球上消失了。

　　可是在 2.34 亿年前，地球突然下了一场持续百万年的大雨，史称"卡尼期洪积事件"，恰恰是这场意外的大雨让昆虫重新走向了更加多样化的世界，而现存昆虫中无论是水生还是陆生的，它们的生长发育都离不开水或高湿环境，这也是那场暴雨留给昆虫的深刻印迹，比如蚊子、水黾、白蚁等，而蜻蜓也因那场暴雨得以延续香火。在地球的低海拔区域，几乎有淡水的地方都能找到蜻蜓的踪影。

　　相比成虫，蜻蜓稚虫（俗称水虿）的生存环境更加复杂、隐蔽而多样，甚至有的种类的生活习性更加错综迷离。简单的水环境如水塘、水库是我们容易接触的，栖息于这类环境的水虿寻找起来较为容易，它们的形态像进化游戏里的初形机，身体没有更多附属物，所具有的功能也较为简单，多数蜓科、蜻科和蟌科种类的水虿一般在水草丛中攀爬，生活于淤泥中的灰蜻水虿前足进化出了挖掘的能力。无独有偶，栖息于溪流环境的春蜓、裂唇蜓的水虿选择水底的泥沙作为庇护所，其前足具有适于挖掘的齿突，而后足腿节上的刚毛能有效地将流沙拨弄起来掩埋自己的身体。由此可见，蜻蜓在静止和动态水域开辟了一片属于自己的天地。

动态水域裂唇蜓水虿（左）与静止
水域碧伟蜓水虿（右）的形态对比。

动态水域春蜓水虿（左）与静止
水域灰蜻水虿（右）的形态对比。

　　然而，远古时期留下的灾难教训，让蜻蜓家族的一部分种类选择了
放弃相对舒适的家园而剑走偏锋。

　　有一次我在热带雨林的积水树洞里寻找树蛙，树洞里的积水因存留
了大量腐烂的叶片显出浓褐色，同时还散发着一种奇怪的酸味。我把叶
片小心翼翼地取出，并检查隐藏在叶片间的生物——约 1 升的积水里居

动态水域色螅水虿（左）与静止
水域尾螅水虿（右）的形态对比。

扁螅水虿

住着大量的蚊类幼虫及树蛙的蝌蚪，甚至还蹦出三只成体树蛙。当我将
这些生物放回树洞时，居然发现一双白色的眼点在乌褐的水里游动，我
顺势捞起这个古怪的生物仔细辨认，原来是一只扁螅的水虿。具有花瓣
形尾螅形态的它，因为长期生活在褐色水体的树洞内，身体乌黑，仅有
复眼端部呈浅黄色。

鼻螅水虿

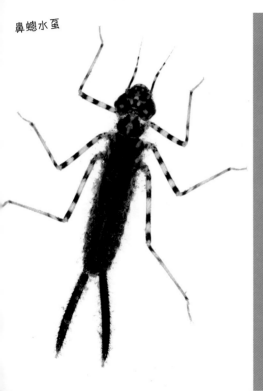

溪流环境因子的不稳定性使得螅的成虫在水环境的选择上更加微妙，其水虿的形态相比于蜻与蜓也更加奇幻。干热河谷的冬季几乎没有降雨，山谷里的溪流断流后会形成一个个清澈见底的小水塘，本以为这种临时积水环境早就被各种搜寻食物的鸟类扫荡一空了，可翻开石块却发现了鼻螅的水虿，它腹部末端的尾鳃特化成长条状，俨然不走寻常路，我推测这种尾鳃也许可以从淤泥里吸收氧气，具有很好的抗旱性。

不过令人费解的是，当夏季山谷溪流再次充盈时，鼻螅水虿就变得难以寻找，石块下并无鼻螅的身影，取而代之的是更多的蜉蝣、齿蛉石蚕和石蝇等的幼体以及形态更为怪异的溪螅水虿。鼻螅水虿跟溪流常见的土著居民一样，腹部两侧有外露的气管鳃，也非常擅于在石头缝隙中穿梭，这或许是趋同进化的结果吧。

　　地球上的水环境多变，逐水而居的蜻蜓当然不会放过一些特殊水域，比如小型瀑布形成的滴水石壁。那是一个月黑风高的初夏，有位研究蜻蜓的老师在行进的路上给我讲了一个关于水虿的传说。

　　水虿的生活并不是无忧无虑的，而是和我们人类一样，会遇上麻烦，会感到忧愁。于是，它们就一起祈求神灵，请神灵告诉它们怎么样才能过上更加快乐、自由的生活。神灵听到了它们的祈求，对它们说："只要你们不做坏事，不伤害别人，不撒谎……我就帮你们实现愿望。"神灵说了很多很多要求，有些水虿觉得这些要求太高了，根本不可能做到，而有些水虿就按照神灵的话去做，于是它们遭到了其他水虿的嘲笑。

溪鳃水虿

像潜水艇的
综螅水虿

尽管遭到了嘲笑，但是它们仍然相信神灵的话。日子就这么一天一天地过去了，它们也一天一天地长大了。突然有一天，有一股神奇的力量召唤它们钻出了水面，把它们变成了蜻蜓。它们到处飞舞，才知道世界是如此之大，大自然是如此之美，原来生活过的地方不过是一个小小的水塘。蜻蜓想到了其他水虿，想要帮助它们，想要告诉它们：一定要按照神灵的话去做啊！可是，蜻蜓再也变不回水虿了，也回不到水里去了，而且它们和水虿在语言上也有了障碍，没法交流了。怎么办呢？得想个办法啊，蜻蜓就不断地点水，希望水虿能够理解它们的意思。

一定有水虿明白了蜻蜓的意思吧？不然，它们怎么会一拨又一拨地钻出水面呢！虽然水虿没有蜻蜓漂亮，但它们是会游泳的小仙子，只要按照神灵的话去做，就会像毛毛虫变成蝴蝶一样蜕变成蜻蜓。如果我是水虿的话，也一定会带着梦想，听神灵的话，做一只善良的水虿，努力变成蜻蜓，飞到更广阔的世界去。

故事说完了，听得入迷的我意外地在紧挨着滴水石壁的一株草本植物上发现一只色泽碧绿且具有特殊花纹的头蜓水虿。一般而言，水虿直到快羽化时才爬出水面，可是翅芽还没完全发育的它怎么会爬在空中的植物上呢？各种问号在脑海里频频闪现。头蜓水虿的事还没弄清楚，有人在洞穴暗河里发现了触角修长的沼蜓水虿的快讯又响彻耳边……

水虿的远古记忆像被人类唤醒了，每个水虿都是蜻蜓世界的宝藏！

行为诡异的头蜓水虿

24

后记

　　我的童年是在北京的胡同里度过的，那时候没有这么多高楼大厦和柏油路，也没有大面积的人工绿地，只有一些大大小小的胡同，坑洼的小路两边长满了杂草，看似荒凉，却充满了勃勃生机。那时候没有手机和电脑，各式各样的昆虫随处可见，它们自然成了我童年里最好的"玩具"。中午顶着大太阳，用放大镜烧蚂蚁；爬到柳树上抓大天牛，用它尖利的牙齿去"剪切"各种东西；在榆树上抓金龟子，然后在它背上插一根大头针，金龟子就会拼命扇动翅膀变成一个小型风扇。到了夜晚，路灯一开，各种大蚂蚱和螳螂就出现了，把它们关在一起，看它们斗个你死我活；墙上落满了各种飞蛾，壁虎早就吃得肚子滚圆了……

　　随着年龄的增长，昆虫从"玩具"变成了"玩伴"，我不再去玩弄它们，而是更喜欢去观察它们，用相机去记录它们的种种精彩。我把这些"精彩"汇集到了这套书中。它是微型画册，用最精美的图片吸引你，让你不再惧怕昆虫；它是图鉴，让你辨识并且记住各种昆虫；它是故事书，让你了解昆虫们的喜怒哀乐，进入它们的世界。你可以去大自然中寻找本书中出现的这些昆虫，也可以通过本书中介绍的各种"线索"去发现属于自己的昆虫。

　　本书的出版感谢这些好友的帮助：温仕良、刘广、孙锴、李超、王江、罗昊、陈兆洋、麦祖齐。

博物大发现
我的 1000 位昆虫朋友
甲虫家族

唐志远　汪　阗　编著

北京联合出版公司
Beijing United Publishing Co.,Ltd.

序言

　　这套书半翅家族分册的文字部分是我 2014 年写的。从文字角度来说，它是我的第一本书。当然，书中的主要亮点是唐志远老师的精彩图片，我只是给他的图片配文。

　　唐老师是我博物学的启蒙者之一，把我这个只会玩虫子的小孩儿带上了昆虫观察者的路。初中时，我不知多少次点进他创立的北京昆虫网和绿镜头论坛，认识昆虫的种类，学习拍摄昆虫的技巧。我还喜欢阅读他幽默的拍摄笔记。后来我读了昆虫学的硕士，乃至现在做昆虫学科普，很大程度要归功于唐老师的影响。再后来与唐老师成了同事，一路合作到今天，令我感慨人生的神奇。

　　此书缘自我刚工作没多久，唐老师跟我说想出一套书，收录他拍摄的各种昆虫，其中半翅家族分册想让我来配文。因为我硕士研究的就是蝽类，所以我很荣幸地接受了这个任务，并且把我当时所知都写进了书里。但是这套书当时发行量不大，很快就卖断货了，所以我之后也极少提起这套书。现在它再版上市，自然是一件大好事。

　　这套书很适合用来培养对昆虫的兴趣，学习昆虫的习性，也是一套简单的常见昆虫种类图鉴。错过第一版的读者们，这次要把握住机会！

目录

第一章

中国 18 类
披甲武士

中国 18 类
披甲武士

在整个昆虫纲中，哪个类群的昆虫种类最多呢？其实，只要你留意身边的昆虫，就能轻易找到答案。没错，就是甲虫！

　　甲虫因为前翅特化得极其坚硬，像盔甲一样而得名。在生物学分类上，我们把所有的甲虫都称作鞘（qiào）翅目昆虫。提到"鞘"，人们最先想到的是"刀鞘"，刀鞘可以保护里面的刀刃，而甲虫坚硬的鞘翅则可以保护脆弱的膜质内翅，这可是它们的飞行利器。

　　鞘翅目昆虫是整个昆虫纲中数量最庞大的类群，占据了所有昆虫纲数量的30%—40%。有专家认为，鞘翅目昆虫之所以能发展成昆虫纲中最多样性的类群，和它们的鞘翅有着密不可分的关系。

　　人类关注鞘翅目昆虫由来已久，鞘翅目中最著名的要数古埃及的太阳神化身——圣甲虫。其实圣甲虫的真身就是我们所说的蜣螂（qiāng láng），即鞘翅目金龟科昆虫。由于其滚粪球的习性，古埃及人便将它们看作推动太阳的使者，故而最终称为太阳神。在日本，很早就有了"头顶鹿角"的民间娱乐，他们将自己捕捉到的锹（qiāo）甲、犀（xī）金龟等具有争斗意识的鞘翅目昆虫放在一起，让其相互攻击，最终决定胜负。一直到现在，每年日本还举行全国性的昆虫战斗大会，其场面十分壮观。中国古代与甲虫有关的最著名的典故是"囊（náng）萤

威武的深山锹甲

映雪"。晋代车胤（yìn）由于家境贫寒，没钱买灯油在夜晚读书，故而在夏日的夜晚捕捉萤火虫，利用萤火虫的光亮来看书。由于这种勤学苦练的精神，他最终功成名就。而这段励志的故事，也激励了千秋万代的华夏人民。

鞘翅目昆虫和人类的关系一直十分紧密。几乎每个人都认识金龟子和七星瓢虫，它们是我们童年的美好回忆。甲虫有着千奇百怪的外形和丰富多变的色彩，各种不同的甲虫也值得去观察、欣赏和保护。这些灵动的精灵，为大自然增添了一道亮丽的风景线。

格彩臂金龟

幸运深山锹甲

　　想要把鞘翅目昆虫认全，几乎是不可能完成的任务。不过，我们大可不必因为这个事实而灰心丧气。任何一类昆虫都可以因其内部与外部的特征而归为一科。只要把科这一级的规律摸透，就可以完成鉴定的第一步。当然，鞘翅目昆虫这么庞大的类群，仅科就有 100 多个，要想全部掌握确实不易。在这些科中，有许多是极其罕见的，可以忽略不计。而真正常见的，都是鞘翅目中的"大科"。只要熟记这些大科的特征，再加上野外的实地考察，相信你很快就可以轻松将大量的种类谙熟于心。

　　在这一章中，我们精心挑选出鞘翅目中最具代表的 18 个科。这些科各具特色，有的形态奇特，有的存在着特殊意义，还有很多因为有趣的行为而著称。甲虫的世界实在是太精彩了，想要真正了解这些威风八面的小斗士，你得去野外自己探寻与观察。不是去抓或者去玩儿，而是把甲虫当作朋友，尝试着进入它们的世界。

现在地球上的任何生命，无论是动物、植物，还是微生物，都是漫漫进化长河中的胜利者，也同样都是自然选择中的幸存者。这些物种之所以可以存活至今，一定有它们自己的生存策略。换句话说，这些物种肯定有自己的"绝活"，才能够应对环境所带来的挑战，繁衍生息下去。

昆虫是现有生物中种类和数量最多的，而甲虫又是昆虫中最庞大的类群。所以，甲虫也可以算是迄今为止进化最成功的生物类群。获得如此成功，甲虫一定有着很多独特、绝妙的生存策略。首先，就让我们来了解一下这些各怀绝技的小斗士，看看它们是如何用自己的"技能"来应对种种挑战，走向胜利的。

正在捕食蚂蚁的隐翅甲

鳃金龟

牙金龟

石下隐者——步甲科

　　自幼便是善于潜伏的暗杀者，任何小虫被它盯上，几乎必死无疑。成虫更是凭借6条大长腿奔跑如飞，很少有猎物可以逃脱追捕。这就是"石下隐者"——步甲科昆虫。

　　步甲科的种类在鞘翅目中仅次于象甲科和叶甲科。它们分布广泛，石下、土壤、地表、乔木、灌木、落叶层都能找到它们。一般来讲，颜色由朴素的黑、灰、棕色构成。当然，也有身披美丽铠甲的种群，其华丽程度让人为之惊叹。

紫光步甲

绿步甲（蓝色型）

碎纹相皱步甲

什么？你在博物馆珍稀昆虫中好像见过它？的确，步甲科中有一些
可是国宝级的种类哟。

硕步甲

绿步甲

14

奇裂跗步甲

八星步甲

水中猎手——龙虱科

　　终生游弋（yì）于水中，捕食各类水生动物。经过不断的进化，它们已经可以在水下称霸一方。这些猎手常常合作猎杀比自身大几倍甚至十几倍的猎物，就连重达 10 多斤的大鲤鱼也不是它们的对手。这就是"水中猎手"——龙虱科昆虫。

　　本科昆虫是水中鞘翅目肉食亚目中最大的科。成虫和幼虫都生活在淡水里，以鱼类、水生软体动物、昆虫、蝌蚪等为食。龙虱科昆虫体色多为黑色，体背均具隆凸，体型为流线型。头较小，常常藏匿（nì）于前胸背板之下。足多样化，后足为游泳足，雄虫前足为抱握足，在交配时用分泌出的黏性物质抱住雌虫。

　　如今在自然水域里，想要见到龙虱越来越难了。我倒是在花鸟鱼虫市场里见到过几次，它们是和被当作饲料的小鱼一起捞上来的。后来人们开始关注这种可爱的水生小甲虫，卖小杂鱼的老板也就把它们单独装在瓶子里当作宠物出售了。另外，南方的餐桌上也常常会有它们及其幼虫水蜈蚣的身影。

日本金边龙虱

疾风迅驰——虎甲亚科

　　沙地上，一只小甲虫从你眼前一闪而过，快到你都来不及看清它的模样。等它停下来，才发现这闪亮的小甲虫长着一对大"虎牙"，原来是虎甲啊。虎甲是甲虫中的"猎豹"，它们的奔跑速度"无虫能及"。你想走近观察，每次靠近时，它们就会向前飞行一小段，似乎永远跟不上这些小家伙。因此，虎甲也被称为"引路虫"。

　　目前的分类系统中，虎甲亚科已归入步甲科。

正在交配的金斑虎甲

云纹虎甲

琉璃珠胸虎甲

三色树栖虎甲

树栖虎甲

金斑虎

　　虎甲是肉食昆虫，也是捕猎高手。成虫与幼虫多数为土栖，个别为树栖。成虫上颚（è）极其发达，体色较为艳丽。头较大，复眼突出，鞘翅长，覆盖整个腹部。正是这些武装到牙齿的装备，使得虎甲成为超级猎杀者。虎甲亚科的幼虫第 5 腹节背面凸起并具有 1—3 对侧钩。

铁甲战士——锹甲科

中华奥锹

孔夫子锯锹甲

黄纹锯锹甲

盛夏，在高处的树枝上，有两个头顶"鹿角"的甲虫正扭打在一起。靠近甚至可以听到它们因打斗而发出"噼啪"声响，僵持不下，各不相让。等下！有一只竟然将另一只高高举起，扔到了树下。这种战斗一直可以持续到秋天，而那些"浴血奋战"的主角就是"铁甲战士"——锹甲。

本科昆虫是鳃角类甲虫中非常独特的类群。成虫吸食植物汁液，并喜欢夜间活动，有较强的趋光性。幼虫则生存于枯木中，以腐烂发酵的木质部为食。由于这类昆虫体型较大、形态奇特，因此深得人们喜爱。宠物店里也有它们的身影，日本每年还会举行锹甲比赛，别有一番情趣。

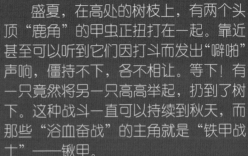

大卫扁锹

黄金鹿角锹甲

长戟擎天——犀金龟科

这类甲虫的代表经常出现在日本动漫中，它是每一个孩子暑假的观察对象，甚至还是名侦探柯南的破案线索。

在现实生活中，它们也征服了全世界喜欢自然的孩子。博物馆、昆虫展览会、宠物店里也都有它们的身影。它们那特殊的外表，一定会让你过目不忘。这就是"长戟（jǐ）擎天"——犀金龟科昆虫。

双叉犀金龟

双叉犀金龟

蒙瘤犀金龟

长戟大兜虫

　　本科昆虫也被称为"兜虫"，因为雄虫长长的"犄角"很像日本武士的兜（头盔）。它们也像武士一样力大无穷，大型品种单手抓握的话非常吃力。成虫与锹甲一样，靠吸食植物汁液为生。雌虫是普通甲虫的低调模样，和雄虫差异很大。幼虫常生活在土中、落叶层中，取食植物根茎以及腐殖质。成虫身体坚硬，会被灯光吸引而去。这些身体强壮的甲虫能拉动比自己重数十倍的东西，很多雄虫都有一个或几个"犄角"，异常威武，不愧为"甲虫之王"。

25

清道使者——金龟科

你有没有想过这样一个问题：在野外，有那么多动物，所有动物都需要排泄，这些粪便堆积在一起一定十分壮观。但在城市里经常踩到狗屎的我们，在野外却很少遇到粪便。其实，粪便被许多昆虫视为珍宝，它们寻味而来，饕餮其中。它们不仅取食粪便，还会将粪便切成粪块，用后腿边踢边滚，然后再把滚圆的粪球埋到地下，加工成"育儿室"。这种动物推粪球的画面你看着眼熟吗？是不是感觉在什么壁画上见过？没错，这种壁画曾出现在埃及的金字塔中，这种动物还是埃及的太阳神。这就是"清道使者"——金龟科昆虫。

正在滚粪球的蜣螂

均嗡蜣螂

黑玉嗡蜣螂

本科昆虫又称"屎壳郎""蜣螂",是鳃角类甲虫中的大科之一。它们的中文名为金龟科,但可不是我们所说的金龟子。金龟子通常是指金龟总科中的花金龟科、丽金龟科以及鳃金龟科,而金龟科仅指屎壳郎一族。本科成虫大多数具有金属光泽,体躯厚实,背腹滚圆。成虫与幼虫均以粪便为食。正是这样,它们才被称为大自然的清道夫。千万别小看这些又脏又臭的家伙,人家在澳大利亚还有纪念碑呢!

双鞭在手——天牛科

眼斑齿胫天牛

苎麻天牛

樟彤天牛

　　在我小时候，一到夏天，柳树、杨树上就会出现很多全身黑亮、点缀白点的甲虫。它们顶着一对长长的触角，被逮住时，一边挣扎扭动一边还会发出"吱吱"的声音。这种头顶长角的甲虫，被人们称为"老牛牛"。到了郊外，无论在树上还是花上，都能发现很多形态各异的"老牛牛"，让人眼花缭乱。这就是"双鞭在手"——天牛科昆虫。

　　不要一提到天牛就想起那种黑底白点的种类，更不要认为天牛就只有那一种哟。其实，本科昆虫是鞘翅目的大科之一，全世界有2万多种。它们体色多样，很多类群都有超长的触角，当然也有虎天牛那样的短角天牛。它们的鞘翅一般可以将腹部盖住，个别高海拔类群为短翅型。本类成虫与幼虫均取食植物，幼虫在木头中钻蛀取食。

天牛种类繁多，既有低调模拟枯藤的坡天牛，也有体色十分艳丽的木棉天牛；有体型细长的筒天牛，也有"牙齿"硕大的长牙土天牛。正因如此，天牛也是很多昆虫爱好者梦寐以求的珍藏品。

蓝粉短脊楔天牛

碎斑簇天牛

暗夜灯火——萤科

"银烛秋光冷画屏，轻罗小扇扑流萤。天阶夜色凉如水，坐看牵牛织女星。"这首脍炙人口的七言绝句是杜牧的代表作《秋夕》，它描写了古人秋夜的生活景象。其实从古至今，有两种昆虫一直陪伴着人们，一种是促织，另一种是流萤。促织是秋天的蟋蟀，而流萤就是"暗夜灯火"——萤科昆虫。

本科昆虫又称"萤火虫"，别看它们外表羸弱，小时候可是凶狠的肉食者。幼虫经常钻进蜗牛的壳中取食，成虫虽然一般不怎么进食，但也有捕食的记录。成虫体色多为黑色、红色或褐色，头隐藏于前胸背板下，复眼发达，鞘翅扁宽。想要看萤火虫，一定要去水边潮湿的地方哟！

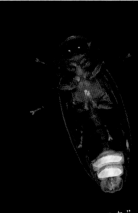

通常有两格"电"的都是雄萤火虫，雌萤火虫只有一格"电"，眼睛也小很多。

闪亮的萤火虫自古以来就广受关注，中国有"囊萤映雪"的故事；日本也曾创作过很多类似《萤火虫之墓》这样的经典之作。在这些作品中，萤火虫是贯穿于整个故事的灵魂。不仅如此，世界上广泛流传着许多关于这些暗夜精灵的传说。总之，萤火虫在人类眼中是一种充满浪漫色彩的生灵。

萤火虫常会将头部缩进前胸背板中。

触角十分美丽的萤火虫

正在取食蜗牛的
萤科幼虫

34

北方比较常见的
一种萤

萤火虫白天
会静伏在草丛中
休息。

雄虫发达的复
眼可以在夜间更好
地搜索雌虫。

豪门素食者——叶甲科

春天，杨柳絮漫天飞舞，蛰伏了一冬的昆虫也开始大量出现。如果附近有榆树，一定可以见到一种小甲虫，它们的背甲闪耀着黄绿色的金属光泽，还喜欢扎堆聚会。如果用手去捉，常常会被弄得一手黄汁，并有一股奇怪的味道。这种小甲虫叫作榆绿萤叶甲，它们所属的家族就是"豪门素食者"——叶甲科昆虫。

叶甲

锚阿波萤叶甲

宽缘瓢萤叶甲

黄腹丽萤叶甲

柳十八斑叶甲

　　本科昆虫也是鞘翅目的大科之一，全世界记录有 2 万余种。成虫体色多样，头部外露，前胸背板多横宽，足较长。幼虫为典型的伪蠋（zhú）型，头部及前胸背板骨化较强。叶甲成虫与幼虫均取食植物，是名副其实的"素食者"。有些种类还有集群的习性，我曾见过上千只榆绿萤叶甲聚集在岩壁上。

七星八卦——瓢虫科

这可能是我们小时候最先认识的昆虫，圆滚滚的半球形外壳是红色的，上面点缀着黑色斑点，我们可以数一数斑点的数目，来判断它到底是益虫还是害虫。其实它的鞘翅除了有圆形斑点，还有很多图案。看谁可以将不同图案集齐是夏日里孩子们常玩的游戏。这就是"七星八卦"——瓢虫科昆虫。

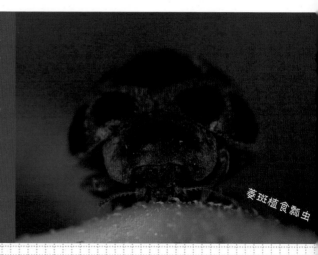

菱斑植食瓢虫

大突肩瓢虫

红肩瓢虫

异色瓢虫

　　本科昆虫又称"瓢甲"，因为它圆滚滚的半球身体就像水瓢。瓢虫中很多种类被人们所熟知，如七星瓢虫、茄二十八星瓢虫等。瓢虫的食性很多，大致可以分为植食性、菌食性和捕食性。上颚因其食性而分化为端部具两齿和多齿。幼虫头小，体型多为纺锤体，体侧与体背有多根枝刺或瘤状凸起。成虫体色多样，甚至一种就可以有几十个色型，如异色瓢虫。

　　瓢虫是一个不算很大的类群，全世界记录有 5000 多种。在夏天，如果能看见蚜虫、瓢虫和蚂蚁上演的"三国演义"，相信它们那有趣的行为一定会让你过目难忘。

十斑大瓢虫

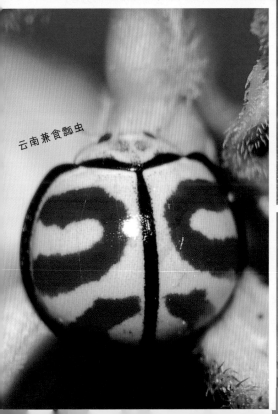

云南兼食瓢虫

红颈瓢虫

奇变瓢虫

百变星君——芫菁科

有一类甲虫，从幼虫到最终化蛹要经过近10次蜕皮，而且每次蜕皮后的样子与以前相比都可谓是脱胎换骨，从外表上根本看不出来是一种虫子。这种"整容"技术堪称一绝！这类昆虫虽然被称为甲虫，但其实它的鞘翅轻薄柔软，与"甲"字相去甚远。这就是"百变星君"——芫菁（yuán jīng）科昆虫。

红头豆芫菁

绿芫菁

眼斑芫菁

　　本科昆虫是鞘翅目中极其独特的一科，为多变态的代表。成虫身体柔软，前胸背板较窄，腿较长。颜色多种多样，黑色、灰色、褐色、黄褐色、金属色，应有尽有。幼虫通常寄生于蜂巢之中，1 龄幼虫则以蝗虫卵为食。成虫取食豆科等植物。

红头豆芫菁

阔胸短翅芫菁

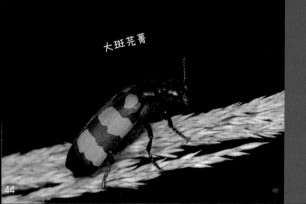

大斑芫菁

芫菁科成虫受惊时，腿节上会分泌黄色的液体，液体中含有大量的斑蝥（máo）素，可以使人的皮肤变红，形成水疱。但是，古时候人们就发现这类昆虫是一种很好的药材，具有利尿等作用。正因如此，就连著名的医书《本草纲目》也为其留有篇章。

豆芫菁

黄沙使者——拟步甲科

　　沙漠的夜晚，一群甲虫迅速地穿梭于沙丘中。随着温度的降低，只见沙丘的"顶峰"上，甲虫高高地撅起屁股，冷空气逐渐沿着它们的身体凝结成水滴，流入它们的口中。如果你到郊外，翻开石头，也能见到这种体态周正的小甲虫，它们的形态很像微缩版的步甲。这就是"黄沙使者"——拟步甲科昆虫。

　　本科昆虫是鞘翅目的大科之一。成虫身体形状差异极大，主要有扁平形、圆筒形、琵琶形等。鞘翅完整，翅面光滑并具条纹或毛带。有些种类后翅退化。幼虫称为"伪金针虫"，呈圆筒状或扁阔状，体壁多革质化，身体末端有凸起。拟步甲科昆虫多为夜行性昆虫，少有白天活动的种类。常栖息于沙丘、沙地、荒漠中。一般为植食性，常以腐败物、粪便、植物种子等为食。成虫常藏于隐秘的地方，比较难找，但是想看它们的幼虫，那就去观察鼎鼎大名的爬宠和鸟类活食——面包虫与大麦虫吧。

轴甲也属于
拟步甲，主要栖
息于树上。

北京侧琵甲

具有强烈金属
光泽的彩釉甲

流光溢彩——吉丁虫科

四斑黄吉丁

许多看似不起眼的小型吉丁虫，放大后看都非常美丽。

如果鞘翅目昆虫举办选美比赛，那么它们肯定是头号种子选手。它们或体色鲜艳，色彩极为丰富；或具有强烈的金属光泽，在太阳下闪闪发光。有些昆虫收藏者为了寻找它们费尽千辛万苦。如果想为它们画像，那几乎是一个不可能完成的任务。因为构成它们身体的颜色，只有大自然才能调配出来。这就是"流光溢彩"的吉丁虫科昆虫。

大多数吉丁都有着夺目的金属色。

　　本科昆虫为植食性昆虫。幼虫体扁，前胸甚为膨大，在树木中钻孔，躲在自己的"美食天堂"中。成虫白天活动，喜欢一边享受日光浴一边取食花粉或植物枝叶。吉丁虫成虫头部较小并向下弯曲，前胸与腹部紧密相连，不可单独活动。鞘翅具强烈的金属光泽，大多色彩艳丽。

　　也许正是由于它们的体色太过鲜艳，使得这些"帅哥靓女"经常成为其他昆虫，如虎甲亚科昆虫、膜翅目胡蜂科昆虫以及半翅目螳（táng）瘤蝽科昆虫等的食物。正所谓"羡慕你，就干脆吃掉你"。

梨金绿吉丁

花中使者——花金龟科

提到与花朵关系密切的昆虫，相信大家首先想到的是蝴蝶。蝴蝶确实以其鲜艳的翅膀和优雅的飞行姿态赢得了"飞舞的花朵"之称。但其实鞘翅目中也有大量的"花蜜爱好者"，其中，最具代表性的无疑是"花中使者"——花金龟科。

本科昆虫隶属于金龟总科，全世界共记录有2000多种，在中国大约有200种。成虫中到大型，外壳坚硬，常常以花卉、植物果实及植物叶片等为食。它们分布很广，夏季在路边的柳树上也能看到它们的身影。

斑青花金龟

苹绿唇花金龟

中华弧丽金龟

棉花弧丽金龟

小青花金龟

生死的赌者——象甲科

初秋，臭椿树的树干上除了有斑衣蜡蝉，还有一种不起眼的灰色小甲虫，它们长得就像一小坨鸟屎。我想要抓起来一探究竟，手刚一靠近，"鸟屎"突然从树干上掉了下来。我没嫌弃你，你倒嫌弃起我来了。我在树下草丛里翻了半天，才终于把"鸟屎"捏了起来，原来是一只正在装死的臭椿沟眶象。我把它放在地上，这个缩成一团的小家伙伸展开6足，将身体翻转过来爬走了。

实际上，在自然界中，如果偶遇鸟类这样的天敌，这种看似最危险的装死策略就成了"缓兵之计"。这些甲虫就是"生死的赌者"——象甲科昆虫。

长颈象甲

交配中的沟眶象

竹象

具有梦幻般
纹路的象甲

　　本科昆虫又称"象鼻虫"，是鞘翅目第一大科，已发现的共有5万种左右。顾名思义，这一类昆虫最大的特点就是成虫长着超长的"嘴"，乍一看就是一头迷你版的小象。本科昆虫胸部较圆，鞘翅长且非常坚硬。幼虫为蛴螬（qí cáo）型，无足。成虫最大的习性就是爱装死，不仅仅是受到干扰，就连一阵强风吹过都有可能使一片象鼻虫"纷纷牺牲"。

象甲隐藏在落叶中。

　　对于捕食者来说，鲜活的昆虫更具有诱惑力。象甲这种装死的本领，使得它们避免了很多天敌的追杀，逐渐繁衍成鞘翅目中的豪门望族。

栎象类都有很长的口器。

象甲受到惊吓后，会
从叶片上滚落下来装死。

宽喙象

梨象

59

死亡使者——葬甲科

尼负葬甲

六脊树葬甲

　　在鞘翅目昆虫中，除了前面提到的被称为"大自然清道夫"的金龟科昆虫，还有一类甲虫也功不可没。它们各司其职，蜣螂专心清扫粪便，另一类甲虫则默默无闻地将动物尸体清理干净。它们就是甲虫中的"死亡使者"——葬甲科昆虫。

交配中的六脊树葬甲

葬甲身上总是会有很多螨。

　　本科昆虫又称"埋葬甲"，是鞘翅目中较小的一科，全世界记录不到 200 种，中国记录 75 种左右。除了少数几种捕食蜗牛、双翅目幼虫以及取食植物的种类外，其他绝大多数种类都以动物尸体作为食物。

　　"埋葬甲"这个名字出自葬甲科昆虫中的覆葬甲亚科的习性。这类葬甲的雌虫会把卵产到动物尸体中，随后雌虫和雄虫共同在尸体下掘土，把带卵的尸体埋入地下，让幼虫可以"衣食无忧"地成长。而葬甲科的另一大类，即葬甲亚科的昆虫，却喜欢在动物尸体下或尸体中产卵，而不会将其埋入土中。不仅如此，许多葬甲科昆虫还扮演着"公共汽车"的角色。

在自然环境中，葬甲科昆虫身上经常会出现一些螨类（就像小蜘蛛）。大多数螨类也喜欢取食动物尸体，只是它们的扩散能力较差。自己找尸体太难了，搭乘葬甲科昆虫这辆"免费公交"找到食物真是省时省力。虽然葬甲科昆虫看起来十分恶心，但是在大自然中，它们却扮演着不可替代的重要角色，为生态系统的稳定默默贡献着。

双色葬甲

绝地翻身——叩甲科

如果遇到危险，叩甲就会掉到地上装死。

朱肩丽叩甲

丽叩甲

身体上长满茸毛的叩甲

眼纹斑叩甲

　　有一种甲虫深受小朋友喜爱，它长得有点像瓜子，把它肚皮朝天放在地面上，它马上就会"啪"的一声弹起很高，如果轻轻捏住它的腹部，它就会像在求饶一般不停地向你"磕头"。其实，这就是人们常说的"磕头虫"。这种陪伴着我们度过童年时光的甲虫，就是与着"绝地翻身"本领的叩甲科昆虫。

　　本科昆虫是一个较为原始的大科。其幼虫生活于土中，以植物根茎为食。由于幼虫全身黄色，体型细长，长得有点像金针菇，所以俗称"金针虫"。叩甲科昆虫的名字源于其虫特的生物学特性。它们在遇见危险时，首先会采取假死行为，待天敌疏忽或远去后，利用胸腹连接处的小机关将身体弹起，迅速逃离。这种动作在虫体被固定时会持续进行，十分像古人的"叩头之礼"，因此它们被称为"叩甲"。这些昆虫因为食性被认为是"害虫"，3它们本身对于生态系统起到了非常重要的作用，陪伴我们度过了童年时光，还是应该怀着喜爱之情与它们和谐相处。

施毒小巫——隐翅虫科

在网上经常可以看到一些"重口味"图片：人被一种小甲虫咬到后浑身起满水疱，而这类昆虫却被很多人认成了蚂蚁。它们不但大小和蚂蚁很像，而且外形也与蚂蚁极为相似。

什么？你说它们没有大硬壳，为什么是甲虫。请注意它们"后背"的小鼓包，那就是它们的迷你鞘翅。这些甲虫便是"施毒小巫"——隐翅虫科。

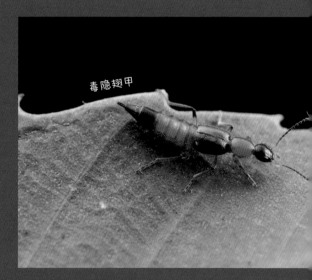

毒隐翅甲

树隐翅甲

　　隐翅虫科昆虫是一类体小到中型的鞘翅目昆虫。由于其经常群居的行为和与众不同的外形，常常被人冠以"疯蚂蚁"的外号。别看这类昆虫非常渺小，却有 2 万余种。它们食性复杂，植食、粪食、腐食、肉食照单全收。其中，毒隐翅虫属的种类在受到刺激后会分泌液体，人接触后常常会出现皮炎、疱疹等症状，如果是过敏体质，便会更加危险。因此，看到这类昆虫还是应该敬而远之。

第二章
甲虫的战场

　　昆虫的"昆"字，就是众多的意思。本书前面已经多次提到，昆虫的种类和数量在地球生物中是首屈一指的。另外，昆虫的分布范围在所有生物中也是数一数二的。目前，唯一还没有发现有昆虫分布的是深海，除此以外几乎所有地方都有昆虫的足迹。而甲虫，几乎分布在了各个地理环境中。

　　下面，我们便挑出一些较为典型的环境加以讲解，使大家了解到在这些地方会有哪些种类的甲虫生存，在这些环境中都生存着哪些极有意思却不为人所知的种类，以及它们在这些环境中起到了哪些作用。

森林深处

    世界上拥有生物种类最多的地方就是森林。森林一般是由各种菌类、蕨（jué）类、苔藓类和地衣，以及草本植物、灌木和乔木所组成的具有层次性的植物大群落。按照植物大类群，又可以把森林分为阔叶乔木林、落叶乔木林、灌木林、针阔叶混交林、针叶林等。每一个成熟完整的森林都是完整的植物群落，其与非生物自然环境有机地结合在一起，构成了完整的生态系统。

    森林是陆地上最大的生态系统，同样也是整个地球生态系统的重要组成部分。另外，森林还是重要的碳贮库、蓄水库以及能源库。总之，森林是所有生物赖以生存的宝贵之地。

    生活在森林中的甲虫，无论是种类量、数量还是基因量，都是难以计算的。据推算，生存于森林中的鞘翅目种类超过 20 万种。在森林中，除了少数生活在水中的甲虫，如龙虱科、豉甲科等，其他几乎所有科都存在。可以说，森林是鞘翅目昆虫最好的栖息地之一。

甲虫的战场

森林深处的贵族

在中国南部的森林中，生活着一类奇特而又不失气质的大型金龟总科甲虫，这类甲虫的所有种类都是国宝级昆虫。它们最大的特征就是雄虫有一对超长的前足，其前足的长度甚至超过了体长。这类甲虫就是著名的"单兵斗士"——臂金龟科昆虫。

在中国，最光鲜亮丽的臂金龟科昆虫就要数阳彩臂金龟了。成虫生活于常绿阔叶林中，全身呈椭圆形，背面极度弧拱；头面、前胸背板、小盾片呈光亮的金绿色，前足、鞘翅大部分为暗铜绿色，鞘翅肩部与缘折内侧有栗色斑点；体腹面密布茸毛；前胸背板甚隆拱，有明显中纵沟，密布刻点，侧缘呈锯齿形，基部内凹。它们将卵产于腐朽木屑土中，卵呈乳白色的圆形。幼虫头呈淡黄色，胸、腹部呈白色，弯成 C 形，是典型的蛴螬状幼虫。

阳彩臂金龟

阳彩臂金龟卵

①

想要亲眼看见这类神秘的丛林精灵，可以深入南方雨林中进行探寻。如果赶上下雨，不用烦恼，也许这个时候你会看到几十只臂金龟科昆虫聚集在一起的惊人场景呢。

②

阳彩臂金龟幼虫

③

阳彩臂金龟
蛹，左雌右雄。

甲虫的战场

阳彩臂金龟成虫
喜欢舔食树汁。

威武的森林武士

在全世界的任何热带雨林、温带森林中，都会生活着一类十分威武的甲虫。也正是由于它们具有独特的魅力，很多国家的孩子都以得到一只这种甲虫为荣。假如你前往日本、中国台湾等地，当地的男孩子几乎个个都熟知这种甲虫。他们不但知道这些甲虫的名称，还懂得它们的品相及饲养方法。看到这里，也许你家中也正饲养着这些森林武士——锹甲科昆虫。

锹甲科昆虫具有典型的性二态现象，这也使得它们的雌虫、雄虫极其容易区分。它们的幼虫以腐朽的木纤维为食，单看这些白白胖胖的蛴螬形幼虫，怎么也不会想到它们居然可以变成威风凛凛的锹甲。

雄锹甲成虫在交配期间具有很强的领地意识，并且十分好斗。如果一只雄性锹甲的领地内突然出现了其他的雄锹甲，那么一场残酷的角斗便不可避免了。它们会用强大的上颚夹住对方，不断试图将对方举起。一旦有一方"下盘不稳"，便会被对手高高举起，并扔到树下。失败的锹甲通常会离开，而胜利者会抱得美人归，获得雌锹甲的青睐，从而留下自己的后代。

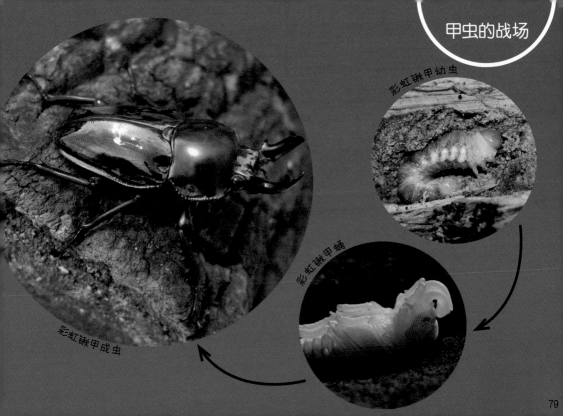

彩虹锹甲幼虫

彩虹锹甲蛹

彩虹锹甲成虫

较为常见的两
点锯锹普通亚种

黄纹锯锹

莱迪琉璃锹

中越小刀锹

简葫芦锹

两点锯锹滇南亚种，它的个体比普通亚种红得多。

82

栖息在山区的大卫大锹

江河湖泊

　　水是生命之源，最早的生命都诞生于水中。地球上之所以存在着丰富的生物种类，使其成为宇宙中最特殊的星球，正是由于有液态水的存在。地球可以说是一个水球，但是绝大多数都是海水。也就是说，地球上绝大多数的水都无法被一般生物直接利用。因此，淡水便成了很多生物真正的生命之源，而江河湖泊就是由淡水组成的水系统。

　　几乎所有的陆生生物都是依靠江河湖泊所形成的淡水循环而进行着世代演替。生存于江河湖泊中的生物类群不仅仅有鱼类、虾类、蟹（xiè）类等所谓的"水族"，还有数量庞大的昆虫。

水陆两栖小"乌龟"

　　生活于江河湖泊中的昆虫大致可以分为两大类，其中一类是生命中有部分时间生活在水中，比如蜻蜓，稚虫生活在水中，称为"水趸（chài）"，羽化为成虫后就上岸离开水环境了。这种类型的昆虫还有蜉蝣（fú yóu）目、蜻（jī）翅目（即石蝇）等，而鞘翅目的幼虫在水中生活、成虫在陆地上生活的典型代表则是扁泥甲科。

　　扁泥甲科昆虫隶属于鞘翅目泥甲总科。它的卵圆形，幼虫蚧（jiè）虫形，头部、足等藏于腹下。成虫黑色或黑褐色，体背密布短茸毛；头部下弯，下颚须第2节长，端节扁宽；触角细长，稍具锯齿状。扁泥甲科昆虫的幼虫喜欢藏于水中石头下或临水的苔藓下，待化蛹结束后，羽化爬出水中，开始在陆地生活。

扁泥甲幼虫喜欢附着在水中的岩石上

扁泥甲成虫

淡水小霸主

鞘翅目还有一些种类是几乎终生生活在水中的。其中，最具代表性的就是龙虱科昆虫。

龙虱科昆虫是一类非常特殊的甲虫。几乎所有的龙虱科昆虫的成虫为了适应在水中的生活，后足全部特化为游泳足。不仅如此，雄性龙虱为了在水中抱紧光滑的雌虫，它的前足还特化成了抱握足。龙虱科昆虫的幼虫俗称"水蜈蚣"，身体呈圆柱形，头略圆，有一对十分锐利的上颚，是它们捕捉猎物的利器。幼虫常倒悬于水中，把"尾巴"伸出水面，用腹部末端的呼吸管进行呼吸。幼虫成熟后在水边石块下用泥筑蛹室化蛹。

龙虱科昆虫的一部分种类会捕食生活于水中的鱼虾，还有一部分会选择取食水中的动物尸体，这对于保持水质、分解水中杂质起到了很好的作用。像龙虱科昆虫一样，几乎一生都在水中生活的甲虫还有水龟甲科、豉甲科等。

黄缘龙虱蛹

黄缘龙虱趴在虾虎鱼身上休息，估计这会儿吃饱了。

黄绿龙虱幼虫捕食蝌蚪。

在鞘翅目昆虫中，还有一类甲虫，它们虽然离不开水，却既不是终生生活在水中，也不是在水中度过某一个生命阶段。它们的习性更像成体蛙、蟾蜍（chán chú）一样，具有两栖的特性，因此，人们给这类甲虫起了一个十分贴切的名字——两栖甲科。

两栖甲科昆虫属于十分古老的类群，在今天，这类甲虫已经十分少见了。全世界已经被命名的两栖甲科昆虫只有一属五种，而中国仅有一属两种，分别是中华两栖甲和大卫两栖甲。两栖甲科的幼虫与成虫均为半水生，生活在海拔较高的针叶林中的湍流水系中，靠捕食其他水生昆虫幼虫及沟虾为生。

有人推测两栖甲科昆虫可追溯于三叠纪。因此，两栖甲科昆虫可谓是鞘翅目中的"活化石"代表之一。如果你有机会见到两栖甲科昆虫，一定要感谢大自然给予你的恩赐。

正在交配的
黄缘龙虱

沙漠荒滩

如果问地球上哪里最不适合生物生存，相信大多数人会不约而同地想到一个地方，那就是沙漠。沙漠是指地面被沙所覆盖、植物非常稀少、雨水稀少、空气干燥的荒芜地区。由于植被稀少，即食物链最低层缺少，因此沙漠中的生物要比其他环境少得多。加上地表温度高、温差极大、水资源匮乏等因素，所有在沙漠中居住的生灵都可以被称作"求生专家"。

沙漠虽然环境恶劣，但也少不了遍布全球的甲虫。在沙漠中生存的甲虫，最著名的要数纳米布沙漠拟步甲了。纳米布沙漠拟步甲隶属于鞘翅目拟步甲科昆虫。它们世代在沙漠中生长，并有很多在沙漠中生存的妙招。其中，最被人津津乐道的就是获取水资源的绝招。

这种拟步甲每天清晨会迅速地爬上沙漠中某一个比较高的沙堆，然后高高地撅起屁股，让腹部成为最高点。由于沙漠的昼夜温差很大，这时空气中所含的水蒸气遇冷就会快速液化，形成"露水"。而此时，纳米布沙漠拟步甲的腹部末端就会慢慢结出一滴又一滴的水来，然后这些宝贵的水资源会沿着身体慢慢流下来，最终进入口器。

其实，生存于沙漠中的甲虫还有许许多多的种类，比如步甲科昆虫、虎甲亚科昆虫、金龟科昆虫等。正是由于身处独特的环境，这些甲虫才会进化出这些独特的生存绝技。

荒滩引路虫

如果你不能去沙漠观察前面所说的那些有趣的拟步甲科昆虫，那也没关系，因为在离城市不远的地方，也会有类似荒滩的环境。在这种环境下，你也可以看到一些有着特殊技能的"生存专家"。

虎甲最喜欢待在开阔的沙地上，一边晒太阳一边等待猎物。

虎甲的口器
非常尖利。

在每年的5—8月，如果前往城郊地区的荒滩中，你会在干燥的沙石地上见到一种爬行速度极快、闪耀着金属光泽的甲虫。

如果你想凑近去一饱眼福，会发现这几乎是不可能完成的任务。因为你刚一靠近，它就会瞬间起飞，并落到你前面不远处。等你再次靠近，它又往前飞一小段等你，如此反复。因此，这种甲虫获得了"引路虫"这个称号。它就是虎甲亚科的昆虫。

虎甲晚上会趴在植物上休息。

辽阔草原

草原是陆地生态系统之一，分为热带草原、温带草原等类型。一般来说，草原是由草本植物及部分灌木植物所组成的，植被类型十分丰富。

植物是食物链中最低层（生产者）的生物类群。由于植物是自养生物，不用以其他生命为代价来进行生长，还可以为最低层的食草动物提供能量，故在生态学中被称为"生产者"。正是因为植物的"无私奉献"，才有了今天丰富多彩的生命奇观。可以这么说，如果地球没有了植物，很快就会变成一个毫无生机的"死球"。

草原生态系统中的植物种类繁多，因此依靠它生存的生物种类也具有多样性。在这些生物中，甲虫占据了一角。那么，生存在草原上的鞘翅目昆虫有哪些类群呢？它们对于整个草原生态系统来讲又有着什么样的意义呢？在这里，我们给大家简单地介绍下生活在草原上的甲虫类群。

草原清道夫

　　首先，来看一看金龟科昆虫。金龟科昆虫并不是我们所说的"金龟子"。金龟总科的甲虫往往都在"金龟"前加上描述特征的字，变成自己的科名。例如，像犀牛一样拥有大"犄角"的金龟总科昆虫属于犀金龟科；触角明显为鳃状的金龟总科昆虫属于鳃金龟科；喜欢访花的一类金龟总科昆虫属于花金龟科，等等。而名称前面没有任何修饰的金龟科昆虫，实际就是我们所熟悉的屎壳郎，也叫蜣螂。

　　金龟科是一类以动物粪便为主要食物的甲虫，常具有金属光泽，一些种类的雄虫头部还长有威猛的"犄角"。在这里要请大家注意，我们所说的屎壳郎可不等同于粪金龟哟。金龟科昆虫和粪金龟科昆虫可是截然不同的两个家族。一般来说，金龟科的昆虫，其小盾片（就是甲虫胸部与两个鞘翅所包围形成的倒三角）都是不可见的，而粪金龟科昆虫的小盾片就比较发达了，是极其容易观察到的。别看它们有着"改不了吃屎"的"恶习"，但是假如大自然中没有它们，你能想象那将会变成什么样吗？

很多蜣螂的头部具有威武的大角。

　　在澳大利亚，为解决牧场严重的牛羊粪便问题，人们从其他国家引入蜣螂。不久，奇迹发生了，粪便开始慢慢消退，新长出来的牧草由于"肥力"极佳，出奇地壮硕，整个澳大利亚的牧区又恢复到以前的状态。

　　使澳大利亚牧区重获新生的竟是小小的蜣螂。有研究表明，一只蜣螂在一天内可进食比自己体重还要重的粪便。

那么，蜣螂为什么要滚粪球呢？学者普遍认为蜣螂滚粪球就是为了满足自己的"口福"，它们会用后足滚着粪球，将这些食物运送到自己的洞穴中去。但是，有很多人提出了疑问，为什么这些家伙不在有粪便的地方直接大快朵颐，非得将它们先切割，再费时费力地搬运，最后埋入土中呢？这样不仅使食物摄取量明显下降，而且食物的新鲜感也会大打折扣。

直到 19 世纪，著名的昆虫学家法布尔在《昆虫记》中才给出了答案。法布尔观察到蜣螂将粪球滚入洞穴后，会在其中产卵，这样一来它的幼虫一出生就有了丰富的食物。不仅如此，一些种类的蜣螂还会特地为幼虫制作巨大的"梨形粪球"，以防止这些食物在夏天干掉，导致幼虫无法进食而饿死。如果你去草原的话，不妨去寻找这些有意思的小家伙，亲眼看看它们滚粪球的场景，相信不久之后，你也会被它们所折服。

除了我们所说的草原，还有一种环境与草原生态系统极其相似，那就是高山草甸系统。经过了漫长的进化与选择，不少甲虫开始在高山草甸生存。那么，我们在高山草甸上又可以看见哪些有意思的甲虫呢？

如果地上有粪便，
蜣螂会第一时间赶到。

黑裸蜣螂
搬运粪球。

高山"大肚"精灵

　　在北京的高山上，有一种奇特的甲虫。它们的鞘翅极其短小，而腹部却十分硕大，是典型的"大胖子"，很多人甚至觉得它们不是甲虫。

　　这是一种扩胸短翅芫菁，它们全身呈蓝紫色，并伴有金属光泽。雄虫的触角中部膨大，可用于辅助交配。鞘翅短而柔软，翅端部尖细，翅上具纵皱。腹部较大，爬行速度较缓慢。

　　雄虫腹部本就挺大的，雌虫怀卵而形成的巨大腹部更是给人留下了深刻的印象。我查阅资料得知，这种昆虫从卵中刚孵出的幼虫体型为长型，有尾毛两条、足三对，成长蜕皮后则无足而呈蛆状，栖于树皮下。这也是芫菁科昆虫的一大特征，即幼虫时期具有两种或多种完全不相同的体态，而且蛹期也有两个形态，学术上称为"复变态"。

正在交配的大阔
胸短翅芫菁

繁殖期的
雌虫肚子巨大。

阔胸短翅芫菁的短小鞘翅看起来像一件小礼服。

古人依据它们的外形特征，起了一个非常形象的名字——地胆。这种昆虫还是一味名贵的中药材，被我国古代几部医学著作收录。例如，李时珍所编的《本草纲目》便详尽地记载了这种昆虫的特征："地胆，今处处有之，在地中或墙石内，盖芫青、亭长之类。冬月入蛰者，状如斑蝥。芫青青绿色，斑蝥黄斑色，亭长黑身赤头，地胆黑头赤尾，色虽不同，功亦相近。"

见到了这种"大肚"精灵后，所有人都不禁感叹大自然是如此神奇。其实，只要有一颗热爱大自然的心，多与大自然接触，你一定可以在大自然中收获许多神奇、难忘并且受用一生的知识。

交配时，雄虫会用触角上的抱握器来抓住雌虫的触角。

房前屋后

很多甲虫其实就生活在我们身边。室内温度稳定，食物充足，还没什么天敌。它们完全适应了在人类的周围生活，我们的房间成了它们的安乐窝。

说到生活在室内的甲虫，最著名的就是谷盗科昆虫。谷盗科，顾名思义，就是一类以谷粱为食的甲虫。但其实，谷盗科昆虫的"菜谱"可远远不止谷粱，它们也蛀食豆类、干果甚至药材。而它们分布最多的地方，就是存放这些粮食货品的仓库。

仓库一年到头温度较为恒定，这些甲虫几乎可以无休无眠地取食生长。很多谷盗科昆虫在平均气温升达 28—30℃时，就会大量繁殖，每只雌虫可产卵 1000 粒左右。最关键的是，仓库中大部分时间食物极其充足，而谷盗科昆虫的体型又极其"小巧玲珑"，因而即使有成千上万只，也不会存在食物短缺的压力。

小蠹

　　像谷盗科昆虫这样生存在房屋中的鞘翅目类群还有小蠹（dù）和象甲等，总之，只要你仔细地搜寻你的房屋，很有可能会发现很多小甲虫。

　　虽然很多人都说谷盗科及其他一些室内昆虫是著名的害虫，粮食可能会因为谷盗科昆虫的取食而变质，家具可能会被天牛科昆虫损坏，但实际上按照生态学和生物多样性的理论，世界上根本就不存在害虫与益虫之分。它们都是大自然的产物，有着自己的生存法则，并且任何一种生物，特别是人类，都没有权利对它们加以定论，甚至消灭它们。要知道大自然创造万物时有十分严谨的逻辑，每一种生物都为保持生态平衡做出了贡献。

诡异的夜晚怨灵

　　某年夏天，我们住在北京密云的一个村子里。晚上，我们找到一间破房子安装好灯诱设备，准备借助灯光来诱捕夜间活动的昆虫。为了接电，我们找到房东大爷说明缘由，他突然一脸惊恐，告诉我们夜里可千万不能接近那个房子。他说很久以前，有一户人家不明缘由地消失了，这间屋子便空置了。慢慢地，房子便开始腐朽。就在一年多以前，每到夏日夜晚，屋子里就会出现各种各样的怪声，令人毛骨悚然。这件事被村民们一传十，十传百，便有了"怨灵再现"的说法。

钻蛀在木头中的天牛幼虫

　　我们偏不信邪，决定一探究竟。半夜时分，进到破屋里，我们确实感到有些寒意。不一会儿，便听到了类似"咚咚"的敲击声。这声音有些熟悉，我们彼此会心一笑，明白了事情的真相。同伴挥动铁铲，冲着木头房梁劈去，木头表皮掉落，露出了怨灵的"真身"。

　　原来，那是天牛的幼虫。它们通常栖息在木头表皮与木质部之间，取食木纤维等。一般天牛幼虫都是沿着一条直线路径啃下去，前面是实木，后面则是粉状的排泄物。成为老熟幼虫后，它们便在木头中化蛹，然后用"大牙"咬破树皮羽化而出。而我们所听到的声音，有可能是天牛幼虫啃食木头而发出来的，也有可能是幼虫用前胸背板敲击木头所致。

　　那么，为什么声响都出现在夜晚呢？这是因为白天人们活动频繁，幼虫所发出的声音总会被其他声音盖过去，而到了晚上，所有的活动都停止，整个环境安静了许多，天牛幼虫的声响便显现出来了。总之，要是不知道这其中的奥妙，还真会被吓得不轻呢。

第三章
斗士的旅程

安达佑实大锹

大明山深山锹甲

　　昆虫在一生中会出现各种各样的形态。人类虽然从出生到老年会有一些改变，但是身体构造是不会改变的，而昆虫在生命的各个阶段会出现完全不相同的形态，这也是为了适应环境演变而来的。

　　这种现象称为"变态"，而变态类型主要分为两种。一种叫作"不完全变态"，就像蜻蜓、蝉、蝗虫一样，它们的一生只有卵、若虫（或稚虫）和成虫三个阶段；另一种就是"完全变态"，例如蝶与蛾，当然还有甲虫，它们一生经过卵、幼虫、蛹和成虫四个阶段。幼虫最后一次蜕皮变为蛹后，在生物体内部会发生极其复杂的改变，也就是在蛹内，一个幼虫完成了到成虫的完全转变。

斗争的起点

在甲虫大家族中，每一位成员都是小斗士。这么说其实一点也不为过，因为在大自然中，想要生存，就必须使出浑身解数；想要生存，就必须一刻也不能放松；想要生存，就必须做个出色的斗士。而斗士的命运，从它们的上一代便已经开始了……

甲虫为了不让自己的孩子们被天敌杀死，会考虑"育儿"环境的温度、水分、食物等因素，从而进化出了不同的产卵策略。下面，我们就在不同的环境中一探究竟吧。

海南牙金龟

锈刀锹甲

毛牙金龟

被遗弃的朽木

在森林中，有很多倒地甚至腐烂的朽木，这些朽木除了可以为土壤提供养分外，还养育了无数甲虫。朽木中的甲虫种类很多，比较典型的有锹甲科、黑蜣科、小蠹科、大蕈（xùn）甲科、蚁甲科、扁甲科等。除此以外，中国著名的"活化石"甲虫——长扁甲科昆虫也生活在朽木中。

这些甲虫选择在朽木中产卵，很有可能是为了逃避天敌的"追杀"。幼虫孵化后，朽木就成了一道天然屏障，可让它们与外界隔离。而且，朽木还可以起到保暖保湿的作用。

黄边鬼艳锹甲

蓝斑蕈甲

朽木中含有大量的木质纤维，腐烂发酵的木质纤维更容易取食。既可以保护幼虫的安全，又为幼虫提供了足够的食物，难怪很多甲虫父母将这看似凄凉的场所当作后代成长的家园呢。

但是，目前很多森林被开发成旅游区，这些朽木便成了"众矢之的"。它们不仅影响景区的"美观大局"，还会妨碍许多道路，成为阻拦游客游览的大障碍。因此，不少开发者将这些朽木清理掉，使得生活在朽木中的甲虫数量大大下降，很多幼虫及尚未出世的虫卵一命呜呼。

血色扁甲

大树干中好生存

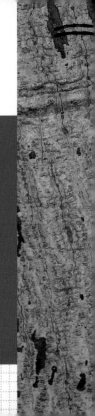

  除了朽木，还有不少甲虫选择在活着的树木中繁衍后代。相比朽木，这些树干更加结实，更加有利于保护幼虫。而且，鲜活的树干中的水分也比朽木（除了腐烂积水的朽木）要多，幼虫可以及时补充水分。

  一般在树干中生存的甲虫种类有天牛科、吉丁虫科、坚甲科等。而这些甲虫还可以分为两大类：一类是确实以树干的木质纤维为食的类群，天牛科昆虫就是最好的代表；另一类则是靠捕捉栖息于树干中的幼虫为食的类群，比如坚甲科昆虫就是以许多天牛科昆虫为食的。它们对自己所处的生态系统、食物链有着不可替代的作用，共同维持着整个生态平衡。

刺角天牛

梨金缘吉丁

低调者的家园

　　幼虫是宝宝，肯定要比成虫娇弱。因此，为了存活于世，它们最重要的任务就是保护好自己。而幼虫生长的场地则往往是它们的父母精心挑选的。

　　与生活在朽木中和树木中的幼虫不同，这类甲虫选择的产卵场地可以说与外界基本隔离开来，并且它们为自己的宝宝选择的场所活动范围更大。这个看似低调的育儿所就是土壤。

　　生活在土壤中的鞘翅目昆虫种类一般有花金龟科昆虫、丽金龟科昆虫、犀金龟科昆虫、鳃金龟科昆虫及叩甲科等。生活在土壤中的鼎鼎大名的"明星"——金针虫便是叩甲科昆虫的幼虫。在土壤中生存的幼虫多以植物的地下部分，即根和一部分地下茎为食。除此以外，像犀金龟科昆虫的幼虫，会直接取食土壤中的腐殖质来获取营养。

爬出土洞的
独角仙成虫

独角仙蛹

独角仙幼虫

123

看似肮脏不堪的乐土

甲虫的产卵环境有很多，但是有两大环境却让人难以想象。这些环境看似极度肮脏不堪，对于一些甲虫来说却是成长的乐土。

第一个产卵环境是各种各样的动物粪便。代表甲虫有金龟科、粪金龟科、红金龟科以及蜉金龟科等。这些种类全部隶属于金龟总科，不同种类会选择不同动物的粪便。

例如，以金龟科昆虫来说，在非洲或东南亚，有一些会吃大象粪便，其中最大的一种，有独角仙那么大，放在手上明显感到沉甸甸的。而在中国北京的几种金龟科昆虫，体型一般的，常会生活在牛粪中；更小的种类，例如嗡蜣螂属的种类，会以羊粪、人粪或鸡屎为食。这些甲虫有的会单独滚出个粪球来，并加以处理，产卵于其中；有的直接将卵产在粪堆下面，这一类通常卵孵化的时间比较短，幼虫可以直接和父母"共进大餐"。

侧裸蜣螂

粪金龟科昆虫

　　除了选择粪便这种比较肮脏的产卵地，还有一些甲虫会选择动物尸体来充当自己孩子的摇篮。常见的有葬甲科昆虫、阎甲科昆虫、隐翅虫科昆虫、皮金龟科昆虫、皮蠹科昆虫，人们甚至还发现步甲科昆虫、郭公甲科昆虫、蛛甲科昆虫、伪瓢虫科昆虫等亦有相同行为。

白天很少能看到的葬甲，夜晚的灯光可以吸引它们。

　　其中有些甲虫被称为"法医昆虫"，法医可以根据被害人尸体上昆虫的发育阶段来确定被害人的死亡时间。

　　在尸体上产卵的昆虫，一类就是以尸体为食，例如葬甲科昆虫；而另一种则是在尸体上捕食被尸体引诱过来的其他昆虫种类（大多数以蝇蛆为食），例如，阎甲科昆虫、步甲科昆虫等。

别看这些甲虫的生活环境肮脏不堪，让人生厌，实际上，正是因为有了这些甲虫的存在，大自然中的各种"废物"才能及时被清除。在生态系统中，我们可以称这一类甲虫为分解者，它们是大自然的清洁工。

隐翅甲刚刚吃过蝗螋尸体。

蛰伏与等待

甲虫妈妈终于选好地点，开始产卵了。这可是至关重要的一步，那些被埋在土里的、被藏在朽木里的、被整齐粘在叶片上的，甚至被精心包裹起来的卵，无不体现着甲虫妈妈的辛劳和智慧。经过蛰伏与等待，在卵壳里发育成熟后，当它们第一次来到这个世界上，就过起了衣食无忧的惬意生活，这可都是甲虫妈妈的功劳呢。

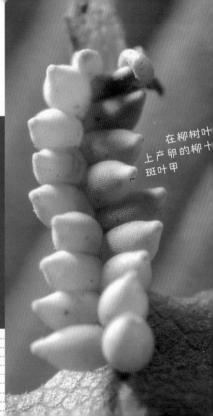

在柳树叶上产卵的柳十斑叶甲

卷叶象把卵
包在叶卷里。

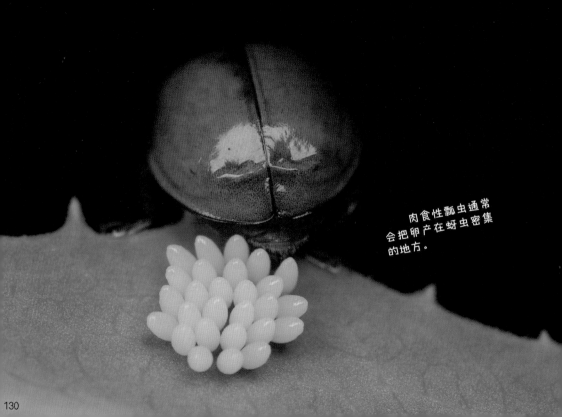

肉食性瓢虫通常会把卵产在蚜虫密集的地方。

　　雌甲虫腹部后面的几个体节伸展成为一个可以套叠的管道，产卵口位于管道的近末端。卵的表面有黏性，很多产在植物表面的卵就能稳稳地立在上面了。甲虫卵的形态和其他昆虫基本相同，按照不同的种类可以分为球形、卵形、卵圆形、半球形等。

　　经过卵期之后，小斗士们便钻破障碍，向着未知的世界进发了。

初露锋芒

　　一般来说，鞘翅目昆虫的幼虫有一些共同的特征，例如，头壳骨化，有咀嚼式口器，足有明显的跗（fū）节和成对的爪。根据这些幼虫不同的生存环境，它们在漫漫的时间长河中逐渐进化出了不同的身体类型。

　　比如，生存在朽木、木头以及土壤中的幼虫，它们通常长得比较肥大，整个身体呈"C"字形，这类幼虫一般都是金龟总科的宝宝，我们称之为"蛴螬形"；而生活在水中的幼虫，有一类在腹部两侧各进化出了一根带有长毛的枝刺，像游泳足一样，方便在水下活动，如龙虱科、豉甲科的幼虫，这类幼虫称为"泳足形"；另一类生活在水中的扁泥甲科幼虫则完全不同，它们背部圆形，足隐藏于腹面，整体就像一个微型鲍鱼，方便攀附在流水中的岩石上，这类幼虫称为"蚧虫形"；还有一类捕食性的甲虫幼虫，无论头、胸还是腹都长着不同数量的枝刺，就像一个个苍耳一般，比如瓢虫科、铁甲科昆虫的幼虫，我们称之为"枝刺形"。

龙虱幼虫把尾部伸出水面呼吸。

看来，小斗士们在幼虫期时就已经开始为生存而各展其能了。但即使这样，它们的成长道路仍然是九死一生。

小斗士们的镇魂曲

甲虫的幼虫虽然为适应环境而进化出了各种各样的形态和习性，但这也不能表示它们就能一帆风顺。要知道，所有的生物之间都存在着相互关系。无论是共生关系还是捕食关系，甚至是竞争关系，都可以促使与之相关的物种进化。因此，我们的小斗士们即使在今天，仍然会遭遇种种不幸，很多幼虫没等成为威武的武士便夭折了。

比如，许多昆虫把甲虫幼虫当作自己的"育儿房"，比如肿腿蜂、寄生蝇等。这些昆虫会将卵产到甲虫幼虫的体内，卵孵化后，寄生性幼虫就生活在小斗士们的体内，待到幼虫变为老熟幼虫或化蛹后，这种寄生性昆虫基本上也到了蛹期。但是，它们的蛹期却远比寄主的蛹期短，因而很快便会羽化。成虫在咬破它们的"衣食父母"后，便飞离寄主，去寻找下一个产卵的目标了。

群集的金龟幼虫。

　　除了要面对这种卑劣手段，小斗士们还需要时刻警惕"纯物理"性攻击。比如藏在朽木和树木中的幼虫，一旦啄木鸟来"光顾"，那可就遭殃了。另外，在马达加斯加等地，还有一类灵长类动物，名为指狐猴，专门为取食树中的鞘翅目幼虫而进化出了长长的中指；就连昆虫大家族中，也有许多种类以鞘翅目昆虫幼虫为食。

　　有许多微生物也会侵入鞘翅目昆虫幼虫的体内，如苏云金杆菌。这些微生物进入虫体后，会产生很多毒理效应，杀死鞘翅目幼虫。总之，小斗士们想要顺利进入蛹期，完成蜕变，可谓举步维艰。

终成正果

　　经过幼虫期的磨炼，小斗士们终于顺利渡过了蛹期，到了羽化时刻。此时，它们已经长成了身披盔甲的武士。有了盔甲的保护，我们的武士家族才成了所有昆虫，乃至所有生物中最为庞大的类群。

　　不仅种类和数量多样化，甲虫的习性也十分多样化。就拿食性来说，有一些甲虫属于捕食性昆虫，比如瓢虫科、龙虱科、萤科等，它们的猎物从微小的蚜虫到水中畅游的大鲤鱼，什么都有。还有一类甲虫属于植食性昆虫，这类甲虫会以植物的枝、茎、叶、花、果及种子等为食，主要有叶甲科、天牛科、象甲科、金龟总科等。另外，有些甲虫喜欢取食菌类，称为菌食性甲虫，例如寄居甲科、蛛甲科、蕈甲科、部分隐翅甲科等。如果在夏秋之际观察野外的蘑菇，就会见到这些家伙。

天牛蛹

锹甲蛹

还有一类甲虫爱吃粪便和尸体，比如前面已经多次提到的
葬甲科及金龟科，它们属于腐食性及粪食性甲虫。

在真菌上
觅食的隐翅甲
科昆虫

斗士的旅程

虎甲亚科昆虫是肉食性甲虫的代表。

　　除了食性以外，外形多变的甲虫们还有很多好玩儿的习性呢。正是有着如此多样的特征和习性，甲虫们才遍布世界各个角落。也正是这些终成正果的甲虫，造就了甲虫家族辉煌的成就。

第四章

矛盾的
表与里

彩丽金龟

象

铁甲

叶甲
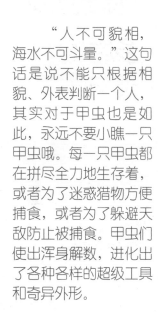

甲

茎甲

龟甲

　　"人不可貌相，海水不可斗量。"这句话是说不能只根据相貌、外表判断一个人，其实对于甲虫也是如此，永远不要小瞧一只甲虫哦。每一只甲虫都在拼尽全力地生存着，或者为了迷惑猎物方便捕食，或者为了躲避天敌防止被捕食。甲虫们使出浑身解数，进化出了各种各样的超级工具和奇异外形。

盛装刺客

许多甲虫都有着闪亮的"外壳"，如同璀璨的宝石。光以外表来评价的话，这些甲虫可以称得上是"高富帅"。但你可不能被外表迷惑了双眼，这些"宝石"可不是善类。比如步甲，它们大部分都闪耀着金属光泽，在黄昏的草丛中熠熠生辉，当你走近的时候，才发现它们正在拼命撕扯着猎物。像这样的盛装刺客还有瓢虫科、萤科等昆虫，而最具代表性的盛装刺客当属虎甲亚科昆虫。

中国虎甲

虎甲的头部特写，
凶相毕露。

童年也是狠角色

虎甲一般都有着鲜艳的色彩，以及闪电般的速度。虎甲的速度是昆虫中数一数二的，有学者认为，虎甲在全速前进时，其速度已经超过了神经传导的速度。也就是说，它们爬行时不能连贯地将周围环境映射到自己大脑中，因此，它们行进一段距离后，需要停下来几秒，使得信息可以正常传递。

在栖息地内，它们不会放过任何猎物。而当虎甲遇到危险时，会快速跑开。只有在忍无可忍的情况下，才会极不情愿地进行短距离的飞行。

虎甲一孵化出来就是出色的猎手，只是很少有人见过它们的模样。你可以留意林地边缘那些向阳的土坡，如果土坡上有很多大小均匀的小圆洞，那十有八九就是虎甲宝宝的"群租房"了。有些土坡几乎和地面垂直，其实把它叫作土墙更合适。

幼虫时期，它们就有着十分夸张的特化口器，隐藏在自己挖的土洞中，用"小平头"当盖子。伏击猎物的时候，用背部的"钩子"钩住洞壁，防止被大型猎物拖出去。等到幼虫发育成熟后，就在洞中化蛹，直到羽化为成虫。

虎甲幼虫把盖子一样的"平头"卡在洞口，等待路过的猎物。

145

虎蚁大战

虎甲是凶猛的猎杀者，是专一的肉食昆虫，成虫那对夸张的"大牙"凶狠无比，这也是它们被称为虎甲的原因。虽然在单打独斗时虎甲可以尽显优势，但是遭到群体围攻时，胜负可就不一定了。

右边图片里的虎甲正在杀戮猎物，但这次它失策了，将蚂蚁当成了自己的目标。当这只虎甲看到了一只落单的蚂蚁后，本想上前迅速猎杀，轻易捕获，谁知这只蚂蚁在面对比自己大数倍的捕食者时临危不乱，在躲闪了虎甲的"三板斧"后，居然咬住了虎甲的"大牙"，使虎甲不能继续进攻。在相持不下的时候，周围聚集的蚂蚁们很快就加入了战斗。如果战斗继续下去，很快就会变成群殴，虎甲本就不占优势，那时就更是雪上加霜了。

虎蚁大战陷入僵局。

星斑虎甲

这只倒霉的虎甲
遇到黄猄蚁大部队，
也只好束手就擒，变
为盘中餐了。

金属控的杀戮机器

　　除了身体绚丽的虎甲亚科昆虫外，在甲虫家族中还有很多擅长捕猎的冷酷"杀手"。其中能与虎甲齐名的，必然是带有金属光泽的杀戮机器——步甲科昆虫。

　　步甲虫也是肉食甲虫，又被称作"步行虫"，这一类昆虫最擅长爬行。其实，与其说是爬行，倒不如说"飞奔"更形象。它们的行动速度在甲虫中也是数一数二的。经过漫长的进化，很多步甲极其不擅长飞行，甚至有些种类的鞘翅已经愈合不能打开了。步甲与虎甲一样，从小就是优秀的猎食者。只不过，步甲幼虫不会像虎甲幼虫那样挖洞穴捕食，平时藏匿于岩石下的临时洞穴中，以捕杀路过的食物，更有一些从小就是游猎高手。

硕步甲

火缘步甲

　　步甲除了一些种类具有金属光泽外，也有不少是黑色或棕色的，看起来低调朴素。步甲家族中也有一些国家级保护动物，同样入选《世界自然保护联盟濒危物种红色名录》，如拉步甲、硕步甲等。不仅如此，步甲科昆虫作为生态学中的消费者，对保持生态平衡及维持食物链稳定都具有不可或缺的作用。

"凶猛霸王"大黑步甲

一些大型步甲特别凶猛，有很强的攻击性。现在，咱们就来看一看大黑步甲的觅食生活吧。

正在爬行的大黑步甲忽然被食物的味道吸引，直奔"香味"而去。原来是一只螳螂的尸体，这个曾经的"双刀猎手"现如今成了一群弓背蚁的食物。大黑步甲跑过去驱散了弓背蚁，自己霸占了这块"肥肉"，它对螳螂尸体没有半点嫌弃，扑上去就开始大快朵颐。

步甲不仅可以在地面上追捕猎杀，一些种类还进化出了爬树的本领。看来，为了生存，生物有着巨大的进化潜力。而大黑步甲无疑是其中的佼佼者，步甲科昆虫的好"榜样"。

正在取食螳螂的大黑步甲

大黑步甲正在
取食樗蚕幼虫。

送葬者的摇篮

在种类繁多的甲虫中，如果要排出哪类甲虫最"丧气"，葬甲肯定名列前茅。大多数葬甲以动物尸体为食，或者在动物尸体附近捕食小型昆虫。它们和尸体有着"不解之缘"，因此葬甲科昆虫总是给人一种恐怖、神秘、阴晦的感觉。一般人认为葬甲科昆虫不仅满身病菌，脏得要命，而且会给人们带来晦气。其实葬甲并没有我们想象的那样恐怖，如果你了解了它们的习性，也许还能心生感动呢。

在庞大的昆虫家族中，绝大多数种类都是单打独斗的。这里的单打独斗不仅指不具备社会性，同时也表明它们都不是合格的父母，不会对自己的孩子加以照顾。当然，出现这种情况的原因很多，比如昆虫的越冬存活率、昆虫的寿命等。而除了社会性昆虫（如蜂类、蚁类以及白蚁等）外，其他昆虫很少具有照料后代的能力。我们也许只知道蠼螋（qú sōu）和一些蝽类具有护卵行为，但其实昆虫中的送葬者——葬甲也是一类会照顾幼虫的甲虫。

葬甲的身上
到处都是螨。

很多葬甲都是螨
虫的"公共汽车"。

　　葬甲科中的覆葬甲亚科一般都会在动物尸体的下面挖掘巢穴，并在其中产卵。幼虫孵出后，成虫会爬出巢穴去尸体中觅食，之后再返回巢穴喂养幼虫。葬甲成虫寿命较长，一般都可以越冬，帮助幼虫寻找食物、储存食物，这样看来，葬甲宝宝还真幸福呀。

葬甲——协助破案的能手

　　我国宋代的宋慈最先提出了法医昆虫学，并在其毕生所著的《洗冤集录》中进行了十分细致的描述。这本文献已经被翻译成多种语言，成为许多国家法医学专业的必修材料之一。

　　许多种类的昆虫都会取食尸体，利用微生物分解尸体，使得尸体快速腐败。不同种类的昆虫取食尸体的方式、时间、生长阶段都有固定的模式，这对于推断死亡时间、地区以及方式都有着参考价值。在这些能协助破案的昆虫种类中，葬甲无疑是重要的角色。

葬甲科昆虫是法医的好帮手。

在尸体比较新鲜的时候，最先出现的是一些双翅目的蝇类、蚊类。当尸体开始腐败散发气味时，蝇蛆大量繁殖而出。这之后，就会出现一些其他的种类，其中就包括葬甲。葬甲科昆虫小至中型，呈黑或红色，常有淡色花纹。大多数成虫和幼虫都是食腐的，聚集在动物尸体以及排泄物周围，取食分解有机物。它们会在尸体中的丁酸发酵之后出现，因此常常是验尸、取证的关键。例如，埃斯顿于 1969 年 10 月在一具男尸上发现了 13 只葬甲，最后根据这些昆虫的习性推测出死亡时间，并以此为突破口成功破案。

很多人由于葬甲的习性对它们心生厌恶，但实际上，葬甲不仅是慈爱父母，也是大自然中分解尸体等生物垃圾的功臣。它们为生态系统做出了相当大的贡献。而在刑侦工作上，这些小家伙还是协助破案的小能手。看来，小小的葬甲还对我们的生活安定做出了不少贡献呢。

外表孱弱的强悍忍者

许多人喜爱甲虫，会偏爱某些甲虫独特的形态和气质，例如，雄锹甲那对威猛的上颚，雄犀金龟那虎虎生威的"犄角"，天牛那惹人注目的超长触角，甚至还有吉丁虫那华丽的色彩。但有些小甲虫可能并没有那么引人注目，一直低调地生活在我们周围。

叶甲都是胆小鬼，常在叶边活动，随时准备逃跑。

深秋，核桃树叶片上群集交配的叶甲。

叶甲就是这么一群"相貌平平"的小家伙。虽然有些叶甲具有金属色光泽，被人们称为"金花虫"，可是它们那娇小的身躯却实在让其难以登上"选美舞台"。就是这么一群看似与世无争的小甲虫，却有着其他甲虫自愧不如的地方。

如果说锹甲和独角仙算是武士的话，那么叶甲顶多就是个忍者。叶甲一般会长时间栖息在叶片上，有时一待就是一整天。这种策略，实际上减少了叶甲与天敌相遇的机会，原地不动才是最安全的。另外，有些叶甲在遭遇天敌或危险的时候，还会采取不同的策略御敌。比如，常见的中华萝藦（mó）叶甲遇到危险时，会运用假死的招数，等天敌走后再"复活"。还有些叶甲，会分泌出味道强烈的液体，使天敌退避三舍。

叶甲群集取食叶片。

　　叶甲是名副其实的"吃货"，吃得又多又快。叶甲经常把叶子啃得"千疮百孔"，最过分的是，它们会将一棵植物的所有叶肉取食一空，只留下枝条和粗叶脉。这种情况一旦发生，植物就会因不能进行光合作用而枯竭至死。因此，对于植物来讲，小小的叶甲要远比那些彪悍的大型甲虫恐怖得多。

　　和叶甲科昆虫有着"表亲"关系的肖叶甲科、铁甲科及距甲科昆虫，其形态与叶甲科昆虫有相同之处，看似弱小、温顺、可爱，如铁甲科中的龟甲亚科，就像一只蠢蠢的小龟，而实际上却是吃植物的能手。

龟甲的迷惑外表

　　瞧，叶子上有颗镶了水晶边的小宝石，这闪闪发光的样子实在惹人喜爱，原来是一只龟甲。它那外圈透明的大鞘翅以及膨大的前胸背板把头部、胸部和腹部完全盖住了，仔细看就像一只与世无争的小乌龟。龟甲似乎永远给人这样的感觉。

大多数龟甲都
有漂亮的金属光泽。

被甘薯蜡龟甲取食过的叶片。

164

正在交配的甘薯蜡龟甲

你可千万不要被它们可爱的外表所迷惑。看看这些甘薯蜡龟甲吧，当它们遇到喜爱的植物时，本性便会立刻显现出来。仅仅几只甘薯蜡龟甲就可以将一大棵植物的叶片啃光，使原本厚实油亮的叶片成为"骨感佳人"。

大腹便便扁叶甲

　　扁叶甲雌虫的大肚子有两种类型，一种是主动将肚子变大，另一种是被动将肚子撑大的。第一种雌虫为了能怀更多的卵，到了交配季节，腹部便开始膨大，直至怀卵结束产下宝宝，才得以恢复原貌。而第二种是在不怀卵的时候，腹部不会有任何异常的模样，但是交配后，由于卵的数量在体内十分可观，并且不断地生长和发育，因此腹部变得十分膨大。

　　这并不美观的臃肿身材，使得它们的种群在同等条件下能繁殖出更多的后代。虽然不漂亮，但不知道有多少昆虫羡慕这些"孕妇"的大肚子呢。

正在交配的扁叶甲

像风铃一样
的扁叶甲蛹串

叶甲会到处爬，稍有风吹草动，张开翅膀就飞走了，想要好好观察并不容易。你瞧，那儿怎么挂着一串小风铃？仔细一看，这核桃楸的叶片都被吃光了，这些风铃直接挂在残余的叶脉上，随风轻晃。原来这是扁叶甲的蛹。

除了以上这些外表平平，却有着"死神"称号的甲虫外，还有一些甲虫，虽然大家认为它们是取食植物的，但实际上却也是"无情杀手"。比如，某些花金龟科昆虫，看名字以为都是喜欢访花的善类，属于植食甲虫。其实，它们之中也有捕食其他昆虫的家伙。

肉食花金龟

金龟总科的昆虫大多终生都以植物为食。它们的幼虫取食植物的根、茎，到了成虫时，便以植物的汁液、花朵、果实为食。但也有特例，赭（zhě）翅臀（tún）花金龟就是一种既取食植物花朵又偶尔取食蚜虫的杂食金龟。

到了繁殖期，仅取食植物无法满足所需能量，赭翅臀花金龟就会取食栖息于植物上的蚜虫，尝尝荤腥。这种行为对于研究金龟总科昆虫的行为有着十分重要的价值。其实，研究昆虫的许多实验都是由野外观察到的这些"不按常规出牌"的行为而来的。

赭翅臀花金龟
是一种常见的昆虫。

一边交配一边
捕食蚜虫的赭翅臀
花金龟

双重食性的花萤

　　不是所有的甲虫都有坚硬的外壳。有些甲虫虽长着鞘翅，但这鞘翅却只是虚有其表，极其柔软。花萤，就是其中的一种。花萤外表羸弱，飞起来有点像天牛，它们的触角与柔弱的质感却会立即暴露它们的真实身份。

　　长得像天牛，又比天牛弱很多，那你猜测花萤是吃荤还是吃素呢？单看"花萤"这两个字就能猜出大概，它们是一类靠吃花来维生的昆虫。有些花萤成虫确实有取食植物花粉、花蜜甚至嫩叶的习性，这似乎更符合它们柔软的特点。但令人想不到的是，这一类看似"受气包"的软壳甲虫，却也有"凶狠"的一面。

　　大部分花萤其实不怎么取食植物，而经常对周围的其他昆虫"大开杀

花萤捕食苜蓿
多节天牛。

花萤取食植物。

戒"。例如，这只花萤便瞄准了一只正在小憩（qì）的苜蓿（mù xu）多节天牛。不等天牛反应过来，花萤便已经狠狠地咬住了它。我估计，这个天牛怎么也没想到，是这个看似不堪一击的家伙结束了自己的生命。

这就是双重食性的花萤。有些花萤虽然栖息于花上，吃花蜜花粉，不过那只是等待大餐时候的"开胃小菜"。怎么样？在看到这些前，你有没有被这个小家伙骗到呢？

第五章

成功的
战士与战术

羽化的桑天牛
正咬开树皮，准备
展翅高飞。

威武的锹甲

数量庞大、种类繁多的甲虫能够繁盛至今，足见它们在漫漫进化道路上获得了巨大成功。那么，它们如此成功的进化都表现在哪些方面？这些进化对于它们来讲有哪些优势？下面就让我们带着这些问题去拜访这些威风八面的甲虫战士吧。

特殊武器

在众多的甲虫战士中，许多都有着自己的特殊武器。凭借着这些特殊武器，它们在庞大的甲虫群体中占据了一席之地，上天入地、下河过江，几乎无所不能。

一只隐翅虫正并拢前足专心模拟"鸟粪"，准备伏击路过的蚂蚁。

特殊武器之触角篇

鳃状触角

　　所谓的鳃状触角，就是触角鞭节各节具有片状凸起，各片重叠在一起像鱼鳃。有一类金龟子的鳃状触角极其发达，它们就是鳃金龟科昆虫。那么，这些形状奇特的触角有什么特殊的功能呢？

　　鳃状触角鞭节的每一节都相互重叠，既能防止触角折损，也让触角变短了。这样有利于提高飞行速度，无论是逃脱天敌的捕杀还是觅食，跑得快总是好的。不仅如此，鳃状触角还有一个特别重要的功能，就是相对于其他触角来讲这种触角面积较大，这样就可以捕捉到空气中难以捕捉的味道。比如，金龟科昆虫常常利用鳃状触角去寻找新鲜的动物粪便，以便于产卵和取食。也可以说，鳃状触角就是"美食小雷达"呢。

绢金龟的鳃状触角

总的来说，鳃状触角是一个能增大面积、减少耗能、提高飞行速度的综合武器，说得连我都想拥有！

在交配过程中，雄芫菁不断用触角缠绕雌芫菁的触角。

雄芫菁的 "抱握" 触角

所有生命最重要的使命就是繁衍下一代，使得自己的基因能够延续下去。那么，繁殖率就成了决定某个物种能否具有优势的关键。在昆虫中，交配、产卵同样是极为重要的环节。

在甲虫中，有很多种类为了能提高交配、受精及产卵的成功率，在形态和行为上都进行了改变。其中，芫菁科昆虫就是一个很好的代表。

大多数雄芫菁的触角中部两节都会膨大，这两节可以弯曲折叠，在交配过程中将雌虫的触角牢牢"抱住"，以防雌虫中途逃脱，保证了较高的成功率。

正在交配的芫菁

特殊武器之足篇

雄龙虱的抱握足

除了触角以外，甲虫的足也变化多端。比如，生活在水中的雄龙虱，它们的前足特化得很奇特，第1—3跗节膨大成为吸盘状，称为"抱握足"。龙虱外壳本就光滑，加上生活在水中，在交配时不容易抓牢。雄龙虱就特化出抱握足，像吸盘一样吸附在雌龙虱背上，这样可进行长时间的交配。

水中利器游泳足

在甲虫中，有很多生活在水中的种类拥有游泳足。例如龙虱和水龟甲，它们的游泳足跗节扁平，内侧长满了长毛。这样的结构更容易划动水流，让它们在水中全速前进。但是，这类昆虫往往具有一定的趋光性，一旦因为光亮飞上岸，这长长的游泳足可就成了"累赘"，有时候连翻身都很困难呢。

雄龙虱用特化的抱握足紧紧抱住雌龙虱。

龙虱长满长毛的后足就像船桨一样。

金龟类的开掘足

说到开掘足，最出名的应该是鼹鼠，另外还有庄稼地里的蝼蛄（lóu gū）。其实，在甲虫大家族中，也有很多种类具有开掘足。一般来说，金龟总科昆虫的前足大多数都特化成了开掘足。它们的开掘足胫节宽大，外侧具有齿。

有些甲虫的开掘足不仅能挖土遁地，还能切割粪堆，制作粪球，比如粪金龟科、金龟科的昆虫。一些大型金龟类甲虫，如犀金龟、臂金龟等，还会用前足爬树。本就强悍的甲虫，有了这样一对"多功能开掘足"，真是锦上添花呀。

锋利的开掘足也是爬树的利器。

森林斗士 —— 双叉
犀金龟（独角仙）

单兵战力

除了拥有"独门武器"，有些甲虫还是高冷的"独行侠"，它们仗着自己那威猛的身躯以及强大的气场，成了单兵作战的典型代表。

维氏六节锹甲

锹甲的求偶战争

说到单兵作战能力最强的甲虫，非雄锹甲莫属，它们那超级拉风的武器——"大牙"，让人望而生畏。锹甲的"大牙"实际上是异常发达的上颚，多呈鹿角状。因此，锹甲又被称为"鹿角甲虫"。这对上颚并不能咀嚼食物，而是求偶大战时的终极武器。

在求偶期，每一只雄锹甲都变得极具攻击性。当两只雄虫遭遇后，它们会利用强大的上颚进行"角斗"。一般锹甲上颚的形状正好与其前胸背板边缘符合，也正是由于这个原因，锹甲才经常会将对手高高举起，之后要么扔下树去，要么直接掀翻在地。而胜利者，则会获得交配的权利。

大卫扁锹

成功的
战士与战术

当然，并不是所有雄性锹甲都有夸张的"大牙"。有些种类的雄锹甲本来上颚就不长，甚至和雌虫一样短小，看起来实在没有什么气势。但你可别小看这种"短牙型"的雄锹甲，它们经常混在雌锹甲附近，趁"大牙"锹甲打架之际偷偷交配。

幸运深山锹甲高高抬起上半身，这是准备迎战的姿势。

187

力拔山河的犀金龟

犀金龟有着魁梧的身材、健壮的体格，以及或多或少的大角。它们的身体极其坚硬，要是有人闯入它们的领地，雄虫便会毫不客气地将它顶开，驱逐出境。这凶猛的姿态，真像是"力拔山兮气盖世"的武士。

犀金龟因为雄虫头部长着夸张的"犄角"，形似犀牛而得名。别看这些家伙如此高大威猛，其实完全是"素食主义者"。犀金龟科昆虫的幼虫喜欢钻入厚厚的腐殖质中，以发酵的土壤和木屑混合物为食。成虫则取食植物的花和果实，以及树干上流出的汁液。另外，犀金龟对具有糖分的物质也十分喜爱。

一场独角仙大战即将开始。

　　说到犀金龟科昆虫，最有气势的时候就是它们求偶的时候。平时与世无争的犀金龟为了繁殖，会一路过关斩将，勇往直前。在交配期到来时，雄性的犀金龟一旦相遇，十有八九会展开一场恶战。与锹甲不同，犀金龟科昆虫的争斗更像是一场"顶牛大战"。两只雄虫会利用头上的"犄角"顶住对方，并尽可能地使出浑身解数将对手逼出领地。最先撑不住的一方，不是翻滚着被顶到"界外"，就是直接摔下树去。之后，胜利者会赢得交配权利。

独角仙的胆子很大，竟然向着镜头爬来。

败下阵来的独角仙再次爬上大树，准备继续新一轮的战斗。

集团军

体型硕大的甲虫能以一当十，即使单独行动也没什么好担心的。然而，大多数甲虫的体型比较袖珍，如果落单，又没有什么绝技的话，就小命难保喽。

俗话说得好，"人多力量大"。许多小甲虫采取了集群的策略，将自己的种群化为集团军，以弥补先天体型的劣势。事实证明，它们的策略非常成功，这些小军团也因此在大自然中获得了自己的容身之地。

聚集在叶片背面的扁叶甲幼虫

瓢虫的集体越冬

　　冬天，寒潮来袭，许多昆虫由于温度下降、食物匮乏而纷纷冻死、饿死。虽然它们全部完成了自己的使命，繁衍了后代，但自己却从这个世界消失了。也正因如此，昆虫主要以卵、蛹和幼虫形态越冬。但也有些成虫越冬的种类，瓢虫便是其中的佼佼者。

　　对于瓢虫，我们十分熟悉，它们是捕食蚜虫的能手。瓢虫在昆虫最活跃的夏天并不是很容易见到，反而在秋天和开春两个季节数量最多，甚至在家中有阳光照射的房屋内也可见其踪影。如果在山区，有长时间光照的南向岩壁的缝隙或者靠下的土层中，以及一些民居中，都能见到瓢虫集群越冬的身影。

群集在室内墙角越冬的异色瓢虫

成虫要想度过北方寒冷的冬天
也并不容易，在长期的进化过程中，
它们慢慢形成了集群越冬的习性。这些小家伙
相互紧贴，使得它们的成活率大大提高。它们
一般选择比较避风的场所，如深深的落叶层中、
石堆下等。

芫菁的集体活动

　　有一些甲虫比瓢虫要潇洒得多，它们集群是"有福同享"，而不是迫于生计"有难同当"。比如芫菁，它们的集团活动内容就丰富得多。芫菁喜欢集体觅食，人多吃饭香。集体用餐对于植物来说是恐怖的梦魇，但这种策略却可以提升甲虫群体存活率。有好几次，我刚一靠近，最先起飞的芫菁有如拉响警报一般，使得所有芫菁集体飞逃，那场面还真是壮观呢。

　　要是只说集群觅食，也许你并不觉得稀奇，因为蝗虫、蚂蚁等要比它们的数量庞大得多。但是，芫菁还经常举办"集体婚礼"，可以看到很多成双成对的芫菁出现在一株植物上，感觉还挺"温馨浪漫"的。

正在集体进食
的芫菁

第六章

甲虫，
人类的朋友

　　看到这里，你是不是对甲虫更了解了？
　　这些甲虫朋友一直就生活在我们周围，甲虫和人类在漫长的岁月中不断接触，诞生了数不清的人文故事。这一章，我们便来讲讲甲虫和人类共同演绎的趣闻和故事。

神奇的小故事

　　在古代，人们对很多自然现象都不能进行科学的解释，于是便利用自己的生活经验以及丰富的想象力，来解释这些"莫名其妙"的问题。一般来讲，最终的解释会以故事的形式呈现出来，从而形成了一种特有的文化。

　　我们面对前人的那些故事时，不能仅仅将其当作茶余饭后的笑谈，更不能将这些故事看作封建迷信的产物。因为很多自然科学问题和真理就是从这些故事中诞生出来的，最终成了人类发展史上的里程碑。

萤火虫自古以来就和人类有着千丝万缕的关系。

萤火虫永不消失的天火

　　夏夜，萤火虫漫天飞舞，形成了璀璨的"星河"。很久以前，陆地上遍布着飞禽走兽。那时世间的统治者是"万兽之王"老虎。虎王手下有各种各样的官员，武将有犀牛、豺狼，文臣有狐狸、灵猴。而萤火虫，由于会飞翔，并且身材小巧，便担任着信使的工作。那时的它们，腹部末端还没有"萤火"。

　　夏日的一天，突然天降大火，整个森林燃起熊熊大火，很多野兽在这场劫难中丧生。偶然一次机会，虎王吃到烤熟的肉，顿时感觉美味无比。它马上询问身旁的萤火虫："从哪里可以搞到火？"萤火虫说："火为上天之物，唯有天宫才有。"虎王命萤火虫到天宫去取火种，方便自己以后顿顿享用烤肉。于是，萤火虫飞向天庭，寻求火种。

萤火虫的光是
一种生物光。

过了很久，萤火虫终于携带着火种飞回来了。虎王心想，萤火虫取火有功，是不是得与它共享火源？思考再三，虎王不愿将这宝贵之物分享给别人，便萌生了杀意。萤火虫察觉到后，顿时心灰意冷。它果断地将天火吞入腹中，这样，虎王若杀死了萤火虫，便不能使用火种。萤火虫以此换取一命，从此腹部末端有了燃烧的天火，直至寿命终结才能熄灭。

当然，这个故事是古人想象出来的。其实，萤火虫腹部末端的光亮是一系列生物化学反应的结果，这种光本身不具有热量，因此也被称为冷光。这种光可以帮助萤火虫彼此交流，不同波频的光传达不同的信息。这种冷光对寻求配偶有很大帮助，雌虫与雄虫遥相呼应，还能为夏夜增添一抹浪漫色彩。

恐怖的含沙射影

　　含沙射影，常常比喻在背后伤人，或者用卑鄙手段陷害别人，现在经常被解读为诽谤他人、陷害他人。那么，这个成语是如何形成的呢？它和甲虫又有着怎样的联系呢？

　　传说在古时候，有一种名叫蜮（yù）的甲虫，形态怪异，头上长角，背部长有厚厚的硬壳，常常喜欢躲在水中，口中含着沙土，一旦有人靠近水边，便会对着人喷出沙土。这种甲虫虽然没有眼睛，但其听力却异常发达，可以精准地攻击人类，弹无虚发。正因如此，蜮又名"射影""水狐"等。被它攻击的人，会生一种毒疮，严重者会断送性命。即使影子被这种怪虫射中，也会促生疾病。

　　当然，现实中并不存在这种怪虫，大家大可不必担心。但是人类的想象几乎全部源于生活，也都可以找出原型。这种蜮便是很多动物的"集合体"。

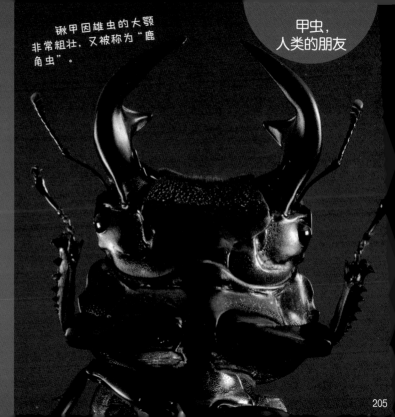

锹甲因雄虫的大颚
非常粗壮，又被称为"鹿
角虫"。

这种甲虫头部长
有大角，和我们所说
的犀金龟、金龟、粪
金龟以及一部分黑蜣
比较相像。而在水中
含沙攻击，却和一种
射水鱼的习性极其相
似。这种鱼原产于亚
马孙流域，常对悬垂
在植物上的昆虫进行
射水攻击。当然，射
水鱼是以水为武器的。
就这点来讲，可比蜮
要现实得多。

降临在世间的西西弗斯

　　在希腊神话中，有一个极其无奈又悲壮的英雄，他就是西西弗斯。他是一个聪明的人，是科林斯国的创造者和国王。

　　他成功绑架了死神，结果世上再没人会死了。这一行为触怒了众神，为了处罚西西弗斯，众神把他囚禁到一座山上，并在山脚下放置了一个硕大的石球，要求他每日将石球推到山顶。可是，石球一到山顶就会滚落下去，因此，可怜的西西弗斯便在那里无数次重复着这项痛苦的工作。

赛西蜣螂

　　我们这个世界上其实也有西西弗斯，只不过这个英雄是一种蜣螂。这种蜣螂以滚粪球而闻名，它还能将粪球滚上土坡。人们看到了这个现象，便将它命名为"赛西蜣螂"，以体现它和西西弗斯的相似之处。不过，赛西蜣螂要比西西弗斯幸运得多，它的粪球几乎不会从土坡上滚下来，而是滚到了自己的洞穴之中。

小甲虫大文化

　　除了有趣的小故事，甲虫还是很多国家的"文化明星"呢。这种文化形成的原因，也和甲虫们独有的魅力以及千奇百怪的形态、行为有着密不可分的关系。

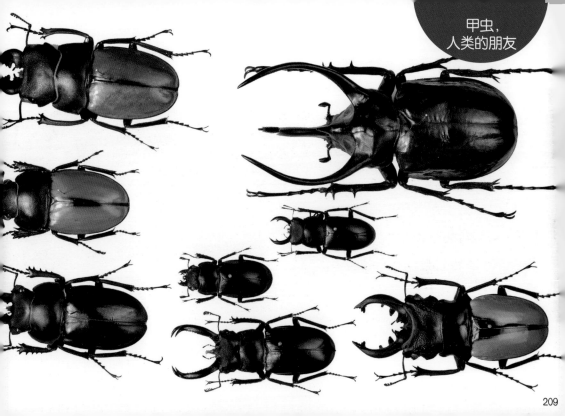

圣甲虫——太阳神的化身

　　在一些以埃及或古埃及为背景的影片中,总可以看到一种威猛的"圣甲虫"。圣甲虫就是在前面介绍过的蜣螂。只不过，在非洲大陆上，人们十分敬仰这种食粪的甲虫。

　　圣甲虫在古埃及被认为是太阳神凯布里的化身,每天创造一个全新的太阳,托出地平线,然后推向东方的天空,完成一个昼夜的交替。也是由于这个原因,圣甲虫在一些国家被奉为太阳神,就连很多护身符、陪葬品上面也会有圣甲虫的图案。

一只壮硕的
神农洁蜣螂

圣甲虫在古代埃及有着至尊无上的地位。如果平民不小心使一只圣甲虫受伤或死亡，就会被囚禁、鞭打，甚至处死。另外，古代埃及的最高统治者法老死后，仆人们会将他的心脏切出来，并填充一个镶满皇室图腾——圣甲虫的石头，以此代之。

所以说，埃及人及其他非洲人民对圣甲虫的崇敬，已经深刻地印进了每个人的内心深处。这种崇敬自然之情，确实非常珍贵。

日本"甲虫相扑"文化

　　日本有很多独特的民族文化，其中最负盛名的要数相扑文化了。你可能不知道，在日本还有个"甲虫相扑大会"。

　　所谓的"甲虫相扑大会"，就是选手都是犀金龟或锹甲，当然偶尔也会冒出来步甲、象甲等奇葩选手，不过基本都充当了打酱油的角色。大赛组织人员会进行抽签安排比赛，每次都是随机的两位选手进行5个回合角逐，最终失败者淘汰，直至决出总冠军及"最强的甲虫"。获胜者不仅仅功成名就，还会有极其丰厚的奖品。

甲虫,
人类的朋友

一个喜欢昆虫的孩子都热爱的对象。
独角仙似乎是每

213

五谷会保丰收

在每年农历十月初十这天，云南省昆明市西山区的白族人便会集到五谷庙中，用腌制的猪肉、云腿、鸡蛋等祭拜庙内的五谷太子，经过一番仪式后，又会带着供品前往农田中祭拜五谷大神，并将五谷大神从田中请回到收获粮食的谷仓，从而开始农储活动。

从这个节日可以看出以农作物为食的昆虫们拥有两种习性。第一个是我们都十分了解的，许多昆虫在田地里栖息，以农作物为食。第二个是一些昆虫，特别是甲虫，同样以农作物为食，只不过取食的地点是室内。

这些甲虫一般是鞘翅目象甲科、谷盗科等昆虫。其实，之所以出现这种现象，是因为食性有差异，谷盗科以农作物的种子为食，而直翅目昆虫则以植物叶片及茎秆为食。

谷盗科昆虫

　　白族人率先认识到了这个对于农业来讲十分重要的生物学习性，他们认为想要丰收，就不仅要保护田间的作物，还要保护好储藏作物。因此，白族朋友们便会在每年农历十月初十将作物的守护神五谷大神从田间请回仓库，让他继续为作物"保驾护航"。

第七章

中国甲虫界的大明星

尖峰星天牛

　　全世界的各个国家都有属于自己的具有代表性的甲虫，它们有的体色斑斓，有的雄姿威武，有的小巧玲珑，还有的则是本国所特有的。而想了解一个类群，就得从这些"明星物种"开始。

　　我们在此介绍了 10 个来自中国的甲虫明星。说实话，在中国范围内选择 10 个甲虫明星确实不容易，因为值得说道的种类实在太多了。我们从常见度、知名度、稀有度、文化度、美丽度等多个方面进行了考虑，最终确定了这10个甲虫明星。当然，这仅仅是笔者自己的观点。正所谓"仁者见仁，智者见智"，如果和读者的观点不同，也十分正常。毕竟，中国的甲虫资源非常丰富，而"一千个读者眼里就有一千个哈姆雷特"。

第 10 名：星天牛 光肩星天牛

　　一提到"天牛"，很多人一定会先想到黑底白点的形态。实际上，中国已发现的天牛科种类就有几千种，它们形态各异，体色各不相同。但是，为什么提到天牛总会想到黑底白点的配色呢？这就要归功于天牛科最著名的两个物种——星天牛与光肩星天牛了。

　　这两个物种应该是中国分布最广、数量最多的天牛了。我小时候，感觉在大街上，随便找一棵柳树，就能发现它们的身影。可能是先入为主的原因，大部分人第一次见到的便是这两个物种，故而以后一提到"天牛"二字，便率先想到了它们。

　　星天牛与光肩星天牛是两个不同的物种，想要区分它们也很容易：星天牛的鞘翅肩部具有颗粒状凸起，而光肩星天牛的鞘翅肩部是光滑的。下次在野外再遇到它们时，用这个方法就可以判断它们究竟是谁啦。

中国甲虫界的
大明星

光肩星天牛

219

第9名：蜣螂

　　蜣螂其实比较常见，毕竟"屎壳郎"这个名字广为流传。蜣螂有很多有趣的行为，加之图腾崇拜，以及在法布尔《昆虫记》中担任主要角色，使得人们对其非常熟悉。

　　由于产卵、取食等原因，蜣螂会将粪便制作成球状或梨状，且会滚动粪球，这种有意思的行为被很多人津津乐道。人们观察到，虽然蜣螂在粪便中爬进爬出，却很少将粪便沾到身体上。这是因为蜣螂体表独有的颗粒状结构具有脱附等功能。也许人们发明不粘锅、新型铲土装备等，就是从这个原理得到启发的。怎么样？是不是没想到，一个整天以粪便为生的小甲虫，却和我们的厨具发明有着千丝万缕的联系？

蜣螂其实是一类
非常帅气的甲虫。

第 8 名：棒角甲

棒角甲几乎是所有甲虫爱好者梦寐以求的"神物"，这类甲虫的触角顶端极度膨大，甚至比脑袋都大。大多数棒角甲体长也就 1 厘米左右，栖息于蚁巢中，想要找到十分不易。

终于，在某天将近黄昏的时刻，我翻开一块石头，第一次见到了这个小家伙。当我看到棒角甲身体上特有的红色大"X"时，一身的疲惫瞬间烟消云散。拍摄了很久后，我才依依不舍地离开。因为我十分清楚，下一次见到棒角甲不知又要等到什么时候了。毕竟，这个小家伙的出现，是可遇而不可求的啊。

棒角甲的触角让
我们绝不会认错它。

中国甲虫界的
大明星

223

第 7 名：芫菁

芫菁是一类身体相对柔软、基本以植物为食的甲虫。它们之所以为人们所熟悉，是因为在中国古代就已经对这类昆虫加以论述了。古时，中国人称芫菁为"斑蝥"，据记载，其具有破血逐瘀、散结消症等功效，因而被各个医药典籍所记录。

然而，值得一提的是，芫菁体内具有斑蝥素等毒素，当它遇到危险的时候便会分泌出来。这是一种较为强烈的肾毒素，如果我们不慎摄入，抑或沾到皮肤上，会对身体造成伤害，有可能引发过敏等症状。

美丽的芫菁

第6名：拉步甲
硕步甲

　　对于国家级保护动物，相信很多人都能说出不少。但同样的问题如果把范围缩小到昆虫，可能就被难住了。

　　实际上，在最新的《国家重点保护野生动物名录》中，昆虫纲增加了许多物种，如所有的叶䗛（xiū）科昆虫、裳凤蝶属等。其实，在修订之前，昆虫纲生物中也同样有国家一、二级保护物种。其中最为知名的当数号称中国"国蝶"的金斑喙凤蝶。而在我们常见的步甲科昆虫中，也有两种以前便是国家级保护物种，即拉步甲和硕步甲。这两种步甲体型较大，且鞘翅犹如宝石一般具有强烈的金属光泽。也正因如此，这两种步甲成了鞘翅目昆虫中的"巨星"。

　　它们平时喜欢隐匿于石头下或缝隙中，在夜间才会出来捕食。很多昆虫爱好者为了一睹其真容，不仅踏遍千山万水，还不断地翻动石头，挥汗如雨。如果你以后在野外恰好碰到这两种昆虫，可以观察，可以拍摄记录，但切记千万不要采集哟。

中国甲虫界的
大明星

正在取食蛞蝓
的拉步甲

第5名：叩甲

　　如果你喜欢大自然，又喜欢昆虫，那你一定见过叩甲，也就是"磕头虫"。叩甲的胸腹连接处有一个弹跳和"叩头"的关节。本来，叩甲的这个技能是为了让自己在肚皮朝天时腾空翻转回来，但孩子们发现这个技能后，就把它们当成了非常有趣的"玩具"。有时，孩子们会将它们不断翻倒在地面上，观察它们一遍又一遍地跃起；有时，孩子们则会将它们捏在手中，让它们不断向自己"磕头"……也正因如此，叩甲意外地成了几乎不会被认错的甲虫之一。

丽叩甲

丽叩甲正反两面都是闪亮的金属色，在胸腹连接处有一个小机关，是它"磕头"和"弹起"的秘密武器。

第4名：萤火虫

　　"银烛秋光冷画屏，轻罗小扇扑流萤""于今腐草无萤火，终古垂杨有暮鸦""相逢秋月满，更值夜萤飞"……在我们学习、背诵古诗时，发现诗中出现次数最多的昆虫便是蝉和萤火虫。而萤火虫自古以来就是和人类关系最密切、被记录于典籍最多、文化底蕴最深厚的甲虫。早在《诗经》中就有对萤火虫的记载，而像"囊萤映雪"等有萤火虫参与的故事，更是不计其数。

　　为什么我们对萤火虫的记录如此丰富呢？其实，这个问题并不难回答。人们总是会率先认知特征明显的事物。萤火虫，即萤科昆虫，因其腹部末端会发出生物光，而很容易与其他甲虫区分开来。虽然鞘翅目昆虫中可以发光的并不仅仅有萤科昆虫，但像萤科昆虫这样分布范围与人类生活环境重叠率高的却寥寥无几。这也使得萤科昆虫自古便与人类形成了特有的文化。

萤火虫不知是多少人童年夏季夜晚的美好回忆。

　　如今，萤火虫数量越来越少了，有很多生活在城市里的孩子从来都没有见过活的萤火虫。这是因为萤火虫多发生于水边或潮湿的地方，它们对水环境的洁净程度要求非常高。近些年来，随着水污染越来越严重，很多萤火虫的栖息地被破坏，萤火虫的种群数量锐减，甚至消失殆尽。

　　当我们在野外邂逅流萤飞舞时，一定要静下心来享受它带给我们的那种温馨而又浪漫的美好画面。

第3名：锹甲

锹甲，又名"锹形虫"或"鹿角虫"，深受甲虫爱好者的喜爱。大部分锹甲雄虫上颚极为发达，彰显出威武的气势，并作为宠物昆虫的主力军享誉全世界。

在日本，饲养锹甲科昆虫、犀金龟科昆虫以及花金龟科昆虫甚至成了一种全民皆知的文化。当我们看动漫、影视作品甚至小说时，这些甲虫经常出现在我们的眼前。

当我们在野外遇到锹甲科昆虫时，往往会被它散发的魅力所折服。别说是孩童了，就连大人也会忍不住想多看几眼，甚至上手把玩一番。

在中国，锹甲类物种相当丰富，从凉爽的东北至温暖的云南，从青藏高原到海水里以上的高海拔，都可以见到锹甲的身影。

长齿刀锹甲 大的个体

中国甲虫的部
大锹属

第2名：阳彩臂金龟

所有臂金龟科昆虫都是国家二级保护动物，这类甲虫是所有金龟家族中种类最少的类群，至今全世界发现的臂金龟科昆虫只有几十种。而在中国，最著名的臂金龟科昆虫便是阳彩臂金龟。几年前，这种昆虫曾经一度在各大热门网站上了"热搜"，而且，据报道曾经有一只标本拍出几十万甚至近百万元人民币的竞价（真实性未知），因此被网友们调侃为"阳百万"。

其实，阳彩臂金龟的种群数量并不算稀少，相对于中国其他臂金龟科昆虫，如格彩臂金龟、戴褐臂金龟等，它们还算是最常见的臂金龟呢！

第 1 名：双叉犀金龟

其实，双叉犀金龟和阳彩臂金龟这两种甲虫，究竟谁能在"中国甲虫界的10大明星"中坐头把交椅，还真让我犯难了许久。在征集了身边的家人、朋友、同行等不同人群的意见后，我毅然决然地将双叉犀金龟排到了第1名。至于原因嘛……实在是它知名度太高了！

说双叉犀金龟你可能不知道，但独角仙谁会不认识呢？它可以算是"家喻户晓"的明星甲虫了。实际上，双叉犀金龟虽然较为常见，但它的形态在犀金龟科中可是独树一帜的哟。

后记

　　我的童年是在北京的胡同里度过的，那时候没有这么多高楼大厦和柏油路，也没有大面积的人工绿地，只有一些大大小小的胡同，坑洼的小路两边长满了杂草，看似荒凉，却充满了勃勃生机。那时候没有手机和电脑，各式各样的昆虫随处可见，它们自然成了我童年里最好的"玩具"。中午顶着大太阳，用放大镜烧蚂蚁；爬到柳树上抓大天牛，用它尖利的牙齿去"剪切"各种东西；在榆树上抓金龟子，然后在它背上插一根大头针，金龟子就会拼命扇动翅膀变成一个小型风扇。到了夜晚，路灯一开，各种大蚂蚱和螳螂就出现了，把它们关在一起，看它们斗个你死我活；墙上落满了各种飞蛾，壁虎早就吃得肚子滚圆了……

　　随着年龄的增长，昆虫从"玩具"变成了"玩伴"，我不再去玩弄它们，而是更喜欢去观察它们，用相机去记录它们的种种精彩。我把这些"精彩"汇集到了这套书中。它是微型画册，用最精美的图片吸引你，让你不再惧怕昆虫；它是图鉴，让你辨识并且记住各种昆虫；它是故事书，让你了解昆虫们的喜怒哀乐，进入它们的世界。你可以去大自然中寻找本书中出现的这些昆虫，也可以通过本书中介绍的各种"线索"去发现属于自己的昆虫。

　　本书的出版感谢这些好友的帮助：温仕良、刘广、孙锴、李超、王江、罗昊、陈兆洋、麦祖齐。